KB210328

세상의
모든 수 이야기

◆ 숫자로 떠나는 경이로운 지식여행 ◆

세상의
모든 수 이야기

IS THAT A BIG NUMBER?

앤드류 엘리엇 Andrew Elliott 지음 | 허성심 옮김

미래의
창

우리를 당혹스럽게 만드는 큰 수

세계 인구는 76억 명이다.

이것은 큰 수인가?

지구상에 생명체가 처음 나타난 것은 지금으로부터 40억 년 전이다.

이것은 큰 수인가?

야생 영양의 수는 155만 마리다.

이것은 큰 수인가?

미국 해군의 초대형 항공모함의 가격은 104억 달러다.

이것은 큰 수인가?

높이뛰기 선수는 2.4m 높이를 뛰어 넘는다.

이것은 큰 수인가?

IS THAT A **BIG NUMBER?**

◆ CONTENTS ◆

서문   009
첫 번째 기법: 이정표 수   019

제 1 부
수 세기

수를 센다는 것   025
수로 이루어진 세상   048
두 번째 기법: 시각화   071

제 2 부
측정하기

측정   079
대략 그 정도 크기   083
세 번째 기법: 분할 점령   111
째깍째깍 흘러가는 시간   117
더 간략히 살펴본 시간의 역사   138
다차원적 크기   150
네 번째 기법: 비율과 비   172
질량을 나타내는 수   178
속도를 올리다   199

막간 코너

되짚어보는 시간   213
자연 그대로의 수   215
다섯 번째 기법: 로그 척도   225

제 **3** 부
과학의 수

크게 생각하기   249
하늘 위까지   252
에너지 덩어리   275
비트, 바이트, 워드   292
경우의 수 세기   311

제 **4** 부
공적 영역의 수

시민의 수 개념   329
백만장자가 되고 싶은 사람들   334
한 사람, 한 사람이 중요하다   351
삶의 질 측정하기   369
요약   384

해답편   391
감사의 글   406

서문

수는 중요하다

다음 중 가장 큰 수는?

☐ 2016년까지 만들어진 보잉 747기 수

☐ 포크랜드 섬 인구수

☐ 티스푼 하나 안에 들어 있는 설탕 알갱이 수

☐ 2015년 기준 지구 주위를 돌고 있는 인공위성 수

이 책의 각 장은 위와 같이 간단한 퀴즈로 시작되며 정답은 책의 뒤편에 있다.

기원전 200년경 그리스의 수학자 에라토스테네스가 지구의 크기를 계산하는 데 성공했다. 에라토스테네스는 지리학자이자 도서관 사서였고, 알렉산드리아 도서관의 제3대 관장을 지냈다. 그는 알렉산드리아에서 약 840km 떨어진 시에네에서 태양이 머리 바로 위에 위치하는 하짓날 정오가 되면 태양광선이 항상 우물 바닥까지 수직으로 비춘다는 사실을 발견하고 이것을 이용해 지구의 크기를 계산할 방법을 생각해냈다. 그는 같은 시각에 알렉산드리아에서 태양광선이 비추는

각도를 측정했고, 그가 측정한 각도는 대략 360°의 50분의 1이었다. 그가 기하학적 지식('지구 측량술'을 의미함)을 이용해 계산한 지구의 둘레 값은 실제 값과 15% 정도밖에 차이가 나지 않는 비교적 정확한 수치였다.

대략 1,700년이 지난 후 탐험가 콜럼버스는 에라토스테네스의 계산을 무시하고 이탈리아 플로렌스 출신의 수학자이자 지리학자인 토스카넬리가 제작한 지도에 의존하여 대서양 횡단 항해를 시작했다. 토스카넬리의 지도는 마르코 폴로 이후 처음으로 극동 지역까지 여행한 이탈리아 상인 니콜로 콘티로부터 직접 들은 설명과 본인의 연구 결과를 바탕으로 제작된 것이었다. 그런데 토스카넬리는 아시아의 크기를 잘못 계산하는 오류를 범했고 콜럼버스는 지구의 크기를 25%나 작게 계산한 지도를 사용한 셈이 되었다. 결국 오차가 심한 지도를 사용해 항해를 나선 콜럼버스는 아메리카 대륙에 상륙하고도 그곳을 아시아라고 생각한 것이다. 이것은 수를 잘못 계산하면 결과가 얼마나 달라질 수 있는지를 단적으로 보여주는 예다. 그만큼 수는 중요하다.

수는 다양한 방식으로 세상의 크기와 모양을 정하며, 우리가 내린 결정을 알릴 때도 수가 필요하다. 하지만 수가 너무 크면 순전히 그 크기 때문에 내용을 이해하지 못하는 경우도 생긴다.

이 책은 이해하기 힘든 숫자적 사실이나 머리를 멍하게 만드는 통계 수치를 다루는 것이 아니라 큰 수들이 가득 찬 황야에서 길을 찾는 법을 알려준다. 수로 이루어진 풍경을 지도로 만들고 안전한 땅과 위험한 늪을 식별하는 법을 알려주며, 방향을 찾아 제대로 길을 갈 수 있도록 이정표를 제공하는 안내서다.

세상은 질서정연하지 않다

최근 내 머릿속에 자주 떠오르는 이미지가 하나 있다. 큰 호수나 강 같은 물의 표면에 인간이 버린 쓰레기, 나뭇잎, 씨앗, 꽃가루 등 부유물이 뒤범벅되어 떠 있고, 기름때가 무지개 빛깔의 곡선을 그리며 떠다닌다. 바람이 불면 수면 위로 불규칙한 물결이 만들어지고 여기저기 소용돌이가 일어나는데, 어떤 것은 아주 작고 어떤 것은 꽤 크다. 물가 한쪽으로 작은 물줄기가 있고 다른 쪽으로는 고인 물이 있다.

이렇게 드넓은 물의 캔버스 중에서 어느 한 부분에 시선을 집중해서 보면 수면의 한 층을 차지하고 있는 쓰레기들이 한 방향으로 움직이다가 방향을 바꿔 다른 쪽으로 표류하는 것이 보인다. 바람에 이는 물결 때문에 부유물들이 한 방향으로 움직이는 듯한 착각이 들지만 자세히 보면 나뭇잎과 담배꽁초가 반대 방향으로 천천히 움직이다가 결국 소용돌이 속에 갇혀 원래 자리로 되돌아오는 것을 알 수 있다.

그 모습을 보면서 문득 궁금해졌다. 물 전체가 특정 방향으로 흐르고 있는 것일까? 만약 그렇다면 어느 방향일까? 최근 세상에서 벌어지고 있는 사건을 이해하려고 할 때마다 이 이미지가 반복적으로 머릿속에 떠오른다. 비극은 매달, 매주 그리고 매일 일어나고 있다. 난민들은 말로 표현할 수 없는 공포를 피해 불확실한 미래를 향해 위험한 여정을 감행하고 온갖 선동가와 극단주의자들은 반감과 증오 그리고 폭력을 일으키도록 자극하고 있다.

하지만 우리들은, 아니 우리 중 일부는 부모 세대들이 상상할 수도 없었던 물질적 풍요와 기회로 가득 찬 세상에 살고 있다. 선진국뿐만 아니라 전반적으로 생활수준이 높아졌다는 것은 부정할 수 없는 사실이다. 그렇다면 세상은 좋아지고 있는가, 아니면 나빠지고 있는가?

문제를 보다 잘 이해하기 위해 더 넓은 시야에서 살펴보는 것도 좋은 방법이다. 물의 일부분만 가까이에서 볼 것이 아니라 나무 위로 되도록 높이 올라가서 물 위에 뜬 거품과 쓰레기가 세세하게 보이지 않는 위치에서 물을 내려다보자. 그리고 수심이 깊은 곳이 어디인지 숨김없이 드러내는 색의 차이를 느껴보자.

무엇이 중요하고 중요하지 않은지 판단할 수 있는, 믿을 만한 시각을 형성하기 위해서는 뉴스에 나오는 수를 이해할 수 있어야 한다. 수 이해력이 세상을 바라보는 관점을 형성하기 위한 충분조건은 아니지만 필요조건인 것만은 분명하다. 수를 기반으로 세상을 보는 수리적 세계관은 검증과 반박 가능성을 모두 가지고 있다. 또한 수리적 세계관은 모순이 있다면 스스로 드러나기 때문에 자기 도전적인 성질을 지닌다.

과학자와 엔지니어들은 자기 분야에 대한 수치적 이해에 의존한다. 수치를 기반으로 한 이해는 연구에 안정적이고 일관된 모델을 제공한다. 그리고 그들은 모델을 실제 상황에 반복적으로 적용해봄으로써 정확한 모델인지 시험한다. 결과는 주로 즉각적으로 나타나는데 실용적인 용도로는 진리의 윤곽, 혹은 적어도 세상의 특정한 면에 대한 부분적인 진실을 알려준다.

수리적 세계관을 형성하기 위해 엔지니어들처럼 수학과 숫자에 능숙해야 할 필요는 없다. 대부분 일상적인 연산 능력이면 충분하다. 종종 "이것이 더 많은가? 아니면 더 적은가?" 혹은 "그것은 큰 수인가?"와 같은 질문을 하는 것으로 충분할 때도 있다.

수는 중요하다

수가 없었다면 지금의 세상은 결코 존재할 수 없었을 것이다. 수리적 사고력은 그만큼 뿌리가 깊다.

최초의 문자는 거래 명세를 나타내기 위해 등장했다. 수메르 사람들은 물건을 운송할 때 그 물건들을 나타내는 작은 표시물을 점토로 만든 함 안에 담아두었다. 일종의 화물 목록이었다. 얼마 지나지 않아 함 겉면에 표시물을 새겨 넣기 시작했다. 그 방법이 훨씬 편리했기 때문이었다. 그 후로도 겉면에 이미지를 새겨 넣었고, 그것이 나중에 상형문자로 바뀌었다. 서로 다른 기호를 사용해 수를 표시했기 때문에 어떤 물건이 여러 개 있다는 것을 나타내려고 같은 모양을 반복해서 새길 필요가 없었다.

역사적으로 수는 도시를 건설하는 과정에서 일찍 도입되었다. 소규모 집단을 이루며 생활하던 수렵 채집인은 수를 세거나 몫을 나눌 때 필요한 기본적인 것 이상의 수가 필요하지 않았다. 그러나 도시를 건설하기 시작하면서 더 복잡한 계산이 요구되었다. 수는 건축을 비롯해 교역과 국가 운영에 필수적인 요소다. 크레타 섬 크노소스에서 발견된 점토판에는 '선형문자 B'로 알려진 문자가 새겨져 있었는데, 해독한 결과 일종의 정부 공문서였다. 행정은 체계를 갖춘 국가의 중심을 이루기 때문에 늘 존재해왔는데 행정에 있어 가장 중요한 요소가 바로 수다.

수는 문자가 시작되었을 때부터, 즉 기록 문명이 시작되었을 때부터 사용되었다. 성경의 첫 구절은 천지창조가 일어난 날을 세는 것으로 시작된다. 성경에는 언약궤와 노아의 방주 크기도 아주 상세히 기술되어 있다. 또한 피타고라스학파 철학자들은 세상 만물이 수로 구성되어 있으며 모든 것이 수에서 생긴다고 주장하기도 했다. 이처럼 수는 항상 중요하게 여겨졌다.

수 감각 기르기

나는 직관적으로 수를 이해하는 능력을 가리켜 '수 감각'*이라는 용어를 사용한다. 수 감각은 사고 과정에서 바로 사용할 수 있는 수 이해력이다.

우리는 초등학교에 다니기 이전부터 한 자리 수를 이해하고 말하기 시작한다. 대부분의 사람들은 작은 수는 일상적으로 사용한다. 그래서 "내가 자루 입고 달리기 경주에서 5등 했어"라고 말하면서도 그 속에 수가 관련되어 있다는 사실을 거의 인지하지 못한다.

학교를 다니기 시작하면 다룰 수 있는 수의 범위가 늘어나 백 단위 수도 익숙해진다. 계속 교육을 받고 어른이 되면 사용하는 수의 범위가 늘어나서 천 단위 수도 쉽게 다룰 수 있게 된다. 과학을 연구하는 사람들은 훨씬 더 큰 범위의 수를 조작하고 관리하는 법을 배운다. 하

• '수 감각'이라는 용어는 스테니슬라 데하네Stanislas Dehaene의 《수 감각: 머리는 어떻게 수학을 만드는가The Number Sense: How the Mind Creates Mathematics》에서 빌려왔다.

지만 수 조작 능력이 수 자체에 대한 '이해력'과 같은 것은 아니다.

우리는 천 단위를 넘어선 큰 수를 접했을 때, 특히 국가 차원이나 국제 차원의 공적인 생활과 관련된 수를 접했을 때 어렵고 복잡하다고 느끼게 된다. 이민 인구, 국가 예산, 적자 규모, 우주개발 프로그램 비용, 의료 서비스 비용, 국방 예산 등 어느 것 하나 맥락에 맞게 파악할 수 있는 능력이 결여되어 있는 이들이 많다. 이유는 간단하다. 큰 수 자체를 완전히 이해하지 못하기 때문이다.

큰 수를 인지하는 다섯 가지 방법

이 책에서는 큰 수를 인지하기 위해 다양한 사고 전략을 제시할 것이다. 전략은 크게 다섯 가지로 나뉘며, 모두 하나의 포괄적인 원칙을 따라 고안된 것이다.

여기에서 포괄적 원칙이라 함은 **교차 비교(cross-comparison)**를 말한다. 주어진 수가 어떤 의미를 지니는지 이해할 수 있는 가장 좋은 방법은 그 수를 맥락과 관련짓거나 의미 있는 비교나 대조를 해보거나 알려진 다른 수와 연결 지어 보는 것이다. 큰 수를 다루는 여러 방법이 있지만 여기에서는 다섯 가지 주요 방법을 소개할 것이다. 이 다섯 가지 방법은 각각 나머지 방법들을 강화시키고, 수치 정보 네트워크 구축에 기여해 수리적 세계관을 형성할 수 있게 도와준다.

- **이정표 수**: 기억하기 쉬운 수를 선택해 빠르게 비교하거나 기준

으로 삼을 수가 필요할 때 사용한다.

- **시각화**: 머릿속에서 비교할 수 있도록 상황에 맞는 수를 상상력을 이용해 그린다.
- **분할 점령**: 큰 수를 작은 부분으로 나눈 후 그 부분을 이용해 문제를 해결한다.
- **비율과 비**: 주어진 수를 어떤 수에 대한 비율로 표현해 수를 적당한 크기로 축소한다.
- **로그 척도**: 절대적 차가 아닌 비율적 변동을 측정함으로써 서로 완전히 다른 규모의 수들을 다룰 수 있다.

앞으로 이 다섯 가지 기법에 대해 집중적으로 조명할 것이다. 이 기법들은 책 전반에 거쳐 모두 두루 사용될 것이므로 주의를 기울여 살펴보자!

모든 것은 연결되어 있다

탐정 추리물에서 하나의 단서만으로 모든 상황을 분석하기 어려운 것처럼 숫자적 사실 하나만 가지고는 많은 이야기를 하지 못한다. 그러나 숫자적 '사실'들이 연결되어 있으면 수수께끼가 풀리기 시작하고 진실의 형체가 떠오른다. 이 책을 쓰기 위해 나는 흥미로운 숫자들을 수집하고 데이터베이스를 만들었다. 각각의 자료는 특별할 것이 없지만 모아서 집합을 형성하면 자료들 사이에 연관성이 보이기 시작하고 다른 연관성도 적극적으로 찾아보게 된다. 이런 식으로 최초의 인쇄기가 최초의 대서양 횡단 무선 통신보다 대략 다섯 배 오래 전에 발명되었다는 것을 알게 된다(각각 577년 전과 116년 전에 발명되었다). 액량 1파인트pint, 이하 pt와 무게 1파운드pound, 이하 lb, 화폐 1파운드 모두 용어나 개념 면에서 서로 연결되어 있고, 다시 화폐 단위인 리라lira와 리브르livre와 연결되고, 황도 12궁의 천칭자리Libra와 별자리까지 모두 연결된다는 것도 확인할 수 있다. 또한 세계 인구는 증가하고 야생 동물의 수는 줄어들고 있는 등 개체 수의 불균형도 알 수 있다.

우리는 하나의 사실을 다른 사실에 연결시키며 그물을 짜고, 그 그물에 우연히 걸린 새로운 숫자적 사실이나 주장을 포착한다. 그러므로 수 이해력을 갖추고 있다면 그런 정보가 보물인지 쓰레기인지 가치를 제대로 평가할 수 있다. 숫자적 사실의 가치는 대부분 조합과 대조 같은 맥락 안에 존재한다.

우연한 사실과 숫자적 유희

우리는 개별적인 사실들을 무미건조하게 나열한 목록에는 관심이 없다. 이 책의 웹 사이트 IsThatABigNumber.com에서 제공하는 데이터베이스 검색 코드를 이용하면 무작위로 배열된 수치 중에서 우연히 일치하는 한 쌍의 데이터를 찾을 수 있다. 예를 들면 다음과 같다.

- 런던 세인트폴 대성당의 높이는 영화 〈스타워즈〉에 나오는 드로

이드 R2D2 키의 약 100배다.

- 아르키메데스는 레오나르도 다빈치보다 약 4배 오래 전에 태어났다(아르키메데스는 2,300년 전에, 레오나르도 다빈치는 565년 전에 태어났다).
- 중국 만리장성의 길이는 천안문 광장 길이의 10,000배다.
- 영국 국립도서관이 소장하고 있는 장서의 수는 살아 있는 북극곰 수의 약 1,000배다.

어떤 것을 새로 알게 되거나 이미 알고 있는 것을 바탕으로 문제를 해결하면 우리는 말로 설명하기 어려운 묘한 기쁨을 얻는다. 이 책에서 발견하게 될 이정표 수와 어림셈법은 세상을 보는 법과 눈에 보이는 것들에 대해 더 많은 것을 알아내는 법을 보여줄 것이다. 또한 이 책에서 제시하는 기법과 예시는 우리 주변에 존재하는 수와 그 수의 의미를 더 잘 알고 명확하게 평가할 수 있도록 도와줄 것이다. 이 책은 대부분 수 세기나 측정 같은 수치 능력에 관한 것이며, 수가 우리 세상과 삶에 어떻게 스며들어 있고 어떻게 세상에 대한 이해를 풍요롭게 해주는지 보여줄 것이다.

첫 번째 기법: 이정표 수
길을 잃었을 때는 이정표를 찾아보라

나는 어릴 때 남아프리카에서 살았고 어른이 된 후에 영국으로 이주했기 때문에 영국 역사에 대해 잘 몰랐다. 영국으로 이주한 지 몇 해가 지났을 무렵 한 친구가 《새뮤얼 피프스의 일기The Diary of Samuel Pepys》를 읽어보라고 권했다. 내가 평소에 읽는 장르는 아니었지만 친구의 말을 믿고 읽어 보았다. 피프스가 살던 시대의 사회상을 생생하게 그린 매우 유익하고 재미있으면서 감동적인 책이었다.

피프스의 일기는 1660년 새해 첫날의 기록으로 시작된다. 그해는 찰스 2세가 망명을 마치고 영국으로 돌아오고, 왕정복고가 일어난, 영국 역사에서 매우 중요한 해였다. 피프스는 찰스 2세의 복귀를 위한 계획에서 미미한 역할을 했다(그는 바다 위에 떠 있는 군함과 해안 사이를 오가는 보트에서 왕의 개를 돌보는 일을 맡았다).

피프스는 일기에 다음과 같이 적었다.

내가 갔을 때, 맨셀 씨와 왕의 시종 한 명 그리고 왕이 아끼던 개가 (그 개가 보트에 똥을 싸는 바람에 우리 모두 한바탕 웃었다. 그것을 보면서 왕과 왕에 소속된 모든 것이 다른 사람들과 크게 다를 바 없다고 생각했다)……

이 구절이 내게는 인상적이긴 했지만, 피프스의 일기의 핵심은 왕의 개가 아니라 1660년이라는 날짜다. 내게는 이것이 하나의 **이정표** 수가 되어 역사를 이해하는 방식을 완전히 바꿔놓았다. 역사적 사건이나 역사적으로 유명한 인물에 대한 글을 읽을 때마다 나는 이 날짜를 기준으로 삼는다. 셰익스피어는 1660년 이전 시대 사람이고, 뉴턴은 1660년 전에 태어났지만 과학자로서 이력은 1660년 이후에 펼쳐졌다. 제임스 와트는 1660년 이후에 태어났다. 1660년이라는 하나의 날짜가 여러 사건들의 시간적 위치를 찾을 수 있도록 맥락을 제공하면서 역사를 이해하는 데 놀라운 역할을 수행하고 있다.

이것은 날짜에만 해당되는 이야기가 아니다. 이정표 역할을 하는 수가 될 수 있는 몇 가지 예를 더 들어보자. 이 수들은 정확한 수치라기보다 근삿값에 가깝지만 기억하기 쉽고, 무엇보다 '이것은 큰 수인가?'라는 질문에 분명히 대답할 수 있는 수다.

- 세계 인구 — 70억 명 이상이며 계속 증가
- 영국 인구 — 6,000만 명 이상이며 계속 증가
- 미국 인구 — 3억 명 이상
- 중국 인구 — 13억 명 이상
- 인도 인구 — 13억 명 이상이며 계속 증가
- 영국 GDP — 2.5조~3조 달러
- 영국 국가 예산 — 1조 달러 이상
- 미국 GDP — 20조 달러 이상
- 미국 국가 예산 — 6조 달러

- 침대 길이 — 2m

- 미식축구 경기장 길이 — 100m

- 한 시간 동안 걸어간 거리 — 5km

- 적도 둘레* — 4만km

- 에베레스트 산 높이 — 9km

- 마리아나 해구 깊이 — 11km

- 티스푼 — 5ml, 테이블스푼 — 15ml

- 포도주 잔 — 125ml, 컵 — 250ml

- -40°C = -40°F (같은 숫자, 같은 온도)

- 10°C = 50°F (시원한 날의 기온)

- 40°C = 104°F (심한 열이 날 때의 체온)

- 인간의 한 세대 — 25년

- 로마 제국이 멸망한 때 — 서기 500년

- 문자와 기록 역사가 시작된 때 — 5,000년 전

- 현생 인류가 아프리카에서 출현해 전 세계로 퍼져나간 때 — 5만 년 전

- 공룡이 멸종된 때 — 6,600만 년 전

- 새뮤얼 피프스의 일기가 시작된 해 — 서기 1660년

이 책의 곳곳에서 이와 같은 이정표 수를 많이 보게 될 것이다. 이

- 자오선 길이(북극점에서 남극점까지의 거리)는 2만km다. 따라서 북극점에서 적도까지 거리는 1만km다. 이것을 기준으로 미터가 정의되었다.

런 수를 반드시 기억해야 한다는 말이 아니다. 굳이 암기하지 않더라도 인상적인 수는 계속 머릿속을 맴돌 것이고, 어떤 수는 머릿속에 확실하게 각인될 것이다. 우리는 이정표 수가 갖가지 중요한 방식으로 유용하게 쓰인다는 것을 알게 될 것이다. 신속하게 어림값을 계산할 때 이용할 수도 있고, 맥락을 형성하기 위한 대략적인 기준으로 삼을 수도 있으며, 누군가 계산을 속이려 할 때 재빨리 알아차릴 수 있게 도와주기도 할 것이다.

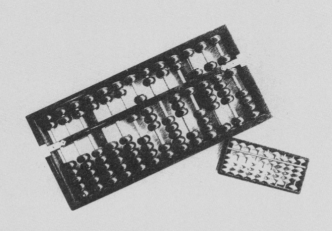

제 **1** 부

수 세기

수를 센다는 것

1, 2, 3에서 어떻게 '바다에 있는 물고기 수'까지 세게 되었을까?

....

다음 중 가장 큰 수는?

☐ 전 세계 항공모함의 수

☐ 뉴욕 고층 건물 수

☐ 대략적인 수마트라 코뿔소 수

☐ 인체 내 뼈의 수

....

수 세기

- 브라질의 인구는 2억 명이다.

  이것은 큰 수인가?

- 톨스토이의 《전쟁과 평화》에 실린 단어의 수는 56만 4,000개다.

  이것은 큰 수인가?

- 2015년 말라리아로 사망한 사람은 43만 8,000명이다.

  이것은 큰 수인가?

이 세 수는 모두 사물의 개수를 세어서 얻은 값이지만 세는 방식은 모두 다르다. 주어진 수가 큰 수인지 묻는 질문에 합리적인 답을 내놓기에 앞서 가장 기본적인 산술 능력인 '수 세기'에 대해 생각해볼 필요가 있다.

수를 센다는 것은 무엇을 의미하는가?

수를 센다는 의미의 영단어 count의 어원부터 살펴보자.

count (동사)

'더하다'라는 뜻의 14세기 중반 프랑스어 conter와 '이야기하다'라는 뜻의 라틴어 computare에서 기원했다.

출처: https://www.etymonline.com

이 책의 주제인 수에 대해 본격적으로 이야기하려면 먼저 수를 세는 것부터 짚고 넘어가야 한다. 아무리 큰 수라 할지라도 모든 수는 세는 것에서부터 시작된다.

어릴 때부터 우리는 추상적인 성질을 지닌 것들을 식별하고 이름 붙이는 법을 배운다. 천연색 그림이 그려진 동화책은 무의식적으로 아이들에게 추상적 사고 기술을 가르쳐 준다. 사과의 빨간색은 빨간 모자 망토의 빨간색과 같은 것이고, 사과의 둥근 모양은 보름달의 모양과 같은 것이다. 할머니에게 선물로 드릴 사과 다섯 개를 바구니에 담으면서 우리는 수를 배운다.

물건의 개수를 셀 때 쓰는 수는 양의 정수, 즉 자연수다. 사과 다섯 개, 배 다섯 개를 세는 행위에서 '5'라는 추상적인 개념이 발생한다. 5는 실물 사과 다섯 개와 아무 상관없는, 그 자체로서 의미를 가지는 하나의 독립적인 개념이다. 그렇다면 '5'란 무엇인가? 이것은 만질 수도, 맛볼 수도, 볼 수도, 들을 수도 없다. 하지만 우리는 5라고 이름 붙이고 그것에 대해 이야기하고 기억한다. '수'는 우리가 세상에 태어나서 처음으로 배우는 추상적인 개념 중 하나다. 플라톤이 말하는 이데아이지만 세 살짜리 아이도 이해할 수 있는 것이 바로 수다.

우리는 사물을 셀 때 쓰는 수가 '~보다 많다' 또는 '~보다 적다'와 같은 개념을 뒷받침한다는 것을 배운다. 달리기 경주에서 네 번째로 들어온 사람을 '4'라는 수로 부르지만 그 사람이 4명의 사람이라는 말은 아니다. 무엇보다도 수를 배움으로써 물리적 세상을 추상적으로 나타낼 수 있다는 생각을 자연스럽게 받아들인다.

이런 생각이 모든 것을 '이론화'하는 과학적 사고의 핵심을 이룬다. 과학적 사고를 통해 인간은 우주에 관한 정확한 추측을 할 수 있고, 그런 추측을 기반으로 하늘을 날 수 있는 기계를 만들고, 달에 반사 광선을 쏘고, 명왕성에 우주선을 보낼 수 있다.

그리고 이 모든 것은 아장아장 걷는 아기가 수를 세는 법을 배우면서 시작된다.

까마귀의 셈법

까마귀가 수를 어떻게 세는지에 관한 이야기가 있다. 한 남자의 소유지에 낡은 탑이 하나 있었다. 탑에 까마귀 한 마리가 계속 앉아 있는 것에 짜증이 난 남자는 까마귀를 없애고 싶었다. 그러나 장총을 들고 탑 가까이 가면 까마귀는 도망갔다가 그가 탑에서 멀어지면 그제야 다시 탑에 앉았다. 그래서 남자는 친구와 함께 탑으로 갔다가 친구만 보내고 자신은 그곳에 남기로 계획을 세웠다. 그는 친구가 떠나는 것을 보면 까마귀가 탑으로 돌아올 것이고 그때 총을 쏘면 된다고 생각했던 것이다.

그러나 까마귀는 속지 않았고 두 사람이 모두 탑에서 떠나고 나서야 제자리로 돌아왔다. 그래서 남자는 친구 두 명을 데리고 탑으로 갔다. 세 명 중에서 두 명이 떠났지만 까마귀는 속지 않았고, 세 사람 모두 가버릴 때까지 탑으로 돌아오지 않았다. 남자는 이번에는 네 명으로 늘려, 그 중 세 명이 떠나는 것으로 했지만 여전히 효과가 없었다. 다섯 명이 탑으로 갔다가 네 명이 떠나는 것으로 해도 여전히 까마귀는 속지 않았다. 마지막으로 남자는 친구 다섯 명을 불렀다. 모두 여섯 명이 탑까지 갔다가 다섯 명이 떠나고 나서야 까마귀는 수 감각을 잃었는지 탑으로 돌아왔고 결국 총에 맞았다. 이야기에서 주목해야 할 점은 까마귀가 수를 셀 수는 있지만 다섯까지만 가능했다는 것이다.

또 하나 중요한 사실은 까마귀가 상당한 지능을 지닌 조류라는 것이다. 그래서 동물 지능을 실험하는 연구에 많이 사용된다. 까마귀는 실제로 수 감각을 가지고 있다. 한 통제 실험에서 까마귀는 뚜껑에 표

━ 영리한 새, 까마귀는 몇까지 셀 수 있을까?

시된 점의 개수를 알아보고 비슷한 모양의 그릇 가운데 음식이 들어 있는 그릇을 골라냈다.

다른 동물들도 비슷한 수준의 숫자 인지 능력과 수 세기 능력을 보인다. 동물들의 숫자 능력은 일반적으로 작은 수에 한정되어 있고, 5를 넘어가면 정확도가 떨어진다.

인간도 다른 동물과 마찬가지로 원초적 수 감각을 가지고 있다. 데하네Stanislas Dehaene는 그의 저서 《수 감각The Number Sense》에서 수를 인지하는 두 가지 선천적 능력에 대해 설명했다.

첫 번째 능력은 '즉각적 인지 능력'이다. 즉각적 인지 능력을 의미하는 영어 단어 subitising은 '갑작스러운'을 뜻하는 라틴어 subitus에서 파생한 것으로 순간적으로 수를 파악하는 능력을 말한다. 탁자 위에 콩알 세 개가 놓여 있다면 단번에 개수를 알 수 있는 것처럼 이 능력은 대략 1에서 4까지는 수를 하나씩 세지 않고도 바로 인지할 수 있게 해준다. 물론 수가 많으면 단번에 몇 개인지 알기 어렵기 때문에 탁자 위에 11개의 콩알이 놓여 있다면 하나씩 세어야 할 것이다.

체계적으로 수를 세는 방법이나 능력이 없다면 10조차 직접 인지할 수 없는 큰 수가 된다. 로마 숫자의 처음 세 수 I, II, III은 세로선으로만 표시된다. 로마인들은 더 큰 수들을 그렇게 세로선으로 표시한다면 빨리 읽을 수 없음을 알고 있었기에 'IV'부터, 또는 'V'부터는 별도 기호의 필요성을 느꼈다.

즉각적 인지 능력은 엄밀히 말하자면 패턴 인식에서 파생되는 이점을 이용하지 않고 보다 직접적으로 수를 파악하는 것을 가리킨다. 어떤 사람들은 의미를 확장해서 주사위 6의 모양, 도미노 패나 카드에 박힌 점의 모양, 미식축구 경기장의 선수 배치 형태처럼 수가 만들어내는 모양을 보고 어떤 수인지 즉시 인지할 수 있는 것까지 즉각적 인지 능력에 포함시킨다. 우리가 보고 있는 물체가 어떤 모양을 만들어내면 그것이 계획적이든 우연한 결과이든 우리는 학습을 통해 그 모양이 나타내는 수를 재빨리 인지할 수 있다. 그러나 이것은 수를 세는 대상 사물이 만들어내는 모양에 의존해서 학습을 통해 얻어지는 결과이지 타고난 능력은 아니다.

즉각적 인지 능력과 더불어 우리에게 내재되어 있는 능력은 '수 어림 능력'이다. 수 어림 능력 역시 다른 동물들도 가지고 있다. 데하네는 어림 능력에 대해 이렇게 기술하고 있다.

…… 과학자들은 수량 인지에 대해 묘사할 때 숫자로 나타내기보다 '매우 많음' 또는 '무수히 많음'과 같은 말을 사용한다. 동물들은 어림 능력을 가지고 있어 어떤 사건이 얼마나 많이 일어나는지 짐작할 수는 있다. 하지만 정확한 수를 계산하지는 못한다. 동물들 머릿속에는 오직 모호한 수만 있다.

이런 어림 능력 덕분에 80명 집단과 85명 집단을 비교할 때 두 집단의 수가 '거의' 같다고 받아들이게 되는 것이다. 어림함으로써 파생되는 부정확성은 대략 15~20% 정도다. 따라서 90과 80은 비슷한 값으로 보이지만 100은 80과 큰 차이가 있다고 느끼게 된다. 영리한 까마귀가 보여준 능력도 이것이지만 결국 수가 너무 커지자 까마귀는 안타까운 최후를 맞이했다.

5~20개 정도로 구성된 크지도 작지도 않은 집단의 경우 개수를 빨리 세기 위해 종종 작은 집단으로 분할하는 방법을 사용한다. 작은 집단들의 집합으로 나누어 보면 비교적 인지하기 쉽기 때문이다. 즉각적 인지 능력이나 패턴 인식 기법을 사용하여 작은 집단의 수를 파악한 후에 간단한 연산을 하면 굉장히 빠르게 전체 합을 구할 수 있다.

이 방법은 큰 수를 다룰 때 자주 접하게 되는 요소를 보여주므로 굉장히 흥미롭다. 사실 이것은 여러 기법을 결합한 3단계 접근법으로, 먼저 머릿속에서 큰 집단을 작은 집단으로 분할한 후에 작은 집단의 수를 각각 세고 마지막으로 그 수들을 합해서 총계를 구하는 방식이다. 여기에는 제대로 된 결과를 얻기 위해 머릿속에서 수행하는 일련의 단계로 구성된 알고리즘이 작용한다. 이는 내가 **분할 점령**divide and conquer이라고 일컫는 두뇌 전략 중 하나인데 자세한 내용은 훨씬 더 큰 수에 대처하는 법을 이야기할 때 다룰 것이다.

즉각적 인지 능력과 어림 능력은 아마 우리에게 내재되어 있는 유일한 숫자 인지 능력일 것이다. 4까지 세는 것 이상의 정확한 산술 능력은 모두 단계별로 정신적인 기술과 외부 도움을 결합한 전략을 기반으로 한다.

양을 세는 미적분

즉각적 인지 능력과 작은 수 패턴 인식 기법이 지닌 한계를 뛰어넘으려면 프로세스와 기억력을 이용하는 전략을 써야 한다. 그 중 첫 번째가 체계적인 수 세기 전략인데 여기에 간단한 미적분Calculus이 동원된다.

미적분이라고 해서 긴장할 필요 없다. 흔히 말하는 미적분이 아니다. 미적분을 의미하는 영어 단어 Calculus는 라틴어로 자갈을 뜻하고, Calculus의 수학적 의미는 고대에 물건을 세거나 수를 계산하는 보조 도구로 자갈을 사용한 데서 유래한 것이다. 언덕에 한 목동이 앉아 있다고 상상해보라. 목동의 주머니에는 그가 돌보고 있는 양의 수만큼 자갈이 들어 있다. 저녁이 되면 목동은 양을 모두 모아놓고, 우리 안으로 한 마리 들여보낼 때마다 자갈을 다른 주머니로 하나씩 옮긴다. 처음에 자갈이 들어 있던 주머니가 완전히 비면 모든 양이 안전하게 우리 안에 들어갔다고 확신할 수 있다.

목동은 양의 수를 '세기' 위해 양과 자갈을 일대일로 대응시키는 프로세스와 기억력을 동원했다. 사실 목동은 자신의 기억력에 의존할 수도 있었지만 양을 쫓아다니다 수를 놓칠 수 있기 때문에 주머니 속의 자갈이라는 외부 기록 관리 장치의 도움을 받은 것이다.

음악은 수를 세는 것이다

연주회에서 트라이앵글을 맡은 친구를 생각하면 웃음이 나온다. 그 친구는 여러 소절이 연주된 후 자기 차례가 올 때까지 기다려야 한다. 그전까지는 그저 '쉬고' 있다가 정확한 순간에 단 하나의 음에서 트라이앵글을 쳐야 한다. 그렇다면 어떻게 박자를 계속 셀까?

나는 아마추어 재즈 그룹에서 연주하고 있다. 우리가 연주하는 많은 재즈 스탠더드는 정형화된 32마디 구조를 가지고 있는데 이런 곡들은 코러스라 불리는 부분을 몇 번이고 반복한다. 코러스는 한 마디에 4박자로 구성된 32마디 구조로, 단독으로 연주할 때는 일반적으로 32마디 구조를 따르는 코러스를 여러 차례 반복한다.

공연에서 그룹 전체가 테마 멜로디(또는 '헤드'라 불리는 부분)를 연주하고 나면 코러스 단위로 리듬 악기가 계속 연주되고, 그 상태에서 솔로 연주자들이 번갈아가며 32마디로 된 즉흥 연주를 한다. 솔로 연주를 모두 마치면 그룹이 다시 32마디 헤드를 연주한다. 이것은 악보에 쓰여 있는 것이 아니며 큰 구조는 그때그때 상황에 따라 결정된다. 일반적으로 각각의 연주자들은 악보 외에 코드 진행과 기본 멜로디에 음표가 쓰여 있는 종이 한 장을 가지고 있다(간혹 음표마저 안 쓰여 있는 경우도 있다).

따라서 곡 전체에서 어느 부분이 지금 연주되고 있는지 파악하는 것이 중요하다. 정확한 시간에 솔로 연주를 시작해야 하고, 마지막 라운드에서 헤드를 합주해야 하기 때문에 이론적으로는 모든 연주자들이 박자와 마디를 세고 있어야 한다.

그러나 사실 그 누구도 코러스가 끝날 때까지 128(32×4) 박자를 매번 세고 있지는 않다. 곡에는 정해진 **구조**가 있기 때문에 대부분은 의식적으로 박자를 세지 않아도 자연스럽게 연주가 진행된다.

32마디 구조의 곡을 수천 번 연주해본 재즈 음악가들은 코러스를 반복하면서 128박자에 대한 감각이 생긴다. 32마디 코러스의 전체 구조를 이해하고 곡에서 자신의 위치를 찾는 것이다. 보통 재즈곡은 한눈에 알아볼 수 있는 **형식**을 가지고 있다. 예를 들어, 흔한 형식 중 하나인 AABA 형식은 8마디 4개로 구성되어 있다. A부분은 거의 동일하지만 중간 8마디인 B섹션은 화음이 다르기 때문에 곡에 긴장감을 부여하는데 그 긴장은 마지막 A부분을 연주하면서 해소된다. 재즈 연주자들은 실력이 어느 정도만 돼도 리듬 부분에 연주되는 화음을 인지할 수 있고, 언제든지 그들이 코러스의 어느 부분을 연주하고 있는지 알 수 있다.

대부분의 연주자들은 더 섬세한 시간 척도로 4박씩 박자를 묶어서 세는 메트로놈을 머릿속에 가지고 있을 것이다. 어떤 사람은 발을 톡톡 치거나 머리를 까닥거리는 신체 움직임으로 박자를 세고, 또 어떤 사람은 실제로 기타를 두드리면서 박자를 센다. 그냥 머릿속에서 박자를 세는 사람도 있을 것이다.

몇 차례 경험하고 나면 박자를 세는 행동이 온전히 자기만의 것으로 몸에 배기 시작한다. 놀랍게도 연주자들은 대체로 마지막 코러스에서 모두 같은 박자로 연주할 수 있다. 그러므로 박자를 세는 것은 리듬과 밀접한 연관이 있고, 시간 측정과도 연관이 있음을 알 수 있다. 그리고 실시간으로 박자를 세는 능력은 더 큰 규모의 구조(음악으로 치면 박자뿐만 아니라 마디, 섹션, 코러스 등)를 인식할 수 있는 능력 여하에 달려 있다.

묶어 세기

4박자를 하나의 마디로 묶듯이 사물을 더 큰 구조로 묶어 생각하는 전략은 더 큰 수까지 셀 수 있는 좋은 방법이다. 백 단위 수처럼 중간 크기의 수까지는 머릿속에서 체계적으로 세는 것이 확실히 가능하다. 그러나 수가 커질수록 오류가 생기기 쉽고 집중력이 떨어지게 된다. 실제로 중간에 멈춰 별도 표시나 기록을 하지 않고 얼마까지 셀 수 있는지 한계를 정해두는 것이 좋다. 한계 수준에 도달한다는 것은 주머니에 자갈이 다 떨어진 것과 마찬가지다.

즉각적 인지 능력이 어느 순간 효력이 떨어지는 것과 마찬가지로 머릿속에서 순차적으로 수를 묶어 세는 방법도 효력이 떨어지는 지점이 있다. 수학적으로 말해 자연수는 무한집합을 이루기 때문에 수를 세는 것은 무한히 계속될 수 있다. 그러나 신체적으로 수 세기를 오래 할 수는 없다. 어린아이들은 수를 세는 것을 자랑하려 하지만 20에서

100 정도가 한계다. 체계적인 순차적 묶어 세기에도 한계가 있다는 말이다.

수를 세는 과정이 오래 걸리거나 도중에 방해를 받을 것 같다면 중간에 놓치지 않고 순조롭게 진행할 수 있도록 기록해두는 수단이 필요하다. 예를 들어 만화나 영화를 보면 죄수가 감옥에서 지낸 날을 세기 위해 벽에 표시를 한다. 4일째까지 세로선으로 표시하다가 5일째가 되면 이전 4일을 표시한 것 위로 가로줄을 긋는다. 5일씩 묶어 세기를 하는 것이다. 전체 일수를 셀 때는 묶음의 수를 계산해서 거기에 남은 낱개의 일수를 더하면 된다.

은행원들은 지폐를 셀 때 주로 20장씩 묶음을 만든 후에 그 묶음의 개수를 센다. 전자 개표기도 각 후보자에게 투표한 용지를 모아 묶음을 만들고 그 묶음들을 다시 합쳐 더 큰 단위의 묶음을 만든다. 영국의 경우 500표씩 묶음을 만들며 최종적으로 천 단위에 이른다. 이런 집계 과정은 중간에 잘못되더라도 전체 중 일부에만 지장을 주기 때문에 다시 시작하거나 재검토하기 편하다는 이점이 있다.

묶어 세기는 매우 유용하고, 묶어 세기를 통해 우리는 다양한 일을 처리할 수 있다. 하루 영업을 마친 후 현금등록기의 돈을 정산할 수 있고, 재고 조사 작업을 할 수 있으며, 대량으로 배송된 물건의 수량을 확인할 수도 있다.

수를 세다가 큰 수에 이르면 우리의 뇌가 여전히 정확하게 계산하고 있는지 확신할 수 없게 되고 확신해서도 안 된다. 1, 2, 3에서 껑충 뛰어 수천까지 셀 수 있는 것은 체계적으로 수를 묶어 세는 과정을 반복하기 때문에 가능하다. 우리의 뇌는 믿지 못하지만 체계의 일관성은 믿을 수 있다. 투표용지를 20장씩 두 묶음을 만들고 난 후 7장이 남았을 때 우리는 연산 법칙에 따라 수를 더해서 얻은 값이 실제로 투표용지를 한 장씩 셌을 때 도달하게 되는 47과 같다고 확신한다.

어림잡아 세기

수를 세는 것은 이론적이며, 정확한 과정이다. 수를 세는 기본적 행위는 '어떤 수보다 하나 더 있을 때 개수를 아는 것' 즉, 하나 더 큰 수를 찾는 것이다. 그러나 이렇게 간단한 접근 방법도 수가 커질수록 어려워진다. 수가 1,000을 넘어 일정 수준에 이르면 일상생활에서는 마지막 자리의 수는 굳이 정확할 필요가 없다고 느끼기 때문에 묶음만 세고 나머지는 무시하는 접근 방식에 만족한다.

양키 스타디움은 얼마나 큰가?

양키 스타디움이 4만 9,638명을 수용할 수 있다는 말을 듣는다면 (위키피디아에 따르면) 나는 그 수의 끝자리 '38'은 중요하지 않다고 여기거나 심지어는 5만과의 차인 '362' 정도는 중요하지 않다고 여기고 대략 5만이라고 주저 없이 말할 것이다.

이처럼 큰 수를 처리할 때 우리는 완전히 새로운 전략으로 전환한다. 주어진 수를 1,000으로 나눠떨어지는 가장 가까운 수로 어림하는 것이다. 이 과정에서 수는 우리가 중요하다고 생각하는 숫자인 유효 숫자(5만의 경우에 50)와 어림잡아 계산하고 있는 규모를 말해주는 배

수 부분(5만인 경우에 1,000)으로 나뉜다. 수는 이 두 부분의 합성으로 이해할 수 있다. 수의 규모는 우리가 다루고 있는 수가 몇 자리 수인지, 즉 '어떤 범위의 수인지' 알려주고, 유효숫자는 주어진 수가 정확히 얼마인지 알려준다.

이제 이런 질문을 해본다. 위키피디아에 실린 내용을 그대로 믿어도 될까? 양키 스타디움에 대해 아는 것이 전혀 없지만 5만이라는 수를 야구장 수용 인원수로 타당하다고 받아들여도 될까? **교차 확인**과 작은 수로 분할해 계산했던 것처럼 야구장 규모를 나타내는 수에 대해서도 그 수가 큰 수인지 아닌지 판단할 수 있는 안목을 가질 수 있을까?

또한 좌석수가 4만 9,638인 경기장을 머릿속에 직접 그려볼 수 있을까? 대답은 생각할 필요도 없이 '할 수 없다'이다. 4만 9,638은 너무 큰 수이기 때문이다.

그렇다면 1,000개의 좌석은 머릿속에 그릴 수 있을까? 이 정도는 가능하다. 대형 영화관이나 중간 크기의 콘서트홀에 있을 것 같은 한 열에 좌석이 40개씩 있는 줄을 25개 상상하는 것은 어렵지 않다. 1,000개 좌석을 하나의 블록으로 묶어 그런 블록이 50개 있다고 머릿속에 그려볼 수 있을까? 약간의 상상력을 동원하면 가능하다.

나는 양키 스타디움이 어떤 모양이고 배치 구조가 어떤지는 모르지만 이제 머릿속에 그림을 그려볼 수 있다. 일단 좌석이 모두 같은 층에 있지는 않을 테니 3개의 층이 있다고 가정한다. 각 층에 1,000개씩 묶은 좌석 블록을 18개씩 배치하면 총 54개지만 지상 층에는 입구와 다른 시설들이 있어야 하므로 4블록은 없애는 것이 합리적일 것이다.

━ 50,000은 헤아리기 어려운 큰 수지만, 어림잡아서는 가능하다. 양키 스타디움에는 1,000명씩 50번, 100명씩 500번 들어갈 수 있다.

18개 블록을 포함하고 있는 각 층은 어떤 모양일까? 야구장이 다이아몬드 모양이므로 각 층은 가오리연 모양으로 배열되어 있을 것이다. 길이가 긴 두 구역에는 5블록씩 있고, 나머지 두 구역에는 4블록씩 있다. 관중들이 뒤쪽을 선호하므로 그곳에 좌석이 더 집중되어 있을 것이다. 블록과 블록 사이에는 이동할 수 있는 넓은 계단이 있어서 상인들이 오가면서 레몬에이드나 땅콩, 핫도그 등을 팔 것이다. 핫도그 냄새가 나는 것 같지 않은가? 이것이 내가 상상할 수 있는 야구장의 모습이다!

이제 내 머릿속에는 제법 그럴듯한 그림이 생생하게 그려졌다. 경기장은 세 개 층으로 구성되어 있고, 각 층은 네 구역으로 나뉘는데, 각 구역마다 좌석이 1,000개로 구성된 블록이 4~5개씩 있다. 이렇게 시각화를 해보니 큰 경기장이지만 어림할 수 없을 정도로 거대한 정도는 아니라는 것을 알 수 있다. 그렇지 않은가?

이제 나는 양키 스타디움과 다른 경기장의 크기를 비교할 때 좌석 수를 천 단위로 묶어 생각할 수 있다. 다른 경기장의 좌석수도 천 단위로 측정된다면 모두 같은 범위에 있으므로 직접 비교가 가능할 것이다. 즉, 좌석 1,000개 묶음이 50개 있는 양키 스타디움과 1,000개 묶음이 56개 있는 미국에서 가장 큰 야구장 다저 스타디움을 쉽게 비교할 수 있다.

양키 스타디움은 미국에서 네 번째로 큰 야구장이다. 내가 전에 방문한 적 있는 보스턴 펜웨이 파크는 28번째로 큰 경기장으로 대략 3만 8,000명을 수용할 수 있다. 야구장은 아니지만 세계에서 가장 큰 경기장은 10만 명 이상을 수용할 수 있다고 한다. 따라서 '스포츠 경기장에 관해서라면 5만은 크지만 거대한 수는 아니다'라는 결론이 적절해 보인다.

수를 시각화하는 과정에서 우리가 무엇을 했는지 되짚어보자. 우리는 두 가지 강력한 도구를 사용했다.

우선 '4만 9,638개 좌석'이라는 큰 수를 다루기 수월하도록 '1,000개 좌석을 하나의 단위로 묶은 블록 5개'로 바꿨다. 이 기법을 쓰기 위해 우리는 실제 수 세기의 대상인 좌석 하나하나를 뚜렷하게 인지하는 대신 1,000개의 좌석을 묶어 블록이라는 추상적이고 모호한 이미지로 대체했다. 별거 아닌 것처럼 보일 수 있지만 이제부터 1,000의 배수를 다뤄야 한다는 점을 명심해야 한다. 물론 1,000의 배수까지는 그렇게 부담스럽지 않지만 사실 우리가 머릿속에 그런 1,000개 좌석의 이미지가 매우 정교하지는 않을 수 있다. 게다가 이 기법을 100만, 10억, 1조와 같은 훨씬 큰 수에 적용할수록 수는 점점 모호해지고 헤아리기 어려워질 것이다. 그런 단점에도 불구하고 이 접근법이 지닌 힘은 이것을 이 책에서 중점적으로 다루는 다섯 기법 중 하나로 선정하기에 충분하다. 이 기법을 가리켜 나는 **분할 점령**이라 부르며, 본문에서 여러 번 다시 다룰 것이다.

둘째로 우리는 다섯 가지 기법 중 하나인 **시각화**를 사용했다. 간단한 연산을 이용해 양키 스타디움의 모형을 머릿속에 그릴 수 있었고, 결과적으로 5만이라고 제시된 수가 실제로 어느 정도 받아들일 만한 수라는 것을 확인할 수 있었다. 위키피디아에 인용된 수가 정확하냐 아니냐를 떠나 적어도 그 수가 그럴듯하다는 것에 만족할 수 있었다. 그것은 큰 수를 이해하는 데 중요한 요소이다.

'대략'이라고 말해도 좋을 때

선거 개표 과정에서 재검표를 해야 하는 경우가 종종 발생한다. 결과가 오차범위 내에 있다면(영국 국회의원 선거에서는 표 차이가 50 이내면 대개 재검표를 요구함) 법적 이의제기가 나오지 않는 결론이 나올 때까지 재검표가 이루어진다.

여기에는 모든 선거의 개표 작업이 완벽하지 않다는 암묵적인 가정이 깔려 있다. 항상 실수가 있기 마련이고 수를 세는 것 자체가 정확하지 않을 수 있다. 그럼에도 불구하고 우리는 표 차이가 오차범위를 벗어나면 개표 결과가 정확하지 않을 수 있다는 것을 무시한다.

인구를 조사할 때(인구통계는 결국 복잡한 수 세기 작업임) 통계학자들은 응답하지 않은 사람들의 비율과 무수히 많은 부정확성의 원인들을 감안하여 최선의 추정치를 내놓는다. 미국 인구조사국 웹 사이트에는 인구 시계가 있다. 미국의 전체 인구 수를 보여주기 위한 것인데, 자동차 주행 거리를 기록하는 주행 거리계처럼 인구 수가 올라간다. 당연하게도 인구조사는 실시간이 아니라 10년마다 실시된다. 인구조사국은 연간 '수치'를 보완한 자료를 통해 월별 추정치와 전망을 이끌어내고 그달의 평균 변화 비율을 바탕으로 시계가 움직이는 속도를 결정한다. 인구 시계는 사람의 수를 세고 있다고 말하지만 명확하게는 사람을 단위로 시간을 측정하고 있다고 볼 수 있다.

우리는 대부분 수를 세다가 그 수가 커지면 어림잡아 말하는 것으로 만족한다. 일상에서 수를 사용할 때 앞자리 숫자와 자릿수는 무엇보다 정확해야 하지만 마지막 자리의 숫자까지 정확할 필요는 없다.

인구조사를 위해 사람 수를 세는 것도 물론 쉽지 않은 작업이지만 어떤 개체 수는 그보다 훨씬 더 힘든 과정을 거쳐야 한다.

바다에 사는 물고기는 몇 마리일까?

영화 〈니모를 찾아서〉의 홍보 포스터에는 바다에 3조 7,000억 마리의 물고기가 있다고 쓰여 있다. 그 수는 어떻게 해서 나온 것일까? 물고기를 하나씩 센 것이 아니라는 점은 확실하다. 이런 종류의 수는 추정치일 수밖에 없다. 그렇다면 어떻게 추산하는 것일까?

정답은 모델링과 샘플링이다. 과학자들은 우선 세계의 바다를 여러 구역으로 나누고 각 구역에서 발견되리라 예상되는 어류 종에 대한 상세 정보를 포함하는 '모델'을 만든다. 그 다음 단계는 가능한 많은 지역과 바다에서 다양한 방식으로 샘플을 추출하는 것이다.

각 구역의 물고기 수를 추정하기 위해, 해양 조사선에서 전문적으로 조사한 결과와 어선이 낚아 올린 물고기에 대한 기록을 살펴보고 샘플을 추출한다. 그 후에 불확실한 요소를 감안하고 샘플을 집계하여 '최적의 추정치'를 도출해낸다.

교차 비교를 하는 것도 좋지만 우리의 수 이해력을 높이기 위해 다른 추정 방법도 찾아보자. 예를 들어 2009년 브리티시 콜롬비아 대학의 한 연구원은 해조류 생산량과 해조류가 먹이사슬에서 어떻게 이동하는지 연구했다. 연구 결과 추정된 물고기 바이오매스는 총 8억에서 20억 톤ton, 이하 t 사이였다.

이때 중앙값 14억t을 기준으로 하고 물고기 한 마리의 평균 무게를 0.5kg이라 한다면 전체 물고기는 2조 8,000억 마리가 된다. 〈니모를 찾아서〉 포스터에 제시된 3조 7,000억과 비교했을 때 적어도 자릿수는 같으니 거의 맞아떨어졌다고 볼 수 있다.

밤하늘에 떠 있는 별은 몇 개일까?

별을 하나씩 세는 것은 불가능하지만 바다의 물고기 수를 추산할 때처럼 모델링, 샘플링 그리고 연산을 이용하면 자릿수까지는 추정할 수 있다.

매우 대략적으로 말해 천문학자들은 보통 한 은하에 평균 1천억에서 2천억 개의 별이 있고 관측 가능한 우주에는 대략 2조 개의 은하가 있다고 추정한다.* 즉, 별의 수가 대략 2천해에서 4천해 사이라는 것이다.

'해'라니! 만, 억, 조는 그나마 아주 깊이 생각하지 않아도 되지만 '해'는 나올 때마다 신경 써서 계산해야 한다. 1해는 1조의 1억 배, 즉 10^{20}으로 그야말로 엄청나게 큰 수다. 수를 이름으로 말하는 것이 유용하다고 여겨지는 것도 여기까지다. 그러므로 이제부터는 과학적인 표기법을 사용해서 관측 가능한 우주에 있는 별의 수는 2×10^{23}에서 4×10^{23} 사이라고 말할 것이다.

이정표 수

- 한 은하에 거주하는 별의 수 최저 추정치: 1천억
- 우주 전체 은하의 개수: 2조
- 관측 가능한 우주에 포함되어 있는 별의 수 최저 추정치: 2×10^{23}

---

* 이 책의 초고를 쓸 당시에는 은하의 수를 2,000억 개로 보는 것이 최적의 추정치로 널리 받아들여지고 있었다. 그러나 2016년 10월 수년간 허블 우주망원경을 이용해 연구한 결과가 발표되었는데, 그 수가 10배 증가했다.

10억은 얼마나 큰 수인가?

이 책 곳곳에서 다음과 같은 자료를 볼 수 있을 것이다. 나는 이것을 '수 사다리'라고 부른다. 하나의 수를 시작점으로 선택하고(여기에서는 1,000부터 시작) 그 수와 '대략' 일치하는 실생활 수치 자료를 한두 개 제시한다. 그리고 한 단계 올라갈 때마다 수가 커지고 세 단계가 지나면 처음 수의 10배인 수가 나오는 과정을 반복한다.

1,000	토머스 에디슨이 보유하고 있는 특허 수 — 1,093
2,000	피카소가 그린 그림의 수 — 1,885
	노퍽 섬Norfolk Island 인구 — 2,200
5,000	전 세계 화물 선박의 수 — 4,970
	몬트세랫 섬Montserrat 인구 — 5,220
1만	쿡 제도 인구 — 1만 700
2만	팔라우 인구 — 2만 1,200
5만	페로 제도 인구 — 4만 9,700
10만	저지 섬 인구 — 9만 5,700
	멜버른 크리켓 그라운드 좌석 수 — 10만
20만	괌 인구 — 18만 7,000
50만	케이프 버드 인구 — 51만 5,000
100만	키프로스 인구 — 115만

100만 이상

100만	키프로스 인구 — 115만
200만	슬로베니아 인구 — 205만

500만	노르웨이 인구 — 502만
1,000만	헝가리 인구 — 992만
2,000만	루마니아 인구 — 2,130만
5,000만	탄자니아 인구 — 5,070만
1억	필리핀 인구 — 9,980만
2억	브라질 인구 — 2억 200만
5억	추정되는 전 세계 개의 개체 수 — 5억 2,500만
10억	전 세계 자동차 수 — 12억

나라간 인구 차이가 얼마나 나는지 살펴보자. 예를 들어 브라질 인구(약 2억)는 루마니아(약 2,000만)의 10배, 슬로베니아(200만)의 100배다. 이런 수들이 **이정표 수**로 좋지 않겠는가?

10억 이상

10억	전 세계 집고양이의 수 — 6억
20억	2017년 6월 기준 페이스북 실제 사용자 수 — 20억
50억	인간 유전체 염기쌍의 수 — 32억
100억	세계 인구 — 76억
200억	전 세계 닭의 수 — 190억
500억	인간 두뇌 신경세포 수 — 860억
1,000억	지금까지 지구상에 존재했으리라 추정되는 인간의 수 — 1,060억
2,000억	우리은하에 있는 별의 수 — 2,000억
5,000억	아프리카 코끼리의 두뇌 신경세포 수 — 2,570억
1조	안드로메다 은하의 별의 수 — 1조
2조	지구상의 나무 수 — 3조

5조   지구상의 물고기 수 ― 3조 7,000억

10조   1테라바이트 용량의 하드 드라이브에 들어가는 비트 수

       ― 8조 8,000억

20조   인체를 구성하는 세포 수 ― 30조

50조   인체 내 박테리아 수 ― 39조

100조 인간 두뇌의 시냅스(신경 접합부) 개수 ― 100조

이 이상 넘어가면 천문학적 수에 이르게 된다. 그런 수는 별도의 장에서 다룰 것이다.

수로 이루어진 세상

수 이해력은 일상생활과 어떻게 연관되어 있는가

다음 중 무게가 가장 적게 나가는 것은?

- ☐ 중간 크기의 파인애플
- ☐ 보통의 남자 정장 구두
- ☐ 커피 한 잔(컵 무게 포함)
- ☐ 샴페인 한 병

수 이해력이란 무엇인가?

수학은 아니다

이 책을 쓸 당시 티치인스코틀랜드^{Teach in Scotland} 웹 사이트에는 다음과 같이 수 이해력에 대한 적절한 정의가 실려 있었다.

수 이해력은 수에 대한 일상적인 지식과 이해 그리고 주변 세상에 접근하고 분석하기 위해 필요한 추론 능력이다. 수를 사용해 문제 해

결과 정보 분석을 하고 계산을 기반으로 한 정확한 결정을 내릴 수 있는 자신감과 역량을 개발했다면 수 이해력을 갖추고 있는 것이다.

이것이 수학에 대한 정의가 아니라는 점에 유의하자. 수학자들은 분명 수와 수의 개념에 아주 관심이 많고, 수학 이론Number theory이 수학에서 중요한 분야인 것은 맞다. 그러나 수학 이론과 수 이해력은 사뭇 다르니 이름에 현혹되어서는 안 된다. 수학의 본질은 수학적 '대상'에 대해 엄밀하게 추론할 수 있는 추상적 사고에 있다. 수학적 대상은 그 자체가 추상적 개념으로 일부는 수이지만 수가 아닌 다른 유형의 수학적 대상도 많다.

그와 달리 수 이해력은 실용적인 능력이다. '수'라는 추상적 개념이 물체들의 물리 세계와 사회적 상호작용의 실세계와 어떻게 연결되어 있는지 다루는 것이 수 이해력이다. 티치인스코틀랜드에서 제시한 정의를 보면 다음과 같은 수 이해력의 몇 가지 특징을 알 수 있다.

- **일상적인 지식과 이해**
  수 이해력은 모든 사람을 위한 것이고 일상적으로 사용하기 위한 것이다.
- **주변 세상**
  수 이해력은 일상 세계와 연결되어 있다.
- **자신감과 경쟁력**
  수 이해력은 언제든 바로 이용할 수 있도록 손닿는 곳에 있는 익숙한 도구여야 한다.

- **잘 알고 결정 내리기**

  모든 시민은 의사결정자다. 특히 유권자로서 중요한 결정을 내린
  다. 결정을 하려면 이해가 필요하고, 이해를 하려면 지식이 필요
  하다. 그리고 지식을 쌓으려면 수 이해력이 필요하다.

  대부분의 사람들이 글을 모른다고 시인하는 것은 무척 부끄러워하
  면서도 "나는 숫자에 약해"라며 당당하게 수 이해력이 없다고 말하는
  것을 흔히 볼 수 있다. 나는 이 책을 읽는 독자들에게 이것이 얼마나
  우스꽝스러운지 구체적으로 설명할 필요가 없으리라 믿는다. 이 책은
  수 이해력의 결핍을 비난하기보다 일상에서 숫자를 능숙하게 사용할
  수 있는 수 이해력과 그것을 개발하고 발휘하는 데서 얻는 기쁨이 얼
  마나 큰지 널리 알리기 위한 것이다.

회계도 아니다

수 이해력은 수학이 아니며, 산술 능력과도 상관없다(물론 수 이해력이
있으면 부차적으로 산술 능력이 뛰어날 수 있다). 수 이해력이 있는 사람이
되기 위해 회계 장부를 기록하거나 실수 없이 아주 길게 나열된 수를
더할 수 있어야 하는 것은 아니다.

수 이해력이 있는 사람이 가진 기술은 동전 하나하나를 계산하여
지출 내역을 보고할 수 있는 것이라기보다는 어떤 주어진 맥락에서
금액이 큰 수가 되는지 작은 수가 되는지 판단하는 능력이다.

일상적 수 이해력과 과학적 수 이해력

수 이해력은 생활 속에서 자연적으로 생긴다. 서둘러 기차를 타러 가면서 우리는 숫자들을 비교하고 속도를 추산한다. 식사 준비를 하면서 수량을 판단하고 스포츠 경기를 보면서 통계수치를 처리하고 평가한다. 심지어 수렵과 채집을 하던 조상들도 획득물의 총계를 내어 부족 전체가 먹기에 식량이 충분한지 확인하고, 해가 떨어지기 전에 그것을 동굴로 가져갈 수 있는지 가늠하고, 봄이 되어 눈이 녹으려면 며칠 남았는지 헤아렸을 것이다.

수는 우리 문화 속에 녹아 있다. 성경만 하더라도 숫자와 측정 수치로 가득 차 있다. 이스라엘 민족의 방랑 생활을 그린, 구약 성경의 네 번째 책 민수기Numbers의 이름은 두 번 실시된 인구조사에서 유래되었다. 우리가 사용하는 언어는 우리의 삶 속에 수가 녹아 있음을 보여주는 증거다. 예를 들어, 2주일fortnight은 14일 밤fourteen night이고, 길이 단위 펄롱furlong은 밭고랑의 길이furrow's length다. 차세대는 밀레니엄 세대 millennial이고, 우리는 신기원milestone을 이룬다. 심지어 아이들이 부르는 동요에도 수 이해력 개념이 숨겨져 있다. 동요에 등장하는 잭Jack과 질Gill이 모두 액체 용량을 나타낸다는 것은 우연의 일치가 아니다.

우리가 삶을 살아가는 데 필요한 수 이해력은 자연스러운 것이며 일상적인 활동에 필수적인 요소다. 목동이 양을 셀 때, 방앗간 주인이 밀가루를 자루에 담을 때, 술집 주인이 맥주잔을 꺼내고 동전을 셀 때 필요한 수준의 수 이해력은 특별한 기술이 아니다. 이 같은 일상적인 과정에서는 누구도 자신이 '수학과 거리가 먼 사람'이라고 생각하지 않고 수를 두려워하지도 않는다. 잘 아는 분야와 인간적인 척도에서 수 이해력은 자연스러운 것이다. 이것이 일상적인 수 이해력이다.

그러나 어느 시점부터 사회는 전문가적 기술을 필요로 하기 시작한다. 작은 마을이 도시가 되고, 시 당국이 세금을 요구하면서 세금 징수원은 수백 가구로부터 얼마의 세금을 받아야 적당한지 평가하고 기록해야 한다. 그러면서 수는 점점 커지기 시작한다. 경제가 나날이 정교해지면서 국가 경제나 국민과 관련해 훨씬 더 큰 수를 다뤄야 하고 수학과 과학을 연구하는 사람들은 더 높은 수 이해력을 지닌 일종의 사제직에 오르게 된다. 이들은 일상적인 경제 활동과 공존에 필요한 수준을 훨씬 뛰어넘는 수를 어떻게 다뤄야 할지 더 보편적인 방식으로 배운다.

이제부터는 일상생활과는 상관이 없어진다. 세금 징수원이 도시에 필요한 자금으로 거둬들인 세금 총액과 개별 가정 사이에 실질적인 연관성이 사라진다는 말이다. 거둬들일 세금 총액과 지출 계획이 예산이 되고, 예산에서 다루는 수는 일상적이지 않은 매우 큰 수다.

금융권이나 수학적 세계에 발을 들여놓지 않은 사람들도 국가적 차원의 천문학적인 수에 영향을 받는다. 민주주의는 우리에게 국가 예산 규모, 인간 활동이 자연에 미치는 영향, 정치적 결정이 무역과 경제적 부에 미치는 영향 등을 이해해야 내릴 수 있는 결정을 하라고 요구한다. 하지만 정보를 충분히 이해하고 결정을 내릴 만한 수 이해력을 갖춘 사람은 매우 극소수다.

수는 몰라도 글은 안다

인간이라는 생명체는 타고난 숫자 능력이 거의 없는 편이다. 우리가 수를 직접 지각하고 '감지'할 수 있는 능력은 본질적으로 두 가지로 한정되어 있다. 첫째는 패턴을 인식하거나 수를 세지 않고도 바로 수를 인지하는 '즉각적 인지 능력'이다(이 능력은 사물이 최대 네 개 정도 있을 때가 한계다). 둘째는 다소 큰 수에 대한 부정확성을 허용해서 직관적으로 어림하는 감각이다.

인류는 지구 역사상 최근에 등장한 유인원이지만 50억km 떨어진 명왕성에 우주 탐사선을 보내 알맞은 시간과 장소에 도착하게 할 수 있는 높은 수준의 수치적 정교함을 다룰 수 있을 만큼 발전되었다. 도대체 어떻게 초보적인 수준의 수 감각을 가공할 만한 수리 능력으로 요술 부리듯 바꾸었을까?

인간은 주로 언어와 조직, 철학 등과 연관된 다양한 지적 능력을 사용해 이것을 가능하게 만들었다. 다른 정신적 능력을 동원하는 두뇌 전략과 기법을 수 이해력으로 발전시킨 것이다. 우리가 사용하는 언어는 수 이해력과 문장 이해력 사이에 얽힌 관계를 명확하게 밝혀준다. 예를 들어 은행에서 돈을 세는count 사람은 **은행원**teller이고, 이야기꾼story-teller은 이야기를 **들려준다**recount.

수를 세는 것은 노래하는 것과 같다. 노래는 수를 세기 위해 필요한 기술인 암기·반복·리듬에 의존한다. 매우 간단한 수 세기도 일련의 수를 암기한 다음, 암기된 숫자 열에 개수를 세는 대상 사물을 일대일로 대응시켜 행해진다. 숫자 열이 바닥나면 '하나, 둘,…' 대신에 '스물 하나, 스물 둘,…'과 같이 약간 변형하여 필요한 만큼 반복 적용한다.

우리는 의식적으로 기억을 저장한다. 음유 시인이 서사시를 암기하듯이 우리는 구구단을 암기한다. 암기된 구구단은 나중에 머릿속으로 계산할 때 알고리즘 동력으로 사용할 수 있는 내적 자원이 된다.

우리가 흔히 접하는 이야기들은 보통 틀에 박힌 방식으로 전개된다. 예를 들어, 착한 아들과 방탕한 아들, 회색의 간달프와 백색의 사루만 같이 명백히 드러나는 대비를 보여준다. 해는 낮을 지배하고 달은 밤을 지배한다. 그런 이야기에서 우리는 대칭과 균형 그리고 패턴을 배운다. 평가와 비교도 할 수 있다. 이런 기술들은 수를 다룰 때도 적용된다.

기억과 함께 우리의 수 이해력을 도와주는 것은 상상력이다. 상상력은 우리로 하여금 새로운 노래와 이야기를 만들고 미래를 볼 수 있게 해준다. 상상을 통해 아직 씨를 뿌리지 않은 밭을 머릿속에 그려서 필요한 씨앗의 양을 계산하고, 예상 수확량에 대한 계획을 세울 수 있다.

인간은 서로 협력하고 조직적으로 행동한다. 계획을 세우거나 복잡한 과정을 세부 단계로 나눠 단계별로 일을 수행함으로써 체계적으로 일을 처리하는 방법을 배우고, 어떤 순으로 일처리를 하는지 터득한다. 마찬가지로 수를 구할 때도 일련의 복잡한 연쇄 사고를 하고 조직적으로 사고하는 능력을 사용하여 계산 중에 헤매지 않는다.

이런 능력들은 본질적으로 수에 관한 것은 아니지만 우리는 현명하고 노련한 유인원이므로 수를 다룰 때 변형해서 활용할 수 있다. 우리는 주변 세상으로부터 모양과 구조뿐만 아니라 수의 추상적 개념까지 이끌어내는 법을 알고 있으며 논증과 추론을 통해 논리 기술을 추출하고 사고 과정을 공식화할 수 있다. 또한 우리의 강한 호기심은 사물을 물리적으로 또는 개념적으로 분해하고, 정신 모델과 추상 구조를 만들게 한다. 즉, 전체는 부분으로 분해될 수 있고, 부분에 이름을 부여할 수 있고, 심지어 부분과 부분 사이 **관계**에도 이름을 부여할 수 있는 것이다.

우리는 여행을 하고 다른 사람에게 이야기를 들려주는 일련의 행위를 통해 순서와 결과라는 개념을 배우고, 또 그것들로부터 연쇄적 추론의 개념을 습득한다. 추상적 개념, 구조 논리를 갖추고 있다면 수학적인 사람이 되기 위한 기술을 터득한 것이다.

그러나 이 책은 수학에 관한 책이 아니다. 우리를 당황하게 만들고 세상을 보는 시야를 가리는, 큰 수에서 비롯된 안개를 걷어내기 위한 것이다. 그렇다면 어떻게 안개를 걷어낼 수 있을까? 우리는 두뇌를 재설계해서 비범하게 만들거나 두뇌에 새로운 경로를 만들어내는 기적의 묘약을 복용하지는 않을 것이다.

사실 이미 수에 대한 사고력을 개발하는 데 필요한 요소는 다 갖추고 있다. 기억력, 숫자 열, 시각화, 논리, 비교, 대조가 그것들이다. 더불어, 우리를 인간답게 만드는 문화적 능력도 수 이해력을 높이는 데 도움이 된다.

그런 이유에서 '이정표 수'라 불리는 기억하기 쉽고 유용한 수들이 책 곳곳에 분포해 있다. 숫자로 된 이상한 시를 연상시키는, 점점 커지는 수 사다리나 차이를 극적으로 보여주기 위한 특별한 비교와 대조도 찾아볼 수 있다. 또한 우리가 수를 이야기할 때 사용하는 숫자의 이름들의 유래에 대한 설명과 언뜻 불가능할 것 같은 것을 머릿속으로 그려보는 시각화의 예시도 제시되어 있다.

비록 본질적으로 수 이해력이 낮아서 계산 능력이 뛰어나지는 못하지만 우리는 문화적 능력을 수를 이해하는 데 활용할 만큼 아주 영리하다. 이 영리함에 문서 작성 기술, 계산기, 컴퓨터 등 우리가 발명한 독창적인 보조 장치를 더한다면 우리는 수를 처리하는 능력을 길러 말 그대로 하늘을 뚫고 우주라는 새로운 세상으로 가는 비행체를 만들 수 있는 것이다.

수를 나타내는 단어

단어는 왜 중요한가?

수에 관한 책인데 단어에 신경 쓰는 이유는 우리가 수를 어떤 방식으로 생각하고, 감지하고, 느끼는지와 관련 있기 때문이다. 단어는 단순히 임의로 붙여진 것이 아니다. 그 안에 기원과 역사의 흔적이 담겨 있고 과거와 연결되어 있다. 수를 나타내는 단어도 마찬가지다. 개수를 셀 때 사용하는 수 가운데 처음 몇 개의 이름과 그 안에 담겨진 함축적 의미, 그 수와 연상되는 것들을 생각해보자.

하나: 하나라는 숫자는 우주의 존재에 대한 가장 근본적인 질문을 담고 있다. 바로 '아무것도 없는 것이 아니라 무언가 존재하는 이유는 무엇일까?'라는 질문이다. '하나'는 '어떤 것이 있는 것'과 '아무것도 없는 것' 사이를 엄밀하게 구별해준다. '하나'는 그 자체로 수

다. 내 몸은 하나이고, 머릿속에는 세상을 지각하는 하나의 '관점'이 들어 있다. 나는 하나의 길을 따라 삶을 살아가고, 하나의 세상, 하나의 지평선을 바라본다. '하나'는 시작점이고, '하나'는 유일하다.

둘: 둘은 첫 다수다. 즉 '하나 이상'이라는 개념에 해당하는 첫 예시다. 둘은 진정으로 '수'라는 개념을 수반하는 첫 번째 수이며, 복수의 것을 처음으로 가리키는 수다. '둘'은 사물 간의 관계가 지닌 특징을 나타낼 수 있고, 연관성이나 결합 또는 분리를 나타낼 수 있는 첫 번째 수다. 둘은 두 손, 두 발처럼 대칭에 대해 말할 수 있는 첫 번째 수이기도 하다. 뿐만 아니라 동쪽과 서쪽 같은 반대의 개념을 묘사하는 첫 번째 수이고, '이것'과 '저것'처럼 차이를 나타내는 첫 번째 수다. 다른 수들은 모두 '둘'의 뒤를 따라야 한다.

셋: 셋은 신비롭고 마술 같은 의미를 함축하고 있다. 두 개를 결합해서 하나를 더 만들 수 있기 때문에 셋은 창조의 수다. 예를 들어 엄마·아빠·아이, 정·반·합, 분자·분모·분수가 있고 동화나 동요에 나오는 곰도 엄마 곰, 아빠 곰, 아기 곰 이렇게 세 마리가 있다. '셋'은 삼위일체의 수이며, 우리가 인지하는 세상의 공간적 차원을 나타내는 수다. 탁자에 안정감을 줄 수 있는 최소한의 다리 개수가 셋이고, 한 영역을 에워싸는 기하학적 도형을 그리는 데도 최소 세 개의 직선이 필요하다. 셋은 리듬을 형성할 수 있는 가장 작은 수라서 수사학에서도 '3의 법칙'을 사용한다. 뿐만 아니라 '셋'은 제외되는 것을 표현할 수 있는 첫 번째 수다.

넷: 넷은 견고함과 질서와 강한 연관성을 가지고 있다. 일 년을 주기로 성장, 성숙, 쇠퇴, 죽음 이렇게 네 가지가 순환한다. 많은 동물들의 다리가 네 개고, 나침반에 동서남북 네 방향이 표시되어 있다. '넷'은 정사각형과 직사각형, 건물과 운동장, 공정한 거래와 단정함을 암시하는 수다.

다섯: 우리는 한 손에 다섯 손가락과 한 발에 다섯 발가락을 가지고 있으며 일주일에 5일 근무한다.

이런 식으로 이어진다. 사물을 셀 때 사용되는 자연수 중 특히 처음의 수 몇 개는 원래 가지고 있는 숫자적 의미보다 훨씬 많은 의미를 내포하고 있다. 추가적인 의미는 그 수와 연상되는 것을 떠올리게 하는 역할을 한다. 예를 들어 4인 가족을 떠올리면 정사각형 식탁에 둘러 앉아 있는 모습을 그릴 수 있고 세 가지 쇼핑 품목이 있으면 나는 그것들로 머릿속에 삼각형을 그린다.

수는 우리의 언어 곳곳에 스며들어 있다. 만일 우리가 저지른 죄에 대해 '속죄atone'한다면 우리는 스스로 그 죄와 '하나가 되게at one' 만든다. 인도 · 유럽 어족의 어근 dwo에서 duel양자 대결과 dual이중, two둘과 train연속, dilemma진퇴양난과 dichotomy이분법, dubious모호한과 duplicity이중성 등 서로 관련된 단어 쌍이 무수히 많이 생겨났다. 뿐만 아니라 three^{3}에서 trivia잡동사니, trident삼지창, tripod삼각대, tricycle세발자전거, trigonometry삼각법이 생겨났다.

단위의 어원

거리의 기본 단위로 고대 그리스인들은 포데스podes를, 고대 로마인들은 페데스pedes를 사용했고, 우리는 피트feet, 이하 ft를 사용한다. 이 단위들은 모두 발을 의미하는 단어들로 실제 인간의 발 길이에서 유래했다. 길이가 1ft라면 다소 큰 발에 속하지만 피트를 길이 단위로 사용하는 것을 자연스럽고 편안하게 받아들이는 문화권이 아직도 많다. 이렇게 신체를 기준으로 한 척도는 자연히 더 직관적으로 이해된다. 신체 기준의 측정 단위를 가리켜 '인간 중심 단위anthropic units'라 부르며, 이 책에서도 많이 언급될 것이다.

셰익스피어 희곡 《템페스트》에서 공기의 요정 아리엘은 페르디난드에게 〈5패덤 깊이 물속에 당신의 아버지가 누워 있네〉라는 노래를 불러준다. 당시의 패덤fathom이 얼마의 깊이를 의미하는지 아는 사람은 오늘날 거의 없다. 하지만 패덤이 원래 '쭉 뻗은 팔'을 의미하는 단어에서 나왔다는 것을 알면 1패덤이 6ft와 비슷하다는 것을 기억하기 쉬울 것이다(6ft는 2야드yard, 이하 yd와도 같다. 야드는 대략 팔을 뻗었을 때 손가락 끝에서 코끝까지 길이를 말한다).

나는 이런 단위들이 그 자체만으로도 매력적이라 생각하지만 이것들이 일상적으로 사용하는 언어, 관념, 숫자 등과 어떻게 결합되어 있는지 알면 더욱 흥미롭고 연관성이 있기 때문에 기억하기도 더 쉬울 것이다. 또한, 이 단위들을 기억한다면 세상을 더 잘 이해할 수 있을 것이다.

과학적 표기법

큰 수를 지수(거듭제곱)로 나타내는 표준 표기법은 공학이나 과학적 계산에 아주 적합하다. 이것은 믿을 수 없을 만큼 작은 수부터 천문학적인 큰 수에 이르기까지 다양한 범위의 값을 측정할 때 보편적으로 쓰이는 방식이다. 이 표기법을 사용하지 않는다면 우리는 이 여정의 종착지에 도달할 수 없을 것이고 정말로 큰 수에 대한 논의도 할 수 없을 것이다. 지수 표기법이 어떻게 적용되는지 살펴보자.

과학적인 지수 표기법을 쓰면 세계 인구는 7.6×10^9이다. 여기에서 10^9은 10의 아홉 제곱인 10억, 즉 1 다음에 0이 아홉 개 뒤따라 나오는 수를 의미한다. 우라늄 원자처럼 아주 작은 크기를 나타낼 때는 음의 거듭제곱을 써서 1.5×10^{-14} m로 나타낼 수 있다. 이를 전통적인 소수로 나타내면 0.000000000000015로, 소수점 아래 0이 13개 나온다.

이런 지수 표기법을 이 책에서 사용하지 않는 이유는 이 방식이 우리가 이야기하려는 수 감각 대신 지적 해독 과정을 필요로 하기 때문이다. 이것은 일상생활과 꽤 거리가 먼 표기법이며 일반인이 사용하기 어려운 전문 용어다. 우주의 크기를 묘사하는 것처럼 어마어마한 수를 다룰 때는 지수 표기법 외에는 달리 표현할 방법이 없지만 실용적인 수 이해력을 다룰 때는 단지 수를 묘사하는 숫자가 아닌 나름의 독특한 성질을 지닌 수 이름을 사용하자.

1,000의 의미

얼마부터 큰 수인가?

큰 수의 정의는 무엇인가? 수의 안전지대는 어디까지며, 어디서부터 수에 대한 감각을 상실하게 되는가?

나는 바닷물 속에 들어가 바닥에 두 발을 단단히 지탱하며 파도를 헤치며 걷기 시작한다. 어느 정도 깊이까지는 자신 있게 물을 헤쳐 앞으로 나아갈 수 있다. 그러나 깊이 들어갈수록 수압이 거세어져서 균형을 잘 잡을 수 없고, 걷는 것도 힘들어진다. 더 깊숙이 들어가면 바닥에 발가락 하나 붙이고 있는 것도 힘들어지는 지경에 이른다. 이때부터 선헤엄을 치거나 튜브처럼 물에 뜨게 하는 보조 장비에 의존하는 등 새로운 전략이 필요하다. 내가 더이상 감당할 수 없는 깊이에 도달한 것이다.

이것이 수의 바닷속으로 걸어 들어갈 때 점점 커지는 수에 대해 내가 느끼는 기분이다. 언젠가는 직접적인 시각화나 타고난 수 감각이 소용없고 발이 바닥에 닿지 않아 새로운 전략이 필요하게 되는 시점이 온다. 수의 바닷속으로 더 깊이 들어가고 싶다면 감당할 수 있는 범위를 늘리고 한계치에 다다랐을 때 대처하는 방법을 찾아야 한다.

그렇다면 내가 감당할 수 있는 수의 깊이는 얼마일까? 얼마부터 큰 수인가?

든든한 토대

물건들이 여러 개 있을 때 하나씩 세어보거나 패턴을 파악하지 않고 즉각적으로 직접 개수를 인지할 수 있는 순수한 수적 감각인 '즉각적 인지 능력'은 대부분 4에서 끝난다. 즉각적 인지 능력에 의존할 때는 5 이상이면 모두 큰 수다. 그러나 우리는 대부분 학교에서 수백 또는 그 이상의 수를 친숙하게 받아들이고 처리하는 법을 배운다.

과학의 길을 선택한 학생들은 근본적으로 끝이 없는 숫자들의 표기법을 다루기 위해 정밀한 기법을 배운다. 그래서 과학적인 수 표기법과 그 표기법을 바탕으로 한 계산이 생활화되고 거의 자동적으로 행해진다. 그러나 수가 커지면 일반인은 물론이고 수학자나 과학자들조차 타고난 수적 감각을 상실하기 시작한다. 수가 커질수록 우리는 스스로 감당할 수 없는 깊이에 있음을 깨닫고 알고리즘에 더 의존하고, 수를 이해하기 위한 지적인 노력을 해야 한다.

2조 5,000억을 예로 들어보자. 이 수가 어느 정도인지 머리로 가늠할 준비가 되어 있는 사람은 거의 없을 것이다. 이 수가 제시되는 문맥에 맞게 수를 이해하고 해독하기 위해서는 지적인 처리 과정을 거쳐야 한다.

다음은 2조 5,000억을 소화하기 위해 선택할 수 있는 방법들이다.

- '조'를 하나의 단위로 취급하자(2조 5,000억은 2.5조라 할 수 있다). 필요하다면 안을 들여다볼 수 있지만 그러지 않는 것이 좋은 일종의 블랙박스(즉, 기능은 알지만 작동 원리는 이해하기 어려운 장치)로 취급하라는 말이다. 만약 미국 정부 예산이 2.2조 달러에서 2.55조 달러로 늘었다는 말을 듣는다면 이 방법에 만족할 것이다. 이 경우는 상대적 증가량에 중점을 두자.

- 과학적인 지수 표기법을 사용하자. 과학자는 2조 5,000억을 2.5 × 10^{12}이라고 말한다.
- 1인당 **비율**을 적용하자. 경제학자는 2조 5,000억이 이해하기 쉬운 수라고 말한다. 우리는 전 세계 인구가 70억 이상이라는 것을 알고 있다. 따라서 세계적으로 진행되는 프로그램에 비용이 2조 5,000억 달러가 들어간다고 하면 1인당 비용은 대략 300달러다.
- **이정표 수**와 비교해보자. 정확한 지식을 가지고 있고 맥락이 적절하다면 우리는 2조 5,000억이 전 세계 바다에 살고 있는 물고기 수의 대략 70%라고 말할 수 있을 것이다.

머릿속에서 한 단계 이상의 처리 과정을 거치지 않고 2조 5,000억 같이 큰 수를 단번에 이해할 수 있는 사람은 거의 없다. 단지 어떤 두뇌 전략이 가장 적절한지가 관건이다.

수 이해력의 깊이

내가 자신 있게 감지, 시각화하거나 직감할 수 있는 수의 범위는 대략 1,000 안팎이다. 크리켓 국제 경기에서 역대 최고 기록은 1997년 스리랑카가 인도를 상대로 기록한 952점이다. 952는 큰 수지만 그 점수가 어떻게 나왔는지 시각화하고 실제로 어느 정도의 수인지 파악할 수 있다. 일반적으로 1점, 2점, 4점, 6점들이 하나하나 누적되어 그렇게 큰 총점에 이르렀을 것이라고 상상할 수 있는 것이다. 그러나 이것은 내가 다룰 수 있는 수의 한계에 가깝기 때문에 나의 이해 범위를 벗어나기 일보 직전이라고 볼 수 있다.

물론 수가 커지면 사용하는 전략이 따로 있다. 큰 수의 바다에 빠져 허우적대지 않도록 도와주는 튜브가 있다는 말이다. 나는 매우 큰 수를 지적으로 처리할 수 있고, 수학적으로 조작할 수 있지만 1,000이 넘어가면 앞에서 설명한 알고리즘적인 두뇌 기법에 의존하게 된다. 그렇기에 작은 분수나 비를 살필 때 나는 1,000분의 1을 기준으로 잡을 것이다. 이보다 작은 수는 내가 머릿속으로 해결할 수 있는 범위를 벗어나기 때문에 의미 있게 시각화하지 못한다.

지금까지 어떤 방법으로 수를 생각하는지 나의 개인적인 예시를 들어 설명했다. 하지만 나 같은 경우가 이례적이라고는 생각하지 않는다. 여러 단서들을 보면 우리 문화는 기호를 사용해 수를 말과 글로 표현했고, 그 방식은 1,000이 보편적인 기준점임을 암시하고 있다. 몇백과 몇 천 사이 어느 수에 이르면 우리는 수에 대해 생각하기 위해서 다른 두뇌 전략을 사용해야 함을 깨닫는다.

큰 수에 대한 노출

우리는 학교에서 9 × 9 = 81까지 있는 구구단을 배운다. 어렸을 때 나는 100까지 셀 수 있는 것을 매우 자랑스러워했고 한두 번은 1,000까지 세려고도 했었다. 이런 식으로 초등학교에서 습득한 수학 능력은 100을 조금 넘는 범위의 수까지 편하게 다룰 수 있게 해주었다.

학교에서 100만, 10억과 같은 훨씬 더 큰 수의 **정의**도 배웠고, '헤아릴 수 없는 것'이라는 무한대 개념도 접했지만 100만의 개념을 온전히 소화했다고 말할 수는 없다. 그보다는 멀리 있는 옆 마을도 오래 걸으면 도달할 수 있듯이 배운 대로 수를 세는 과정을 계속 반복해 나간다면 결국 백만까지 셀 수 있다는 것을 이해했고 그렇게 믿었다고 해야 옳을 것이다.

사실 어른이 되어 생활하다 보면 훨씬 더 큰 수들을 만난다. 수천, 수백만에 이르는 난민에 대해 이야기하고, 스포츠 경기를 관람하는 관중은 수천 또는 수만 명에 이를 것이다. 한 국가의 인구는 수백만 또는 수십억이고, 통화가 무엇이든 간에 국가 정부 예산은 수십억, 심지어 수조에 이른다.

이 수치들은 중요하기 때문에 모른다거나 이해할 수 없다고 변명하는 것은 좋지 않다. 수치가 의미하는 것을 사람들이 분명히 이해하지 못하기 때문에 나쁜 주장이 나오고 나쁜 정책이 시행되는 것이다. 난민이 2만 명이라고 하면 큰 수처럼 보일 것이다. 2만은 어떤 상황에서는 큰 수가 맞다. 하지만 전체 인구 6천만 명과 비교하면 난만의 수는 그저 3,000명 중 한 명일 뿐이다. 그런데 3,000분의 1은 내가 직감하기에는 너무 작은 수이기에 머릿속으로 가늠할 수 있는 범위를 벗어난다. 이럴 때는 두뇌 전략이 필요하다.

1,000을 시각화하기

만약 여러분이 나와 비슷하다면 '몇 백'과 '몇 천' 사이 어느 지점부터 수가 잘 이해되지 않기 시작하고, 다소 명확하게 이해할 수 있는 수에서 모호하게만 느껴지는 '큰 수'로 옮겨갈 것이다. 1,000분의 1이라는 수치가 어떤 것인지 잘 나타내주는 몇 가지 예를 살펴보자.

다음에 나열된 직선 각각의 중앙에 공백이 있다. 공백이 차지하는 부분은 첫 줄의 경우 전체의 10분의 1이고, 점점 감소해서 마지막 줄의 공백은 전체의 1,000분의 1이다. 마지막 직선에서 가운데 공백만 보려고 한다면 꽤 어려울 것이다. 그것이 1,000분의 1의 모습이다.

10분의 1
20분의 1
50분의 1
100분의 1
200분의 1
500분의 1
1,000분의 1

다른 예를 더 살펴보자.

- 미국 66번 국도와 뉴욕 센트럴파크 길이의 비는 1,000대 1이다. 시카고에서 LA까지 자동차로 주행할 때 가장 빠른 길로 가도 대략 4일 걸리는 반면, 자동차로 센트럴파크를 가로지르는 데는 다른 차량들이 없다면 5분밖에 걸리지 않는다.
- 아프리카의 최고봉 킬리만자로에 기린 한 마리가 서 있는 것을 상상해보라. 그것도 1,000대 1의 비율이다.
- 항공모함의 길이와 벼룩이 뛰어오를 수 있는 높이의 비도 1,000대 1이다.

1,000이라는 단어의 중요성

영어의 수 체계는 10을 기반으로 하는 십진법으로 10의 거듭제곱이 새로 생길 때마다 새로운 '자리'가 더해진다. 숫자적인 측면에서 보면

우리는 확실히 10을 기반으로 하는 세상에 살고 있다. 영어에서는 십
ten, 백hundred, 천thousand같이 10의 거듭제곱 중 처음 몇 수는 이름을 가
지고 있다.

그렇다면 그 다음 수들은 어떻게 되는가? 영어에는 1만을 가리키는
하나의 단어가 없어서 1,000의 10배수라고 표현한다. 이 말은 우리가
이미 큰 수의 영토 안으로 들어섰음을 암시한다. 큰 수의 영토 안에서
는 수를 덩어리로 다루며, 10,000은 1,000이 열 덩어리 있는 것이다.
10,000처럼 큰 수는 다루기 어렵기 때문에 두 개의 개념으로 분리해
서 생각한다. 하나는 1,000이라는 가상의 단위이고, 다른 하나는 10
이라는 안전지대 안에서 수를 형성하는 유효숫자다.

물론 '천' 이상의 수 중 정해진 이름이 있는 것들도 있다. 영어에서
백만million, 십억billion, 조trillion 등은 지칭하는 이름을 가지고 있는데 이
수들은 모두 1,000의 거듭제곱임을 주목해야 한다. 영어에서 728,000
은 '728 thousand'라고 편하게 말할 수 있지만 21,352,000은 '21,352
thousand'라고 하기보다 백만million을 단위로 사용해서 대략 '21.4
million'이라고 말하는 것이 더 자연스러울 것이다. 우리는 이처럼 유
효숫자가 안전지대 안에 잘 정착할 수 있도록 수의 규격을 재정비한
다. '백만million'이라는 이름은 그 수가 '큰 수'라는 의미를 내포하고 있
는 것이다.

숫자를 바꾸지 않고 사용할 때도 1,000을 기준으로 분리하는 것의
중요성을 느낄 수 있다. 예를 들어 125,000,000을 보면 1,000의 거듭
제곱을 기준으로 쉼표로 분리되어 있는데 이것이 전통적이고 일반적
인 표기법이다. 사람들이 일상생활에서 큰 수를 능숙하게 다루는 방

식을 보면 기본적으로 '1,000'이 중심이 된다는 것을 분명히 알 수 있다.

모든 길은 1,000으로 통한다

1,000이 중요한 기준점이 된 데는 고대 로마인들이 기여한 바가 크다. 로마 숫자 체계에서는 M=1,000이 가장 큰 숫자다. 그 이상의 큰 수에 대해서는 윗줄을 그어 표기했는데, 주어진 수에 윗줄을 그으면 그 수의 1,000배수임을 나타낸다. 예를 들어 100을 의미하는 C에 윗줄을 그은 $\bar{C}$는 100의 1,000배, 즉 10만이다. 로마인들은 1,000에서 일어나는 수 감각 변화를 인지하고 있었다.

그뿐만이 아니다. 미터법은 다음과 같이 접두사를 정의한다.

10 데카deca-(거의 사용하지 않음)

10^2 헥토hecto-(거의 사용하지 않음)

10^3 킬로kilo-

10^4와 10^5는 없음

10^6 메가mega-

10^9 기가giga-

세분된 작은 수를 의미하는 접두사도 있다.

1/10 데시deci-

10^{-2} 센티centi-

10^{-3} 밀리milli-

10^{-4}와 10^{-5}는 없음

10^{-6} 마이크로micro-

10^{-9} 나노nano-

과학에서도 1,000의 거듭제곱을 특별하게 취급하는 것이다.

정밀함

엔지니어들은 극도로 정밀한 허용오차를 가지고 작업해야 하지만 평범한 건축업자나 잡부들이 작업할 때 필요한 정밀함은 한정적이다. 내 옆에 있는 책장은 상당히 정교하게 잘 만들어졌지만 정밀하게 측정한다면 1~2mm 정도 오차가 있을 것이다. 그럴 경우 정밀도 오차는 1,000분의 1이다.

우리는 인터넷에서 실제로 승객을 실어 나를 수도 있는 자가 제작용 항공기 설계도를 구할 수 있다. 이 설계도 하나를 구해 자세히 살펴본 적이 있는데 설계도 어디에도 유효숫자 세 개 이상으로 정밀한 치수가 없었고, 계산해서 구한 고작 몇 개의 수만 유효숫자가 네 개였다. 항공기 엔진은 정밀한 허용오차 범위 안에서 작업하는 전문가들에 의해 조립되었겠지만 항공기 자가 제작을 시도하는 사람들에게는 정밀도 오차 1,000분의 1보다 더 정확한 작업이 필요하다고 여겨지지 않은 것 같다.

따라서 이 책의 목적을 위해서는 일반적으로 3~4개의 유효숫자면 충분할 것이다. 어떤 수가 중요한지, 그 수를 기댓값과 어떻게 비교해

야 할지 파악할 수 있는 시각을 형성하기 위한, 수 이해력이 있는 삶
을 위해서라면 그 정도면 충분하다. 그러므로 1,000이 대략 큰 수의
시작점이라고 볼 수 있다.

데이터 시각화가 현대 인쇄업과 웹 저널리즘의 핵심이 된 데는 그럴 만한 이유가 있다. 예술가나 작가는 데이터 집합의 핵심 세부사항을 그래픽 형태로 포착함으로써 텍스트만으로는 건들지 못하는 두뇌 영역에 접속한다. 나는 멋진 이미지를 만드는 방법을 가르치거나 깊은 인상을 남기려고 하는 것이 아니다. 그저 우리가 만나는 큰 수를 이해하는 방법으로써 머릿속에 데이터를 이미지화하는 방법에 대해 생각해보길 원한다.

10억은 얼마나 큰 수인가?

우리는 3차원 세계에 살고 있지만 1차원적으로 수를 배운다. 이미 앞에서 직선으로 나타낸 척도에서 1,000분의 1을 알아보는 것이 얼마나 어려운지 확인했다. 반대로 10억이 얼마나 큰 수인지 생각해보려면 무엇부터 해야 할까?

　작은 것에서 시작해보자. 길이가 1인치inch, 이후 in의 4분의 1보다 작은 4mm 길이의 개미가 있다고 하자. 이제 한 단계 높여 개미보다 더 큰 것을 선택할 것이다. 딱정벌레면 어떨까? 딱정벌레 모양의 클래식 자동차 폭스바겐 비틀은 그 길이가 4.08m다. 폭스바겐 비틀 옆으로 작은 개미 1,000마리가 줄지어 있는 모습을 상상해보라.

다음 단계로 이 자동차보다 1,000배 더 긴 것을 찾아보자. 좋은 후보들이 몇몇 있는데 뉴욕 센트럴파크가 4.06km이므로 아주 적당하다. 자, 머릿속에서 그려보자. 이 공원은 정확히 50개 블록에 걸쳐 뻗어 있다. 편의를 위해 뉴욕 시내의 각 블록에 숫자가 매겨져 있는데, 센트럴파크는 60번가에서부터 110번가까지다. 각 블록의 길이가 대략 80m라는 의미다. 따라서 한 블록에 폭스바겐 비틀 20대가 꼬리에 꼬리를 물고 서 있는 모습을 그려볼 수 있지 않을까? 50개의 블록이 있으므로 센트럴파크를 따라 1,000대의 폭스바겐 비틀이 늘어서 있는 것이다.

이제 길이가 센트럴파크의 1,000배가 되는 것을 찾아야 한다. 알고 있을지 모르겠지만 호주 대륙의 동서 길이가 최대 4,033km다. 그러므로 우리는 호주의 길이가 센트럴파크 길이의 1,000배고, 폭스바겐 비틀 100만 대를 한 줄로 세워놓은 것과 같고, 10억 마리의 개미 열과 같다는 것을 알게 되었다. 이 그림이 여러분 머릿속에 생생하게 그려졌으면 좋겠다. 폭스바겐 비틀 옆에 긴 개미 줄이 있고, 교통 정체로 센트럴파크를 따라 폭스바겐 비틀 1,000대가 꼬리에 꼬리를 물고 서 있고, 호주 대륙을 가로질러 동해안에서 서해안까지 센트럴파크 1,000개가 서로 접해 있다. 센트럴파크 각각의 가장자리를 따라 자동차들이 늘어서 있고, 자동차 옆으로 나란히 개미가 줄지어 있는 모습을 희미하게 그릴 수 있을 것이다.

이제 좀 더 깊이 생각해보자. 10억은 그대로 생각하기에 너무 큰 수이기 때문에 약간의 보조 방법과 일종의 줌아웃 기법을 통해 분할해서 생각했다.

물론 이것으로 10억이 얼마나 큰지 완벽히 이해하기는 힘들다. 우리는 서로 다른 단계에서 시각화한 다음, 그것을 연결시켜 생각해봤을 뿐이다. 이 경우 세 단계가 있었고, 각 단계는 다음 단계와 1,000 대 1의 비를 이뤘다. 즉석에서 급조한 새로운 기준(개미, 자동차, 센트럴파크, 호주)을 어떻게 사용했는지 주목하자. 4mm의 개미, 4m의 폭스바겐 비틀, 4km의 센트럴파크, 4,000km의 호주와 같이 새로운 측정단위 네 개와 새로운 **이정표 수** 네 개를 사용했다(아마 여러분은 적도 둘레가 4만km라는 사실을 기억하고 있을 것이다. 따라서 적도 둘레는 호주를 단위로 했을 때 '10호주'다).

이제 다른 방향에서 생각해보자. 1페니 동전 10억 개를 한 줄로 늘어놓는다면 길이가 얼마나 될까? 영국에서 사용하는 1페니 동전의 지름은 20.03mm다. 1페니 동전 1,000개는 20.03m가 되고, 이것은 크리켓 구장의 길이와 같다. 동전 100만 개를 나열하면 20.03km이고 10억 개를 나열하면 2만 30km인데 적도 둘레의 절반, 즉 5호주와 같다.

만약 동전들을 한 줄로 배열하지 않고 대형 비행장의 활주로 같은 장소에 펼쳐 놓는다면 어떨까? 동전이 펼쳐진 곳의 넓이는 얼마나 될까? 만약 가로로 4만 개, 세로로 2만 5,000개를 배열한다면 넓이는 801.2m × 500.75m로 1km²에 훨씬 못 미친다. 2차원 공간을 사용할 수 있다면 분명 3차원 공간도 사용할 수 있지 않을까? 동전을 높이 쌓아 올린다고 하자. 한 더미에 1,000개씩 쌓아보자. 동전 하나의 두께가 1.5mm이므로 한 더미의 높이는 고작 1.5m다. 동전 더미 1,000개씩 한 줄에 세우고, 그런 줄을 1,000개 만들자. 그러면 높이는 책장보다 낮고 한 변의 길이가 20.03m인 정사각형 공간에 10억 개의 동전을 담을 수 있다.

이와 같은 방식의 시각화는 '개미에서 호주까지 이르는' 시각화 방법과 두 가지 측면에서 다르다. 첫째, 기준을 1페니 동전 하나만 사용했다. 둘째, 3차원 공간을 활용해 길게 늘어졌던 동전 줄들을 입체적으로 압축시켰다.

세인트폴 성당을 채우려면
테니스공이 몇 개 필요할까?

나는 우연히 런던 세인트폴 대성당의 음향적 특성을 다룬 보고서를 본 적 있는데 그 보고서에는 성당 내부의 부피가 15만 2,000m³라고 되어 있었다. 이것이 타당한 수치일까? 시각화 기법과 공간기하학 지식을 이용해 간단한 교차 비교를 해보자.

구글에 세인트폴 성당의 그림과 수치 자료를 검색해보면 성당 본체가 대략 폭 50m, 길이 150m, 높이 30m인 직육면체를 이룬다는 것을 알 수 있다. 그 유명한 속삭이는 회랑이 지상 30m 높이에 있고, 돔을 둘러싼 야외 스톤 회랑이 53m 높이에 있다. 이것을 바탕으로 만약 성당 내부에 있는 돌을 모두 외곽으로 밀어낸다고 가정하면 성당 내부

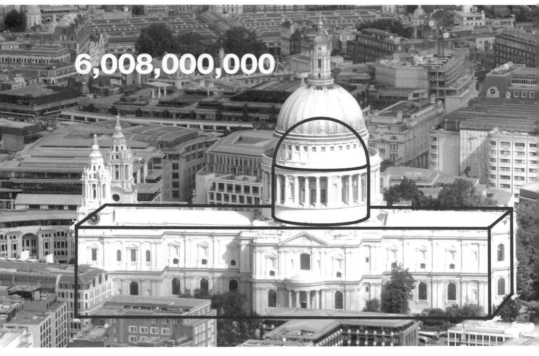

■ 런던 세인트폴 대성당을 가득 채우려면 몇 개의 테니스공이 필요할까?
출처: 마크 포쉬 촬영. 크리에이티브 커먼즈 라이선스 준수하여 배포함

공간은 폭 40m, 높이 25m, 길이 140m이고 그래서 부피가 14만m³인 직육면체로 단순화해서 생각할 수 있다. 나는 이런 접근 방식이 타당하다고 생각한다.

세인트폴 대성당은 이중 돔을 가지고 있는데 내부 돔이 외부 돔 바로 아래 위치한다. 두 돔 사이에는 원뿔 모양의 벽돌 구조물이 있어서 건물을 더 튼튼하게 해준다. 내부 돔은 지름이 약 30m이고, 원통형 구조물 위에 놓여 있다. 돔과 원통을 모두 합치면 내부의 높이는 약

30m가량 더 높아진다. 이것까지 고려하면 돔과 원통의 부피는 대략 1만 8,000m³, 성당의 총 부피는 15만 8,000m³가 된다. 이 정도면 보고서에서 음향 엔지니어가 언급한 15만 2,000m³가 충분히 그럴듯해 보인다.

이제부터 테니스공에 대해 생각해보자. 어떤 용기에 공을 집어넣으면 용기는 완전히 다 채워지지 않을 것이다. 매우 신경 써서 꼼꼼히 채운다면 대략 74%의 공간까지 채울 수 있지만 아무렇게나 막 넣으면 대략 65%만 채울 수 있다. 지름이 6.8cm인 테니스공의 부피는 대략 165cm³다. 공을 느슨하게 채웠을 때 공 하나가 차지하는 공간은 평균적으로 약 250cm³이며, 대략 한 컵의 부피와 같다. 부피가 1m³인 상자에 대략 4,000개의 테니스공이 들어간다는 말이다. 물론 상자의 가장자리 주변에 공이 빽빽하게 들어차는 것을 방해하는 가장자리 효과edge effect를 고려하지 않을 때 이야기다. 1m³ 크기의 상자에 비하면 세인트폴 대성당은 15만 2,000배 더 큰 공간이므로 성당 내부에 총 60억 800만 개의 테니스공을 집어넣을 수 있다.

그러나 만약 테니스공 대신에 볼풀공을 사용한다면 어떻게 될까? 볼풀공의 지름은 5.715cm이므로 부피는 대략 테니스공의 60%다. 이것으로 무엇을 할지 여러분도 짐작이 갈 것이다. 1m³인 상자는 6,700개의 볼풀공을 담을 수 있으므로 곱셈을 해보면 대성당을 채우는 데 필요한 볼풀공은 10억 1,840만 개다. 이렇게 10억이라는 수를 시각화하는 또 다른 방법을 다뤄 보았다.

제 **2** 부

측정하기

측정

측정한다는 것의 의미

'측정하다'라는 단어의 기원은 매우 흥미롭다.

> **measure (동사)**
>
> '**측정하다, 적당한, 제한하다**'를 의미하는 고대 프랑스어 mesurer(12세기),
>
> '**측정하다**'는 의미의 후기 라틴어 mensurare,
>
> '**측정, 측정치, 측정 도구**'를 의미하는 라틴어 mensura,
>
> '**측정하다**'는 의미의 meiri의 과거분사 mensus,
>
> '**측정하다**'는 의미의 인도유럽어족 조상어 *me- 등에서 파생했고 대략 서기 1300년, '**측정한 것에 따라 분배하다**'라는 의미로 사용됨
>
> 출처: https://www.etymonline.com

다시 말해, 어원을 찾아 아무리 먼 과거로 거슬러 가도 '측정하다 measure'는 그저 '측정하다'라는 의미이다. 이 단어의 개념이 얼마나 근

본적인 것인지 잘 보여주는 대목이다.

셰익스피어의 희곡 제목인 〈자에는 자로^measure for measure〉는 형벌의 강도가 죄의 강도와 일치해야 한다는 것을 의미한다. 음식이나 술을 제공할 때 우리는 양을 잰다. 자기 관리가 잘 되어 있는 사람은 정확히 자로 잰 듯이 말할 것이다. 문제를 해결하기 위해 조치^measure를 취한다고 할 때 그 조치는 통제된 조심스러운 과정을 의미한다. 여기에서 공통점은 일관성이나 균형, 통제, 평등을 확립하기 위해 표준이 되는 수량을 사용한다는 것이다.

어떤 것을 측정하려면 수를 세는 행동이 수반될 것이고, 대개는 실제로 수 세기를 하지만 측정은 수를 세는 것과는 다르다. 중요한 것은 측정에는 기준 수량인 단위가 필요하다는 것이다. 측정의 기준은 정해져 있어야 한다. 그렇지 않으면 아무 의미가 없다.

측정의 가장 간단한 형태는 수 세기의 한 형태와 같다. 즉, 측정되는 수량을 다 채우기 위해 표준 단위가 몇 개 필요한지 세는 것이다. 측정치가 큰 수인지 알려면 특정 단위로 몇 개인지 뿐만 아니라 어떤 단위가 사용되고 있는지도 알아야 한다. 100km는 맥락에 따라 큰 수일 수도, 큰 수가 아닐 수도 있다. 하지만 100광년은 누가 보아도 분명 대단히 큰 수다.

수를 셀 때는 자연수를 이용하지만 측정할 때는 분수도 사용하게 된다. 측정은 연속적인 크기에 수를 할당하는 방식이다. 다시 말해, 결국에는 분수로 끝난다 할지라도 측정은 사실 수 세기다. 밧줄을 사용해 거대한 피라미드의 토대를 설계하는 고대 이집트 측량사는 길이가 있는 연속적인 공간 차원을 자신이 선택한 단위로 몇 개인지 수로 변환한다. 아주 운이 좋아서 피라미드 옆면의 길이가 선택된 단위의 정확한 배수가 될 수도 있지만 그렇지 않을 공산이 더 크다. 측정을 했을 때 자신이 사용하는 단위로 딱 떨어지지 않고 나머지가 생길 수 있음을 미리 예상해야 한다. 자연수로만 측정할 수 없다는 것을 알게 되는 것이다.

이제 측량사는 남은 거리를 어떻게 다룰지 정해야 한다. 첫째 방법은 앞서 사용한 단위보다 더 작은 새로운 단위로 표현하는 것이다. 이것이 피트와 인치, 파운드와 온스, 달러와 센트를 사용하는 이유일 것이다. 다른 방법은 2분의 1, 5분의 2, 8분의 1 등의 분수를 사용하는 것이다.

시간이 흘러 후대 측량사, 아마도 나폴레옹의 이집트 연구팀 측량사가 피라미드를 측정했다면 측정 수치를 미터로 기록했을 것이다(미터법에서는 하위 단위를 섞어 쓰는 것을 허용하지 않으므로 미터 단위로 딱 떨어지지 않을 경우에는 소수로 나타내고 단위는 그대로 미터를 썼다). 프랑스 혁명의 영향을 받은 개혁가들이 오늘날 공식적인 국제단위 체계[5]로 쓰이는 미터법을 도입하면서 고대 이집트의 측정 단위는 완전히 사라졌다. 중요한 것은 어떤 식이든 측정을 하려면 부분 단위가 필요하다는 것이다.

측정은 주어진 단위로 몇 개인지 세는, 일종의 복잡한 형태의 수 세기다. 우리는 그 수가 분수가 될 수도 있고, 관련된 하위 단위가 있을 수도 있다는 사실을 수용할 필요가 있다. 이제 가장 기본적인 수량인 거리를 측정하는 몇 가지 방법부터 살펴보기로 하자. 우리는 많은 **이정표 수**를 찾아낼 것이고, **시각화**를 해보는 기회를 여러 번 접할 것이

다. 게다가 우리에게는 언제 어디서나 사용할 수 있는 측정 도구가 있
다. 바로 우리의 몸이다.

대략 그 정도 크기

공간을 수량화하다

다음 중 가장 긴 것은?

☐ 런던 버스의 길이

☐ 티라노사우루스 렉스의 길이

☐ 캥거루가 뛸 수 있는 거리

☐ 스타워즈에 등장하는 전투기 T-65 X-윙 스타파이터

긴 것, 짧은 것, 높은 것

- 적도의 둘레는 40,000km다.

  이것은 큰 수인가?

- 엠파이어 스테이트 빌딩의 높이는 381m다.

  이것은 큰 수인가?

- 잠베지 강의 길이는 3,574km다.

  이것은 큰 수인가?

디지털 방식으로 바꾸기 전에는 자, 시계, 전압계, 저울, 각도기 등 거의 모든 측정 도구가 조사할 수량을 선형적인 등가물로 전환하는 아날로그 장치였다. 즉, 눈금이 매겨진 저울이나 직선 또는 원호에서 바늘이나 침, 수은 기둥이 가리키는 곳의 눈금을 읽어내는 방식으로 측정을 했고 측정치는 선형 거리로 전환되었다. 그러므로 가장 기본적이고 근본적인 측정방식인 '거리'에 대해 먼저 다뤄보겠다.

측정을 위해 만들어진 단위

언제든 쉽게 이용할 수 있는 신체 부위를 도구로 삼아 측정하는 것보다 더 자연스러운 방법은 없을 것이다. 최초의 원시적인 측정은 손쉽게 구할 수 있는 주변 사물이나 손을 이용해 이루어졌을 것이다.

짧은 길이를 측정할 때 고대 그리스인들은 손가락(다크틸로이daktyloi) 과 발(포데스podes)을 측정 단위로 사용했다. 12다크틸로이는 1포데스와 같고, 1포데스는 대략 오늘날 사용하고 있는 1ft와 같다. 로마인들은 그리스에서 손가락과 발 길이를 단위로 하는 측정 단위 체계를 빌려왔고, 그것을 다시 영국으로 전파했다. 다크틸로이는 로마에서 '언시아uncia'라 불렸고, 영어로는 인치가 되었다. 하지만 엄밀히 따지자면 유럽의 많은 국가에서 인치는 엄지를 의미한다.

물의 깊이를 측정할 때 사용하는 단위는 '패덤fathom'인데 이 역시

• '인치'라는 말은 라틴어 언시아uncia(온스의 어원이기도 함)에서 파생했으며 12분의 1을 의미한다. 그러나 유럽 대부분 지역에서 '인치'는 '엄지'를 의미한다. 프랑스어 pouce = 인치/엄지, 네덜란드어 duim = 인치/엄지, 스웨덴어 tum = 인, tumme = 엄지, 체코어 palec = i인치/엄지다.

인간의 신체 부위에서 비롯된 이름이다. '껴안다'라는 뜻의 게르만 원어 파뜨마즈^fathmaz에서 파생한 것으로 '쭉 뻗은 팔'을 의미하며 대략 6ft다. 같은 크기의 단위로는 고대 프랑스어 '토이즈^toise'가 있는데 '쭉 뻗은'이라는 의미의 라틴어에서 파생했으며 어원적으로 '텐트^tent'와 '긴장^tension'과도 연관성이 있다.

이렇게 비공식적인 측정 단위를 제대로 된 체계로 바꾸기 위해서는 표준화가 필요했다. 그래서 비록 이름은 측정할 때 사용하던 신체 부위를 가리키더라도 물리적인 측정자 형태의 공식적인 표준 단위를 만들게 되었다. 이런 단위의 기원을 보여주는 증거로써 옛 이름이 우리가 사용하는 언어 속에 지금도 남아 있다. 신체를 측정자로 사용하는 것은 '주먹구구식^rule of thumb'이라는 표현으로 언어 속에 남아 있으며, 관용적 표현으로는 가장 좁은 여백을 가리켜 '머리카락 두께'라고 하는 것이 있다.

엄지만으로 충분하지 않을 때 우리는 '야드 자^yardstick'를 찾는다. 야드라는 단어의 기원은 분명하지 않다. 어떤 사람들은 이 단어가 허리 둘레와 관련 있다고 주장하지만 이는 측정단위로는 손가락이나 발에 비해 신뢰성이 떨어진다. 어쨌든 야드는 영국식 단위 체계와 다른 도량형에서 중요한 위치를 차지한다. 대부분의 단위 체계에는 야드와 거의 비슷한 단위가 있으며, '야드 자'라는 단어는 한때 그 사물 자체를 일컫는 말이었지만 지금은 측정할 때 사용되는 실질적인 기준점 모두를 가리킨다.

길이의 단위

고대 로마인들은 행진할 때 몇 걸음 걸었는지 세서 거리를 측정했는데 125보(한 보는 좌우 두 걸음이다)를 1스타디움이라 했다(운동 경기장을 뜻하는 스타디움과 어근이 같다).[*] 그들은 8스타디움, 즉 1,000보를 1밀레 mille라 불렀고 이것이 '마일mile'로 바뀌었다. 로마의 1보는 5ft였고, 1마일은 5,000ft였다. 이 수를 3으로 나누면 대략 1,667yd가 된다. 현대에서 사용되는 1마일이 1,760yd인 것과 크게 다르지 않다.

로마에서 1.5마일은 1리그league가 되었다. 그러나 어느 순간 중세 측정 단위로 바뀌면서 그 수가 두 배로 늘었다. 그래서 1리그는 일반적으로 3마일을 가리키며, 이는 한 사람이 한 시간 동안 걸을 수 있는 거리다. 만약 길이가 7리그인 장화가 있다면 한 걸음에 21마일을 갈 수 있을 것이다.

펄롱furlong은 황소 한 무리가 쉬지 않고 갈 수 있는 밭고랑의 길이 'furrow's length'를 말한다(고대 로마 단위 스타디움과 비슷한 길이다). 1펄롱은 220yd로 201m보다 조금 길다. 여전히 펄롱을 기준 단위로 삼아 도시 구획을 하는 미국 도시가 몇 곳 있긴 하지만 오늘날 펄롱은 주로 영어권 국가에서 말의 크기를 재는 단위로만 한정적으로 사용되고 있다.[**]

토지 측량에 거의 독점적으로 사용되는 단위인 '체인chain'의 시초는 1620년 에드먼드 군터Edmund Gunter가 토지를 측량할 때 길이가 1펄롱

---

[*] 거리 단위 '스타디움'은 그리스 달리기 경주 스타디온에서 이름을 따온 것이다. 그 경주는 개최 장소의 이름을 그대로 따왔다. 올림피아 경기에서 스타디온 경주는 약 190m 달리기였다.

[**] 시카고와 솔트레이크는 펄롱 단위 기준으로 블록이 나뉘어져 있다.

의 10분의 1, 즉 22yd인 체인을 사용한 것이다. 길이가 1펄롱이고 너비가 1체인인 직사각형 땅을 1에이커^{acre,이하} ac라 하며 1펄롱을 제곱한 값이 10ac다.

고대 이집트인들은 크기를 측정할 때 다양한 방식으로 손을 이용했기에 손가락, 손바닥, 손, 주먹이라 불리는 단위들이 생겼다(1손바닥은 4손가락이고, 1손은 5손가락, 1주먹은 6손가락이었다). 크기가 큰 경우 뼘^{span}, 큐빗, 장대^{pole}, 막대기^{rod} 등 여러 변형 단위와 '강'을 의미하는 이터루^{iteru}라는 큰 단위를 사용했다. 이터루는 2만 큐빗으로 대략 10.5km 정도다. 고고학자들은 큐빗 막대 모양의 측정 체계가 손바닥, 손, 손가락 등 하위 단위로 표시되어 있었다는 구체적인 증거를 발견했다. 더 큰 크기에 대해서는 특정 간격마다 매듭이 있는 줄을 사용했다.

전통적으로 중국인의 발 크기는 대략 32cm, 즉 1척^{chi}이었다. 5척을 1보^{bu}라 하는데, 대략 6ft다. 따라서 중국의 1보는 고대 로마의 1보와 거의 비슷한 길이다. 현대에 사용되는 척은 미터법에 맞춰서 다시 정의되어 정확히 1m의 3분의 1을 말한다. 1척(전통적이든 현대적이든)의 10분의 1을 1치^{cun}라고 한다. 치는 '중국의 인치'라 할 수 있는 단위로, 전통적으로 한 치는 엄지의 마디 부분 너비다. 고대 중국에서 비단 한 필은 보통 12m로, 이것이 표준 단위로 사용되었다.

2008년 바바라 윌슨^{Barbara Wilson}과 마리아 조지^{Maria Jorge}는 아즈텍 사람들이 토지를 측량하고 토지 면적을 계산하는 데 사용한 단위를 해독했다. 기본 단위는 틀라콰이틀^{Tlalcuahuitl}이다(간단히 T라 표기한다). 틀라콰이틀은 2.3~2.5m 길이의 토지 측량용 막대다. 다음과 같은 하위 단위들도 매우 흥미롭다.

- 화살: 1/2T = 1.25m

- 팔: 1/3T = 0.83m

- 뼈: 1/5T = 0.5m

- 심장: 2/5T = 1.0m

- 손: 3/5T = 1.5m

미터 측정

인간의 신체 부위와 활동을 바탕으로 만들어진 측정 단위들은 그것이 만들어진 당시의 제한적인 환경에서는 제 기능을 다했지만 계몽 시대의 자연주의 철학자들의 요구에는 맞지 않았다. 그들은 탐사와 실험 대상인 더 넓은 세상을 구획, 측정, 조정할 수 있는 보다 보편적인 시스템을 원했다. 프랑스 혁명은 도량형뿐만 아니라 모든 전통을 뒤집는 계기가 되었고 미터와 미터법이 탄생했다. 더는 인간의 신체 부위를 척도로 삼을 필요 없는 세계적인 잣대가 마련된 것이다. 미터는 원래 북극과 적도 사이 거리의 1,000만 분의 1로 정의되었는데, 북극점에서 파리를 지나 적도까지 이르는 경도선의 길이를 주로 사용했다. 그렇게 정의된 미터는 야드와 크기가 거의 비슷했다.

1889년부터 1960년까지 미터원기prototype meter bar를 기반으로 설정된 미터가 사용되었고, 1960년부터는 미터의 정의가 다음과 같이 바뀌었다.

1m는 진공 속에서 크립톤-86 원자가 방출하는 전자기파 스펙트럼 가운데 오렌지-적색 파장의 165만 763.73배다.

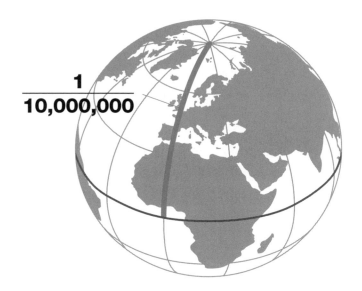

■ 1미터는 북극에서 적도까지의 거리를 1천만으로 나눈 것이다.

미터법이라 불리는 도량형은 12의 배수, 14의 배수, 16의 배수처럼 다루기 힘든 수가 아닌 10의 배수나 10으로 나누어떨어지는 수를 바탕으로 했기 때문에 널리 받아들여졌다. 물론 지구 구석구석까지 모두 완벽하게 정복하지는 못했지만* 미터법은 실질적인 세계 표준으로 자리잡고 있다.

* 미국은 버마(미얀마)와 리베리아와 더불어 세계에서 미터법을 받아들이지 않는 세 국가 중 하나다.

주변 사물 측정하기

인간은 모든 활동 영역에서 수를 세고 크기를 측정하지만 스포츠 경기에서 가장 두드러지게 나타난다. 경기장과 코트를 설계하고, 점수를 계산하고, 기록을 깨는 모든 것이 기본적인 수 이해력을 필요로 하기 때문에 스포츠는 수의 지배를 받고 수에 의해 조절된다고 볼 수 있다.

스포츠: 높이

농구선수는 키가 얼마나 될까? 2016년 브라질 올림픽에 참가한 미국 남자 농구팀은 두 명을 제외하고 모두 2m가 조금 넘었다. 농구 골대 높이는 대략 3m다. 럭비와 미식축구 골대의 크로스바도 농구 골대 높이와 마찬가지로 높이가 3m인 반면 축구 골대의 크로스바 높이는 2.44m다. 이것은 1993년 세워진 높이뛰기 세계 기록에 조금 못 미치는 수치다. 다시 말해 세계 최고의 높이뛰기 선수는 축구 골대를 아슬아슬하게나마 뛰어넘을 수 있다는 이야기다.

이정표 수
- 농구 골대
- 미식축구 골대
- 럭비 골대

모두 높이가 3m로, 키가 매우 큰 사람보다 1.5배 높다.

장대높이뛰기 세계 기록(6.16m)은 높이뛰기 세계 기록(2.45m)의 2.5

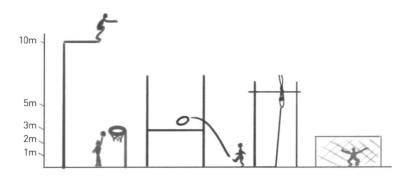

■ 무엇이 가장 높은가? 다이빙대, 높이뛰기 바, 농구 골대 순이다.

배, 농구 골대 높이(3m)의 두 배가 조금 넘는다. 흥미롭게도 여자 장대높이뛰기 세계 기록(5.06m)도 대략 여자 높이뛰기 세계 기록(2.09m)의 2.5배고, 두 기록 각각 남자 기록의 약 6분의 5정도다.

아이스하키 골문은 높이가 1.2m밖에 되지 않으므로 상대적으로 작게 보이고, 올림픽 장애물 달리기의 허들 높이는 1m가 조금 넘는 1.067m다. 올림픽 대회 다이빙 경기에서 선수들은 3m 높이에서 스프링보드를 이용하거나 아찔한 10m 높이 플랫폼에서 뛰어내린다.

여자 체조에서 이단 평행봉은 2.5m와 1.7m에 설치되어 있고, 남자 체조의 경우, 높은 평행봉은 2.75m 높이에 있다.

이정표 수
- 올림픽 다이빙 경기의 플랫폼 높이는 10m로 대략 3층 건물 높이다.

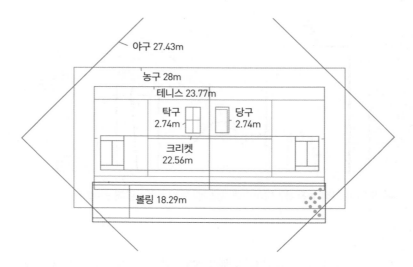

■ 운동 경기장의 규격. 야구장이 가장 크고 탁구대가 제일 작다.

스포츠: 거리

작은 수부터 보자면 탁구대 길이는 2.74m(9ft)다. 당구대 규격은 두 가지가 있는데, 하나는 탁구대와 마찬가지로 길이가 2.74m(9ft)이고 다른 하나는 이보다 작은 2.44m(8ft)다. 볼링 레인은 파울 라인부터 1번 핀까지 길이가 18.29m, 폭은 1.05m다. 테니스 코트는 길이가 23.77m(78ft)고 네트 높이는 0.914m(3ft)인데, 전통적으로 테니스 라켓 두 개를 사용해 측정했다. 즉석 측정자로 사용될 때 라켓 하나는 길이를 담당하고 다른 하나는 폭을 담당한다. 농구 코트의 길이는 28m로 큰 규격 당구대 길이의 10배가 조금 넘는다. 농구 코트의 폭은 15m다.

크리켓 구장은 서로 반대편 끝에 있는 두 말뚝 사이 거리가 20.12m다. 야드·파운드법에 따르면 그 길이는 22yd, 즉 1체인이다. 혹은 1

펄롱의 10분의 1이다. 물론 특별하게 관리되는 구장은 양쪽 말뚝 뒤로 4ft의 공간이 더 있어서 전체 길이는 22.56m가 된다. 크리켓 구장은 크기와 모양에 구애를 받지 않으므로 아무 곳이나 경기장으로 쓸 수 있다. 야구장도 크기는 상관없지만 마름모꼴 내야의 규격은 옆면의 길이가 27.43m로 정해져 있다. 크리켓 구장처럼 야드·파운드법에 따라 30yd로 나타내면 더 기억하기 쉽다. 이것은 농구 코트의 길이와 매우 비슷하고, 규격이 큰 당구대 10대의 길이와 같다.

축구 경기장은 얼마나 클까?

축구 경기장의 경우 규정이 다소 유연해서 길이가 90~120m, 너비가 45~90m 내외이기만 하면 되지만 예외적으로 영국 프리미어 리그 축구 경기장은 대략 105m × 70m로 정해져 있다. 미식축구 경기장은 가로 48.76m, 세로 110m여야 하므로 축구 경기장보다 조금 더 길쭉하다. 미식축구 경기장은 길이가 너비의 두 배 이상이고 그 길이는 야구장 루와 루 사이 거리 네 개를 모두 합친 것과 거의 같다는 점이 흥미롭다. 럭비 경기장의 골대 간 거리는 100m이지만 골대 뒤로 '인골 지역in-goal area'이 있다. 럭비 리그 경기장은 너비가 68m, 럭비 유니온 경기장의 너비는 최소 70m여야 한다. 게일식 축구는 길이가 130~145m, 너비가 80~90m인 비교적 큰 경기장에서 치러진다. 호주식 축구 경기장은 타원형이고 정해진 크기가 없지만 일반적으로 길이가 약 160m, 너비가 120m로 다른 종류의 축구 경기장보다 훨씬 크다. 그러므로 학생들이 원하는 종류의 축구를 할 수 있도록 하려면 학교 운동장 길이는 일반적으로 최소 100m는 되어야 할 것이다.

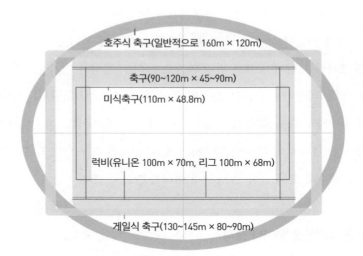

호주식 축구(일반적으로 160m × 120m)

축구(90~120m × 45~90m)

미식축구(110m × 48.8m)

럭비(유니온 100m × 70m, 리그 100m × 68m)

게일식 축구(130~145m × 80~90m)

━ 축구장 규격은 하나가 아니다. 호주식 축구 구장이 가장 면적이 넓다.

고대 그리스인들은 스타디온stadion이라는 길이 단위를 기준으로 달리기 경주 거리를 정했다. 스타디온은 달리기 경주가 열린 장소의 이름을 딴 것이다(고대 로마인들을 거치면서 '스타디움'으로 바뀌었다). 원래 스타디온은 600ft지만 정해진 피트의 길이가 없었기 때문에 대략 170~200m였다. 1스타디온은 일반적으로 단거리 시합을 할 수 있는 가장 짧은 거리였을 것으로 추정된다.

오늘날 가장 짧은 단거리 경주는 100m 달리기이고, 그 다음 두 배씩 늘어나 200m, 400m, 800m 달리기가 있다(200m가 1펄롱과 매우 비슷한 것은 우연의 일치가 아니다). 그 다음 장거리 경주는 1,500m 달리기다. 장거리 달리기는 일반적으로 3,000m, 5,000m, 10,000m를 말한다. 마지막으로, 고대 그리스에서 유래한 마라톤이 있다. 마라톤 경주는 먼 거리를 달려 마라톤 전투의 승전보를 아테네에 전한 필립피데스Philippides를 기리기 위해 열리는 육상 경기로 지금은 42.195km가 공식 거리로 정해져 있다. 이것은 대략 축구장 400개의 길이를 합친 것과 같다. 2016년 브라질 올림픽 남자 마라톤 우승자의 기록은 2시간 9분이 채 되지 않고, 여자 마라톤 우승자의 기록은 2시간 24분이었다.

필립피데스가 아테네까지 달렸다는 이야기는 사실이 아닐 가능성이 높지만 그리스 역사가 헤로도토스의 기록에 따르면 마라톤 전투가 벌어지기 전에 원군을 청하기 위해 필립피데스가 스파르타까지 달려갔다고 한다. 아테네에서 스파르타까지 거리는 거의 250km인데, 기록에는 필립피데스가 도착하는 데 이틀이 소요됐다고 되어 있다. 1982년 영국 공군 소속 군인 4명이 고대 그리스 병사의 달리기를 재현하기로 했고 36시간이 지난 후 간신히 달리기를 마쳤다. 그 후로 스파르타 마라톤Spartathon이라 불리는 달리기 경기가 해마다 개최되고 있다. 스파르타 마라톤의 가장 빠른 기록은 20시간 25분이다.

얼마나 멀리 던질 수 있을까?

전투 중인 고대 그리스인들을 상상해보자. 그들은 창을 얼마나 멀리까지 던질 수 있을까? 믿을 만한 역사적 증거는 없지만 1984년 우베 혼Uwe Hohn 선수가 창던지기 대회에서 거의 축구장 길이와 비슷한 104.8m를 던졌다는 기록이 있다. 그 후 창던지기 경기 규칙이 바뀌었기 때문에 당분간 그 기록은 깨지지 않을 것으로 보인다. 2016년 올림픽 남자 창던지기 금메달리스트 토머스 롤러Thomas Röhler는 90.3m를 던졌다. 원반던지기 세계 기록은 74.08m이고, 7.26kg 포환던지기 세

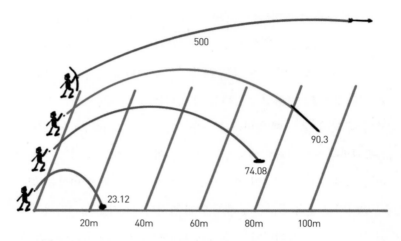

━ 화살은 500미터를 날아갔고 투포환은 23미터를 조금 넘었다.

계 기록은 23.12m다. 활쏘기 대회에서 화살이 가장 먼 거리까지 날아
간 기록은 '거의 500m'다. 미식축구에서는 공을 80m까지 던질 수 있
으며, 크리켓 공은 125m, 야구공은 135m까지 던질 수 있다. 지금까
지 골프 드라이브샷 최장 기록은 471m다.

스포츠: 장비

야구와 크리켓 장비는 규격이 대략 비슷하다. 야구 방망이 길이는
최대 1.067m이고 크리켓 방망이는 최대 0.965m다. 둘 다 경기장에
서 필요하다면 야드 자로 활용할 수 있다. 공의 지름을 보면 탁구공
은 40mm, 골프공은 43.7mm, 당구공은 57.2mm, 테니스공은 대략
67mm, 야구공은 73.7mm다. 농구공의 지름은 약 241.6mm로 지름이
거의 2배에 가까운 457mm의 농구 골대를 통과해야 한다.

긴 것 vs 짧은 것

지구 중심에서 지표면까지 직선거리인 지구의 평균 반지름 6,370km
를 생각해보자. 이때 해발 8.8km인 에베레스트 산 높이와 해수면 아
래 11km인 마리아나 해구의 깊이도 생각해보면 지구의 가장 높은 지
점과 가장 낮은 지점의 차이는 20km도 나지 않는다. 그것은 지구 반
지름의 약 320분의 1밖에 되지 않는다. 반지름이 20mm인 탁구공에
비유하면 16분의 1mm에 해당하므로 육안으로는 거의 알아차릴 수
없을 정도다.

　세계 일주 여행을 할 때 우리는 수만km에 달하는 거리를 움직이지
만 대부분 수평 거리인 반면, 지표면에서 위아래로 움직일 수 있는 최
대 수직 거리는 20km도 되지 않는다. 따라서 높이와 거리 모두 선형
공간 범위이지만 수평 거리와 수직 거리의 개념이 다르기 때문에 두
개를 비교하는 것은 좋은 생각이 아니다. 높이가 있는 것들이 중력에
의해 모두 지표면 위로 넘어져 옆으로 눕는다면 수직 거리는 수평 거
리에 비해 매우 짧을 것이다.

건물과 다른 구조물들

장대높이뛰기 최고 기록은 이층 건물 높이에 조금 못 미치는 6m 정
도다. 하이다이빙 선수는 대략 3층 건물 높이에서 뛰어내린다. 인간은
부를 자랑하거나 지위를 과시하고 싶을 때 아주 높은 탑을 세우려고
하는 경향이 있다.

어림셈법

- 고층 건물 높이는 층당 대략 3.5m로 계산하고 거기에 10m를 더하면 된다. 이 방법을 다음에 기술할 건물에 한번 적용해보자.

12세기 이탈리아 투스카니 지방의 산지미냐노에는 사람들이 자신의 지위를 자랑하기 위해 세운 탑들이 생겨났다. 언덕 꼭대기에 위치한 마을 안에는 이용할 수 있는 땅이 거의 없었고 궁전을 지을 공간도 없었기 때문에 탑이 답이었다. 때문에 주요 가문들은 모두 탑을 가지고 있었고, 서로 이웃보다 높은 탑을 세우기 위해 경쟁했다. 최고조에 달했을 때는 72개의 탑이 세워졌고, 70m 높이까지 올라갔다. 이것은 오늘날의 18층 건물과 맞먹으며, 장대높이뛰기 세계기록의 11배가 넘는 높이다. 현재 남아 있는 탑은 14개에 불과하지만 여전히 작은 산마을의 경이로운 스카이라인을 연출한다.

마천루라 불린 최초의 건물은 1884년에 지어진 시카고 주택보험 건물이다. 처음에는 총 높이 42m의 10층짜리 건물로 지었는데, 1890년에 두 층이 증축되면서 55m 더 높아졌다. 산지미냐노의 탑보다 훨씬 낮지만 탑과 달리 실용적이고 유용한 공간이었다.

20세기의 가장 상징적인 마천루라면 엠파이어 스테이트 빌딩을 꼽을 수 있을 것이다. 이 시기에 엠파이어 스테이트 빌딩에 견줄만한 것은 뉴욕의 상징 자유의 여신상밖에 없다(자유의 여신상은 지면에서 횃불의 끝까지 측정했을 때 93m다*). 이 102층짜리 마천루의 높이는 381m에

---

* 황동상의 높이만 따지면 전체 높이의 절반에 조금 못 미치는 46m다.

이르며** 이것은 시카고 주택보험 건물 높이의 약 일곱 배다.

엠파이어 스테이트 빌딩이 누렸던 세계에서 가장 높은 건물이라는 지위는 417m 높이의 세계무역센터에게 넘어갔지만 세계무역센터는 2001년에 끔찍한 사고로 붕괴되고 말았다. 이제 그 자리에는 제1 세계무역센터가 새로이 솟아 있다. 이는 서반구에서 가장 높은 건물로 높이가 541m에 이르고, 좁은 첨탑을 제외해도 407m에 육박한다. 실제로는 지상 94개 층밖에 없지만 높이만 따진다면 104층짜리 건물과 같다.

현재까지는 두바이의 부르즈 칼리파Burj Khalifa가 세계에서 가장 높은 건물이다. 부르즈 칼리파의 건축 높이는 828m이지만 사용 가능한 최고층은 585m 높이에 있고, 그 위로 첨탑부에 46개 층이 있다. 건축가들은 이처럼 실제로 사용할 수 없는 초고층 높이를 '허영의 높이'라 부른다. 부르즈 칼리파처럼 몇몇 건축물의 경우에는 건물 전체 디자인과 허영의 높이가 조화를 잘 이루지만, 허영심이나 경쟁심 때문에 불필요하게 첨탑을 추가한 것처럼 보이는 경우들도 있다.

하지만 허영의 높이를 계산에 넣지 않는다면 런던 세인트폴 대성당의 높이는 대부분 깎여 나가야 하기 때문에 절대 그런 일은 일어나지 않을 것이다. 111m 높이의 세인트폴 대성당은 1710년부터 1962년까지 252년 동안 런던에서 가장 높은 건축물로 군림해오다가 1964년 완공된 183m 높이의 우체국 타워에게 자리를 내줬다. 오늘날 런던에

●● 이것을 '건축물 높이'라 부른다. 첨탑의 높이는 포함되지만 안테나나 깃발 게양대 높이는 포함되지 않는다. 이제는 기준으로 삼을 확실한 지붕선이 없는 고층 건물들이 많기 때문에 지붕 높이를 건물 높이의 척도로 사용하는 관례가 거의 사라졌다.

828

■ 현재 세계에서 가장 높은 빌딩은 두바이의 부르즈 칼리파다. 그러나 사우
디아라비아의 제다 타워가 완공되면 순위가 바뀔 수도 있다.

서 가장 높은 건물은 310m 높이의 95층짜리 '더 샤드 오브 라이트The Shard of Light'다. 하지만 더 샤드 오브 라이트는 파리의 대표적인 이정표인 에펠탑만큼은 높지는 않다. 324m 높이의 에펠탑은 원래 1889년 세계박람회를 위해 임시로 만든 구조물이었다.

부르즈 칼리파는 아마 2021년에 완공될 예정인 사우디아라비아의 제다 타워에게 지위를 빼앗길 것이다. 1,008m 높이로 설계된 제다 타워는 높이가 1km가 넘는 최초의 건물이 될 전망이지만 아제르바이잔 공화국에 1,054m 높이의 타워를 세우려는 계획이 실현된다면 다시 자리를 내줘야 한다. 계획 중인 타워의 높이는 해수면에서 측정했을 때 에베레스트 산 높이의 12% 정도가 될 것이다.

이정표 수
- 엠파이어 스테이트 빌딩은 102층이며 높이가 약 381m다.
  (자유의 여신상은 엠파이어 스테이트 빌딩의 4분의 1 정도 높이다.)
- 부르즈 칼리파의 높이는 828m다.
- 에펠탑의 높이는 324m다.

노선과 도로

이제 공중에서 지상으로 내려와서 머릿속으로 연산을 조금 해보자. 1 리그가 사람이 한 시간 동안 걸을 수 있는 거리라면, 즉 시간당 대략 5km를 걷는다면 하루에 얼마나 걸을 수 있을까? 사람은 대부분 하루에 잘하면 여덟 시간 동안 걸을 수 있다. 그러면 이동 거리는 대략 40km 정도 될 것이다.

40km는 얼마나 되는 거리인지 가늠해보자.

- 뉴욕 센트럴파크 길이의 10배
- 인디애나폴리스 500 자동차 경주 주행 거리(500마일)의 20분의 1
- 호주 대륙 동서 폭의 100분의 1
- 아프리카 대륙 남북 길이의 200분의 1
- 적도 둘레의 1,000분의 1이다.

자동차를 이용한다면 얼마나 더 빨리 이동할 수 있을까? 자동차는 걷는 속도에 비해 대략 20배 빠르고, 한 시간에 100km 정도 이동할 수 있다. 그러므로 하루에 여덟 시간 운전한다면 800km를 이동할 수 있다. 그 정도면 적도를 따라 자동차로 지구를 한 바퀴 도는 데 대략 50일이 걸린다. 쥘 베른의 소설《80일간의 세계일주》에서 주인공 필리어스 포그는 80일 만에 세계 일주를 했다. 그는 하루 평균 500km를 이동해야 했고, 24시간 운행하는 수송기관을 이용하기도 했다.

비행기를 타고 가면 어떻게 될까? 비행기는 대략 한 시간에 800km를 날아갈 것이고, 따라서 자동차보다 여덟 배 빠르다. 하루에 여덟 시간만 비행할 수 있다고 하면 6일이 조금 더 걸릴 것이다. 그러나 비행기 연결을 완벽하게 계획할 수 있다고 가정하면 대략 2.5일 내에 세계 일주를 마칠 수 있을 것이다.[*] 1980년 전투기 B-52가 공중에서 연

---

[*] 직접 확인해보니 뉴질랜드 항공기로 런던을 출발해 LA 국제공항을 경유하고 오클랜드까지 가는 데 26시간 걸린다. 오클랜드에서 2시간 30분을 대기하고

료 공급을 받으면서 비행을 해 42시간 23분 만에 세계 일주를 했다.

국제 우주 정거장이 지상 400km 고도에서 지구를 한 바퀴 도는 데는 단 92분밖에 걸리지 않는다. 하지만 셰익스피어의 〈한여름 밤의 꿈〉에 나오는 요정 퍽Puck은 더 빠르다. 퍽은 "40분 만에 지구를 일주할" 수 있고 이는 국제 우주 정거장보다 두 배 더 빠르다. 그 정도로 움직이려면 1분에 정확히 1,000km를 이동해야 한다. 어쩌면 우리는 분당 1메가미터에 해당하는 '퍽Puck'이라는 새로운 단위를 만들어야 할지도 모르겠다. 흥미롭지 않은가?

이정표 수

- 지구를 걸어서 1바퀴 돌리려면 1,000일이 걸린다.
- 자동차로 지구를 한 바퀴 돌리려면 50일이 걸린다.
- 비행기로는 2.5일 만에 세계 일주를 할 수 있다.

대륙 횡단하기

적도를 따라 도로나 차로가 있는 것처럼 걷거나 자동차로 달려 지구를 한 바퀴 도는 것을 상상하는 것과 지표면을 가로지르는 실제 장거리 여행을 생각하는 것은 별개의 일이다. '시베리아 횡단 특급', '케이프에서 카이로까지', '실크로드', '오리엔트 특급'과 같은 멋진 여행들

시드니와 싱가포르를 경유하는 영국항공 비행기를 타고 31시간 30분 후 런던에 도착한다. 따라서 정확히 총 60시간, 즉 2.5일 걸린다.

은 이름만 들어도 낭만과 모험이 가득해 보인다.

20세기 중반 동명의 노래로 유명해진 미국 66번국도Route 66에 대해 이야기해보자. 노래 가사에는 "길은 시카고에서 LA까지 나 있고, 2,000마일이 넘는다"라고 되어 있다. 이것이 사실일까? 안타깝게도 66번 국도는 이제 더는 하나의 연속 구간 도로가 아니다. 하지만 2,000마일이 넘는 것은 맞다. 실제 길이는 2,450마일이며, 미터법으로 나타내면 4,000km에 살짝 못 미친다. 도로 상태가 좋고 우리가 가정한 대로 하루에 800km를 이동할 수 있다면 66번 국도를 끝까지 주행하는 데 5일이 걸린다. 그러나 속도를 낼 수 없는 구간도 있고 관광을 즐길 시간도 필요하므로 실제 여행객들에게는 2주 여행을 권장하고 있다.

주간고속도로Interstate Highway를 타고 조금 더 빨리 미국을 가로지르는 자동차 여행을 하고 싶다면 I-90 고속도로가 안성맞춤일 것이다. 이 고속도로는 보스턴에서 시애틀까지 4,860km에 걸쳐 뻗어 있다. 날씨가 좋으면 하루에 810km를 달려 6일이면 여행을 마칠 수 있다.

이정표 수
- 미국 66번 국도의 전체 구간은 4,000km이다(혹은 이었다).
- 보스턴에서 시애틀까지는 5,000km가 조금 안 되고, 자동차로 6일 걸린다.

세계에서 가장 긴 철도는 모스크바에서 블라디보스토크까지 이르는 시베리아 횡단 철도다. 길이가 9,290km이며, 철로가 직선으로 뻗어 있다면 지구 둘레의 4분의 1보다 조금 짧다. 시베리아 횡단 철도를

달리는 기차들은 최상의 상태일 때 하루 900km 정도 달릴 수 있으므로 총 11일 여행을 계획하면 된다. 하지만 기차 속도를 높이고 지연을 줄일 수 있다면 하루에 1,500km까지 달릴 수 있을 것이고, 그렇게 된다면 7일 여행으로 줄어들 수 있다.

오리엔트 특급^{Orient Express}은 원래 파리에서 시작해 당시 콘스탄티노플(지금의 이스탄불)에서 끝나는 대략 2,800km를 이동하는 여행이었다. 지금은 일 년에 한 번씩 운행되는데 7일 일정에 비용이 거의 2만 달러 정도 든다.

중국과 유럽을 연결하는 전설적인 실크로드는 어떨까? 실크로드는 하나의 도로라기보다 일종의 도로망이라 할 수 있다. 그래도 중국 시안에서 이탈리아 베니스까지 이어진 실크로드의 직선거리가 7,800km 정도이므로 실제 육로는 1만km가 넘고 왕복하는 데 2년이 걸렸을 것으로 추정된다. 현재 중국에서는 서아시아와 유럽 국가들과 교역 경로를 개선하려는 혁신안으로 새로운 실크로드를 계획하고 있다.

직선거리로 따졌을 때 호주 대륙을 가로지르는 최장 거리는 동서 방향으로 약 4,000km다. 이는 적도 둘레의 10분의 1에 해당하는 길이다. 아프리카 대륙을 횡단하는 최장 거리는 호주의 두 배로 남북 방향으로 8,000km다.[•] 남아메리카는 북단에서 남단까지 7,150km이고, 북아메리카는 8,600km다.

• 유명한 '케이프에서 카이로까지' 여행 구간은 이보다 더 짧다. 실제 일직선 거리로는 7,248km다. 카이로가 아프리카 대륙의 최북단이 아니기 때문이다. 그렇지만 케이프에서 카이로까지 실제 자동차 여행을 하려면 1만 2,400km 이상 달려야 할 것이다.

지구상에서 가장 큰 땅덩어리인 유라시아는 끝에서 끝까지 직선거리를 측정하려고 하면 문제가 복잡해진다. 포르투갈에 위치한 유라시아 대륙 서단에서 러시아의 극동 끝점까지 가장 짧은 직선거리를 측정하고 싶다면 실제로 유라시아 대륙이 아닌 북아메리카를 가로지르는 북극 경로를 선택하는 것이 좋다. 그 경로는 북극점 근처를 지나는 지구의 대원을 따를 것이다. 포르투갈에서 동쪽이 아닌 서쪽을 향하는 경로다. 유라시아 대륙의 대부분은 동반구에 있지만 대륙 서단과 동단은 모두 서반구에 있다.

만일 이런 식의 경로 선택을 원하지 않고 포르투갈에서 동쪽을 향해 가고 싶다면 동서양을 잇는 다리로 알려진 이스탄불에서 잠시 쉬었다가 여행을 계속하는 것이 좋다. 그러면 유럽에서 3,200km를 이동하고 아시아에서 8,000km를 이동해서 총 여행 거리는 1만 1,200km가 될 것이다.

강

지구 측정('기하학')을 다루는 이 장을 마무리하기에 앞서 강에 대해 잠깐 살펴보기로 하자. 지구상에서 가장 긴 강은 아마존 강으로 그 길이는 7,000km에서 기껏해야 8km 모자라니 그냥 7,000km라고 해도 무방할 것 같다. 나일 강은 그보다 2% 짧은 6,850km이고 아시아에서 가장 긴 강인 양쯔 강은 6,300km로 세계에서 3번째로 긴 강이다. 그 뒤를 6,275km의 미시시피-미주리 강이 바짝 쫓고 있다.

그 다음으로 긴 강은 내가 이 주제에 대해 연구를 시작하기 전까지 한 번도 들어본 적 없는 강이다. 그것은 예니세이 Yenisei 강으로 길이가

━ 세계에서 가장 긴 아마존 강은 7,000km를 흐른다.

5,500km이고, 몽골에서 시작되어 북아시아를 통과해 흐른다. 전체 길이의 97%가 러시아에 속해 있다.

  5,500km는 큰 수인가? 이는 대략 런던에서 뉴욕까지의 거리이고 유라시아 대륙을 가로지르는 직선거리의 절반이며 목성 지름의 25분의 1이다. 이 책에서는 우주에 대해 자세히는 다루지 않을 계획이지만 천문학적 수에 관한 장에서 거리 측정에 대해 다시 이야기해보자.

1,000km는 얼마나 긴가?

1m	크리켓 방망이 최대 길이 965mm
	야구 방망이 최대 길이 1.067m
2m	킹사이즈 침대 길이 1.98m

	나그네알바트로스 날개 길이 3.1m
5m	클래식 포드 무스탕(1세대) 자동차 길이 4.61m
	가장 긴 그물무늬비단뱀 길이 6.5m
10m	멀리뛰기 세계 기록(1991년) 8.95m
	런던 버스 길이 11.23m
20m	남자 3단 멀리뛰기 올림픽 기록 18.09m
	크리켓 구장 길이 20.12m
50m	영화 〈스타워즈〉의 밀레니엄 팰컨 우주선 길이 34.8m
	에어버스 A380 길이 72.7m
100m	커티 삭 범선 길이 85.4m
	창던지기 세계 기록 104.8m
200m	센 강 퐁뇌프 다리 길이 232m
	타이타닉 호 길이 269m
500m	활쏘기 세계 최장 거리(2010년) 484m
	워싱턴 DC 링컨기념관 연못 길이 618m
1km	베이징 천안문 광장 길이 880m
2km	프랑스 샹젤리제 거리 길이 1.9km
	영국 엡섬 더비 경마장 주로 길이 2.4km
5km	리우데자네이루 코파카바나 해변 길이 4km
	옥스퍼드-케임브리지 보트 경주 길이 6.8km
10km	세계에서 가장 긴 수로 터널(프랑스의 로브 터널) 길이 7.12km
	인도 첸나이 마리나 해변 길이 13km
20km	뉴욕 맨해튼 섬 길이 21.6km
	영국 해협에서 폭이 가장 좁은 지점 길이 32.3km
50km	마라톤 경주 길이 42.195km
	브로드웨이 전체 길이 53km
100km	독일 킬 운하 길이 98km

	영화 〈스타워즈〉 1편에 등장한 인공위성 데스스타의 지름 120km
200km	수에즈 운하 길이 193.3km
	영국 그랑프리 포뮬라 1 자동차 경주 주행거리 306.3km
500km	영국 템스 강 길이 386km
	런던에서 에든버러까지 거리 535km
1,000km	랜즈엔드에서 존오그로츠까지 직선 거리 970km
	이탈리아 본토 길이 1,185km
2000km	티그리스 강 길이 1,950km
	아프리카 잠베지 강 길이 2,574km
5000km	수성 지름 4,880km
	중국 황허 강 길이 5,460km
10,000km	2016년 다카르 랠리 주행거리 9,240km
	상트페테르부르크−블라디보스토크 시베리아 횡단 고속도로 길이 1만 1,000km
20,000km	에어버스 A380 비행 거리 1만 5,200km
	적도 둘레 4만 100km

100m는 얼마나 높은가?

2m	여자 높이뛰기 올림픽 기록 2.06m
5m	여자 장대높이뛰기 올림픽 기록 5.05m
10m	하이다이빙 플랫폼 높이 10m
20m	영화 〈스타워즈〉의 전천후 장갑 수송기 AT−AT 높이 22.5m
50m	커티 삭 범선 큰 돛대 높이 47m
	나이아가라 폭포 높이 57m
100m	아폴로 프로그램 발사 로켓 새턴 V의 길이 110.6m
	런던 세인트폴 대성당 높이 111m

200m	바르셀로나 사그라다 파밀리아 대성당 높이 170m
	런던의 마천루 더 샤드 오브 라이트 높이 310m
500m	뉴욕 제1 세계무역센터 높이 541m
1km	베네수엘라 엔젤 폭포 높이 979m
2km	남아프리카 음포넹 금광 깊이 3.9km
5km	킬리만자로 산 높이 5.89km
10km	에베레스트 산 높이 8.85km
	마리아나 해구 깊이 10.99km

세 번째 기법: 분할 점령

한 번에 한 입 크기씩

시칠리아 타오르미나에 있는 그리스 원형 극장에서 내려다보면 바다와 유럽 최고봉 화산 에트나의 경치가 어우러져 장관을 이룬다. 이 원형 극장은 기원전 3세기에 지어졌다. 이름은 그리스 극장이지만 로마인의 작품이다(주로 벽돌로 지어졌다는 점에서 로마의 유산이라 할 수 있다). 이 극장은 주기적으로 콘서트 장소로 사용되고 있으며, 홍보 자료에 따르면 원래 5,000명을 수용할 수 있었다고 한다. 이 주장에 신빙성이 있는지 독자적인 추정을 위해 **교차 비교**를 해보자.

사진에서 알 수 있듯이 좌석은 총 일곱 개 구역으로 나뉘어 배열되어 있다. 따라서 극장 수용 인원을 추정하기 위해 일곱 개 구역 중 한 구역의 좌석수를 먼저 구한 후 7배수를 계산하면 된다. 사진을 더 자세히 들여다보자.

아래쪽 좌석은 본래 돌로 만들어진 좌석이고 위쪽 좌석은 나무로 된 관람석인데, 현재 남아 있는 좌석은 26줄이다. 복원되지는 않았지만 아래쪽에 12줄이 더 있었을 것이라는 증거가 있기에 모두 38줄로 추정된다. 그렇다면 한 줄에 몇 명이나 앉을 수 있을까? 뒷줄에 더 많이 앉고 앞줄에는 비교적 적은 수가 앉을 수 있겠지만 중간 줄은 15명

5,000

■ 시칠리아 섬의 그리스 원형 극장. 5,000명이 들어갈 수 있을까?
7구역마다 38줄이 있고 한 줄에는 평균 15명이 앉을 수 있다. 여기에 추가로
두 구역을 더하면 5,000이 된다.

정도가 적당할 것이다.

정리하자면 모두 일곱 구역이 있는데, 각 구역에 사람들이 앉을 수 있는 좌석 줄이 38개 있고, 한 줄에 평균적으로 15명 앉을 수 있다. 곱셈을 하면 총 좌석 수는 3,990석이다. 이것은 원래 주장했던 수치인 5,000에는 못 미치지만 자릿수는 같다. 그러나 다시 생각해보면 일곱 개 구역으로는 완전한 반원을 이루지 못한다. 사실 양쪽 끝에 한 구역씩 추가할 수 있는 공간이 있다. 그렇다면 모두 아홉 개 구역이 되는 것이다. 따라서 전체 수용 가능 인원은 5,130명이라고 추정할 수 있고, 5,000명을 수용할 수 있다는 처음 주장이 적절하다고 말할 수 있다.

우리가 사용한 추정 방법을 잠시 되살펴 보자. 한 입에 삼키기에 조금 힘든 5,000이라는 큰 수를 해결하기 위해 우리는 먹을 수 있는 크기로 분할하는 작업을 했다. 극장의 구조는 문제를 7분의 1 또는 9분의 1로 축소해서 생각할 수 있게 하기 때문에 큰 도움이 되었다. 그러면서 우리는 일곱 구역이 각기 700명 이상 수용할 수 있는지도 생각해 보았다. 좌석이 몇 줄로 배열되어 있는지 수를 세거나 추정함으로써 문제를 훨씬 더 축소시킬 수 있는 것이다. 사실상 평균적으로 한 줄에 앉을 수 있는 사람 수를 어림하여 추정하는 문제로 바꾼 것이다.

관람석 수가 5,000이라고 하면 여전히 큰 수다. 그러나 관람석이 아홉 개 구역으로 나뉘어 있고, 각 구역은 한 줄에 평균 15명이 앉을 수 있는 38개 줄로 구성되어 있다고 바꿔 생각해보자. 언급된 어떤 수도 큰 수가 아니기 때문에 여유 있게 처리할 수 있다.

무게 분산하기

화물선 위에 컨테이너를 12층까지 쌓을 때 무엇보다 중요한 것은 수하물의 균형을 맞추는 일이다. 마찬가지로 짐을 어깨에 들쳐 메고 운반할 때도 짐이 알맞은 균형을 이루고 중심이 잘 잡혀 있다면 매우 무거운 물건도 옮길 수 있다. 이 원리는 큰 수에 사용하는 분할 점령 기법과 비슷하다. 관람객 수 5,000명은 큰 수다. 이는 마치 5,000명의 무게가 한 곳에 집중되어 있는 것과 같다. 하지만 무게를 9 × 38 × 15로 분배한다면 훨씬 들어올리기가 쉬워진다.

1960년에는 30억 명이었다가 현재 70억 명 이상으로 증가한 세계 인구를 생각할 때 이 기법을 사용할 수 있을 것이다. '10억' 단위는 한 어깨에 짊어지고, 3과 7은 다른 쪽 어깨에 짊어지고 나르는 것이다. 국토 면적을 헥타르나 제곱미터로 표현하는 대신 제곱킬로미터로 나타내는 것도 비록 큰 단위로 계산을 하고 있음을 계속 명심해야 하지만 어쨌든 큰 수를 작은 수로 바꿔서 짐을 나눠 드는 것과 같은 효과가 있다.

과학자가 빛의 속도를 1.08×10^9km/h라고 표현했다면 이것은 분할 점령 기법을 쓰고 있는 것이다. 한편에는 1.08이라는 유효숫자, 다른 편에는 10의 9제곱으로 분할되어 있다. 하나는 판정하기 어려운 비교를 할 때 사용되고, 다른 하나는 비교하는 수들이 몇 자리 수인지 알려준다. 우리는 큰 수를 이해하는 방법의 하나로 이 기법을 계속 접하게 될 것이다. 무게가 한 곳에 집중된 큰 수를 나눠 무게를 골고루 분산함으로써 큰 수를 다룰 수 있는 능력을 더욱 강화할 수 있다.

적합한 단위와 배수 선택하기

큰 수의 개념적 무게를 분산하는 간단한 방법 중 하나는 문제에 적합한 단위를 선택하는 것이다. 축구장 면적을 제곱센티미터로 측정하거나, 국토 면적을 헥타르로 측정하지 말라는 얘기다. 국제단위계의 주요 목표 중 하나는 센티, 킬로, 메가 등의 단위 접두어를 사용해서 항상 적합한 단위를 선택하도록 하는 것이다. 그러므로 이론적으로는 1,000의 배수가 될 때마다 차례대로 그램에서 킬로그램, 메가그램, 기가그램 등으로 편리하게 전환할 수 있다. 이것은 매우 훌륭한 시스템이다. 그렇다고 일상생활에서 항상 이 시스템을 사용하는 것은 아니다. 대부분 메가그램 대신 '톤'을 사용하며, 더 큰 단위는 아예 무시하고 사용하지 않는다.

그래도 적합한 단위를 선택하라는 말은 여전히 유효하다. 단위를 미리 시각화함으로써 수의 무게가 균형 있게 분산될 수 있고, 적당한 크기의 수로 전환할 수 있도록 신중하게 단위를 선택하자. 이제 우리는 1에서 1,000 사이 값을 갖는 유효숫자와 천, 백만, 십억 등의 배수들 그리고 계산하기 편한 가능한 큰 단위 이렇게 세 부분으로 수의 무게를 분산할 수 있다.

이와 같이 큰 수를 부분으로 분할하고 각각의 부분에 익숙해지는 방법을 찾는 것, 즉 부분을 정복하는 것이 우리의 세 번째 기법이다. 주어진 수가 어떤 물체의 면적이나 부피를 나타낸다면 그 물체의 높이, 폭, 깊이 등이 얼마나 클지 생각해보자. 그리고 어떤 단위가 가장 적합할지 생각해보자.

시각화 기법을 다룰 때 개미, 딱정벌레, 공원, 호주를 생각해내서 **이정표 수**로 썼던 것처럼 원한다면 새로운 단위를 만들어 사용할 수도 있다.

째깍째깍 흘러가는 시간

4차원을 측정하는 법

다음 중 가장 긴 시간은?

☐ 꽃식물이 처음 출현한 후 흐른 시간

☐ 최초의 영장류가 지구상에 등장한 후 흐른 시간

☐ 공룡이 멸종된 후 흐른 시간

☐ 가장 초기의 매머드 화석 나이

시간을 말해주는 바퀴

1901년 그리스 안티키테라^{Antikythera} 섬 연안에서 보물을 가득 실은 고대 그리스 침몰선이 발견되었다. 그 안에는 부식된 청동과 썩은 나무로 된 보잘것없어 보이는 물건이 하나 있었다. 50년 동안 방치되었던 그 물건은 알고 보니 엄청난 가치를 지닌 보물이었다. 오늘날 안티키테라 기계라고 알려진 그것은 고대 공학의 놀라운 산물이다. 나무 상자 안에 서로 맞물려 있는 청동 톱니바퀴가 내장되어 있고, 상자 앞뒤로 회전 다이얼과 L자형 손잡이가 있다. 이 장치는 기원전 2세기에 이탈리아 시칠리아의 시라쿠사에서 만들어진 것으로 추정된다.

톱니바퀴와 다이얼 눈금판에 새겨진 문자를 분석한 결과 안티키테라 기계는 태양과 달의 위치를 계산하고 올림픽 대회를 여는 해[*] 등 날짜를 계산하거나 일식과 월식을 예측하기 위한 장치였다. 이 기계는 천 년의 세월이 훨씬 지날 때까지 그것에 상응할 만한 것이 만들어지지 않았을 정도로 놀라운 장치다. 시라쿠사가 아르키메데스의 고향으로 알려져 있고 이 장치가 그가 사망한 이후에 만들어진 것으로 추정되기 때문에 그의 연구를 바탕으로 만들어졌을 가능성도 있다.

태양과 달은 인간들이 시간을 측정하고 일의 순서를 조절하는 데 매우 중요한 천체다. 안티키테라 기계는 그러한 천체의 움직임을 예측해서 시간의 경과를 시각적으로 나타내는 매우 훌륭하고 정교한 공예기술로 만들어진 장치다. 이는 2,000년 전에도 시간을 기록하는 것이 얼마나 중요하고 복잡한 일이었는지 잘 보여준다.

시간은 변화다

상대성 이론에 따르면 시간과 공간은 구분할 수 없고, 시간은 시공간이라는 일체형 구조의 한 차원을 구성한다지만 사실 시간은 그렇게

---

[*] 고대 그리스인들은 매년 네 곳 중 한 곳에서 번갈아가며 제전을 열었다. 그래서 올림픽 게임은 지금과 마찬가지로 4년을 주기로 치러졌다.

간단한 개념이 아니다. 우리가 3차원 공간을 측정하듯이 시간에 측정자를 갖다 대고 눈금을 읽을 수는 없다. 시간을 측정하는 유일한 방법은 시간이 지나는 것을 기다리는 것이며, 한 번 지나가면 다시 어떻게 해볼 수 없다. 즉, 시간 측정은 절대 반복할 수 없는 것이다.

우리에게는 변화를 알아차릴 수 있는 능력이 있기 때문에 시간이 지나간다는 것을 안다. 시간을 측정하는 것은 변화를 측정하는 것이다. 이는 우리가 주기적으로 반복된다고 여기는 과정에서 드러나는 변화일 수도 있고, 일정하다고 여기는 속도로 진행되는 과정 속에서 나타나는 변화일 수도 있다. 우리가 사용하고 있는 시계는 초단위로 똑딱거리는 시계추처럼 일정한 주기로 일어나는 메커니즘 또는 과정에 의존하거나, 밤중에 양초가 다 타서 사라지는 것처럼 일정한 속도로 진행되는 과정에 의존한다. 전자의 경우는 주기가 몇 번인지 세고, 후자의 경우는 남은 양초의 길이처럼 선형적인 길이를 잼으로써 진행 정도를 측정한다.

다행히 자연계는 끊임없이 변하고, 꾸준히 진행되고 주기적으로 반복되는 사건들로 가득 차 있다. 매일 해가 떠서 세상을 비추고, 그 빛은 매일 밤 사라진다. 하루에 두 차례 바닷물이 밀려들었다가 빠져나간다. 약간의 시간 차이는 있지만 달마다 달의 크기가 커졌다가 줄어든다. 또한 매년 사계절이 바뀌고, 대략 1초에 한 번씩 심장이 쿵쿵거린다.

그러나 안타깝게도 이런 주기 중 그 어떤 것도 일관된 시간 측정 체계를 위한 편리한 기반을 제공하지 않는다. 태음월의 일수는 자연수로 딱 떨어지지 않고, 우리가 대충 만든 달력의 한 달과 같지도 않다.

태음월은 일 년을 정확하게 똑같이 분할하지 않는다. 밀물과 썰물은 하루를 균등하게 분할하여 발생하지 않으며, 태양도 매일 같은 시각에 뜨지 않는다.

그러나 시간 기록은 중요하다. 초기의 과학이나 수학 연구에는 언제나 시간을 기록하는 방법에 관한 것이 포함되어 있다. 위대한 이슬람 수학자이자 천문학자이며 시인이었던 오마르 하이얌Omar Khayyam은 1079년 페르시아 수도 이스파한에서 황실 천문대 역법 개혁 위원으로 활동하면서 잘랄리력Jalali calendar을 만들었다. 잘랄리력은 지금까지 고안된 태양력 가운데 가장 정확한 것으로 손꼽는다. 오마르 하이얌을 중심으로 한 위원회는 일 년의 길이도 1,000만 분의 1까지 정확하게 계산했다.

하루라는 시간 정하기

천체의 움직임을 관측하는 것은 매우 복잡하지만 충분히 신뢰할 만하고 일관성이 있다고 입증된 사실이 하나 있다. 태양이 하루 중 가장 높은 위치에 이르는 순간을 정오라고 하는데, 일 년 중 어느 날이든 상관없이 정오에서 그 다음 날 정오까지의 시간은 거의 같다는 것이다.˚ 우리는 그 시간을 '태양일'이라 부른다. 태양일은 시간 체계를 구

˚   엄밀히 말하자면 정확히 같지는 않다. 매일 정오에 하늘에 뜬 태양의 위치를 일 년 동안 표시해보면 길쭉한 8자 모양을 이룬다. 이 현상을 아날렘마

축하는 좋은 출발점이 된다.

하루를 세분하는 방법은 무엇인가? 고대 이집트에서 사용한 가장 초기의 방법은 빛이 있는 낮 시간을 12등분하고 어두운 밤 시간도 12 등분하는 것이다. 즉, 고대 이집트에서는 밤의 한 시간과 낮의 한 시간 길이가 달랐다는 말이다. 하지만 곧 춘분과 추분일 때 낮과 밤의 길이가 일정하다는 관측 결과에 착안하여 밤낮에 상관없이 한 시간의 길이가 같도록 시스템이 개선되었다. 교대 근무 시간을 나누거나 시계 장치**에 나타내기 위해서는 낮 시간을(밤 시간도 마찬가지로) 둘, 셋, 넷 또는 여섯으로 균등하게 나눌 수 있는 열두 부분으로 분할하는 것이 편리했다. 이것이 오늘날의 24시간제로 이어졌다.

시계 장치가 발명되기 전에는 시간 기록을 위해 느리고 꾸준한 변화를 반영하는 장치나 공정이 필요했는데 가장 분명하고 직접적인 도구가 해시계였다. 해시계는 태양이 하늘에 떠 있는 동안 어느 정도 하늘을 가로질러 이동했는지 측정한다.*** 이 외에도 시간을 알려주는 장치로 다양한 종류의 양초시계, 물시계, 모래시계 등이 있는데 모두

Analemma라 부른다. 최악의 경우 정오에 태양은 정남에서 동쪽 또는 서쪽으로 4° 가량 벗어나 있다(남반구에서는 정북 방향에서 벗어난다). 이것은 해시계가 15분 정도 틀리는 것과 일치한다.

•• watch시계라는 단어의 어원은 wake지난 자국와 연관되어 있다. watch가 시계를 의미하는 단어로 사용되는 것은 자연스러운 의미 확장이다. 그렇게 된 정확한 경로는 확실히 밝혀지지 않았다.

••• 해시계가 효과적인 이유 중 하나는 대략적인 시간이기는 해도 계절의 영향을 받지 않고 시간을 알수 있다는 것이다. 하루 중 특정 시각의 태양 높이는 일 년에 걸쳐 상당히 변하지만 태양의 방향은 좌우로 몇 도만 변하기 때문이다.

경과된 시간을 직선거리로 전환해 측정하는 아날로그 방식이다.

대략적으로 시간을 측정하는 장치인 해시계의 오류는 정오가 되어 가장 높은 위치에 오는 태양을 관찰해서 조정할 수 있었다. 해시계의 시간이 정확하지 않은 근사치라 할지라도 재조정할 수 있는 기회가 항상 있었던 것이다.

중세 시대 사람들은 한 시간을 더 세분한 시간 단위를 쓰기 시작했다. 한 시간의 60분의 1을 '첫 번째 작은 부분'이라는 의미의 파스 미뉴타 프리마pars minuta prima라고 불렀고, 이것이 우리가 사용하는 분minute이 되었다. 분을 세분한 '두 번째 작은 부분'이 우리가 사용하는 초second가 되었다.

초는 오늘날 시간 기록 체계의 기본을 이룸에도 불구하고 우리가 일상적으로 접하는 현상들과는 별로 연관성이 없는 것처럼 보인다. 하지만 사실 초는 인간적 척도로 매우 적합하다. 초는 우리가 소리 내어 수를 세기에 알맞은 길이이며, 인간의 심장이 한 번 박동하거나 한 번 호흡하는 데 걸리는 시간과 비슷하다. 이러한 인간적 척도와 유용성으로 덕분에 초는 시간의 기본 단위가 되었다.

해시계나 물시계 등이 기본적으로 아날로그 장치라면 '째깍거리는' 시계는 그렇게 보이지 않더라도 기본적으로 디지털 장치라고 할 수 있다. 어째서 그럴까? 보통 기계식 시계는 추 같은 주기적으로 반복 운동하는 장치를 가지고 있다. 연속적인 시간을 개별의 덩어리로 분할해 디지털화 탈진기escapement에 추의 주기적 진동이 연계되면 탈진기가 카운터 장치를 움직이게 한다. 항상은 아니지만 카운터는 회전하는 시계바늘을 이용해 째깍거리는 횟수를 나타낸다. 자명종이 울리

■ 하루는 1,440분, 86,400초다.
　1년은 525,600분, 31,536,000초다.

게 하는 것도 카운터의 기능이다.* 최초의 기계식 시계는 서기 725년 중국의 승려 일행과 학자 양영찬에 의해 발명되었다. 톱니바퀴 시계는 유압식 기계에서 동력을 얻었으며, 액체가 어는 문제를 해결하기 위해 겨울에는 물 대신 수은을 사용한 모델이 발명되었다. 무거운 추를 떨어트려 동력을 얻는 시계는 서기 1300년경에 처음 만들어졌다.

초가 국제단위체계에 기본 단위로 포함되어 있긴 하지만 다른 국제 단위와 달리 1,000배수 표준 규칙을 따르지 않는다. 전통적인 측정 단위가 미터법의 지배를 받지 않는 분야 중 하나가 시간이다. 킬로초 또는 메가초라는 단위는 없다.

프랑스 혁명의 영향을 받아 도량형 개혁을 주장한 혁명가들이 시

* 　시계를 뜻하는 영어 단어 clock은 종을 의미하는 라틴어 clocca에서 나왔다.

간을 십진법 기준으로 하는 체계로 바꾸려고 노력하지 않은 것은 아니었다. 1793년 프랑스는 하루를 10등분한 십진시, 십진시를 100등분한 십진분, 십진분을 100등분 한 십진초(우리가 사용하는 초 기준으로 0.864초와 같음)를 설정한 포고령을 내렸다. 십진제 시간은 오직 프랑스에서만 공식적으로 1794년 9월부터 1795년 4월까지 6개월 남짓 정도 사용되었다가 잊혀졌다. 그래도 프랑스 혁명 전후로 활동했던 수학자이자 천문학자 라플라스Laplace는 십진제 시계를 사용했고 사실상 십진제 시간으로 천체 관측을 기록했으니 적어도 한 명은 그 방식을 인정하고 받아들였다고 볼 수 있다.

시간의 십진법화를 추구한 것이 프랑스 혁명가들만은 아니었다. 최초의 인터넷 붐이 격렬히 일어난 1998년, 스위스의 시계 제조사 스와치Swatch는 닷비트.beats라는 상표명의 시계를 출시했다. 이 시계는 구태의연한 기존의 시·분·초를 사용하는 대신 '닷비트 시간'을 사용했다. 1닷비트는 하루를 1,000등분한 것으로 86.4초이고 시간 표기는 독특하게도 '@기호'를 사용했다. 예를 들자면 정오는 @500이라 표기한다. 뿐만 아니라 시간대 구분이 따로 없어서(기본 바탕이 되는 자오선은 스와츠 본사가 사용하는 UTC+1임) 닷비트로 나타낸 시간은 전 세계 어디에서나 동일했다. 하지만 인터넷 시간이라 불렸던 닷비트 역시 대중적인 인기를 끄는 데 실패했다. 닷비트에 대해 알고 싶은 사람은 인터넷 한 구석에서 그 흔적을 찾아볼 수도 있을 것이다.

그렇지만 십진제 시간이 여전히 우리 생활 속에 남아 있는 부분이 있는데, 예를 들어 마이크로소프트 엑셀 프로그램에서 스프레드 시트에 시간을 입력할 때는 하루의 몇 분의 몇 형식으로 저장된다. 스프레드 시트의 셀 안에 낮 12시, 즉 12:00을 입력하고(셀 A1에 입력했다고 가정) 다른 셀에 '=2.5*A1'이라고 수식을 입력하면 06:00이 표시될 것이다. 낮 12시에 해당하는 0.5에 2.5를 곱해서 1.25가 나오고 그 가운데 소수 부분인 0.25만 나타내는데, 이것이 오전 6시(하루의 4분의 1)로 해석되는 것이다.

이정표 수
- 하루는 1,440분이며, 초로 환산하면 8만 6,400초다.
- 일 년(365일)을 분으로 환산하면 대략 100만의 절반인 52만 5,600분이다.
- 일 년(365일)은 3,153만 6,000초다.

연중 그맘때

시간 단위인 초는 편리하지만 그 길이가 아주 정확하다고 보기 어렵다. 그러나 인간의 삶에 있어서 가장 기본적인 두 개의 시간 단위인 '일'과 '년'의 길이는 매우 정확한 편이다. 하루의 길이와 일 년의 길이는 같은 단위로 셀 수 없어서 매우 불편함에도 불구하고 매우 강력한 장점과 고유의 논리를 가지고 있기 때문에 우리는 어떻게든 두 단위를 맞추기 위해 무수히 역법을 수정하고 조정해왔다. 예를 들어 윤일leap day과 윤초leap second를 도입한 것도 우리가 사용하고 있는 시간 체계를 유연하지 않은 일과 년에 적절히 맞춰 유지하기 위해서다. 다른 대안이 없으므로 우리는 지구가 자전축을 중심으로 회전하는 것에 의해 정해진 속도에 맞춰 매일을 살아가고, 지구가 태양 주위를 공전하는 운동에 의해 정해진 주기에 맞춰 매년을 살아가고 있다.

시간 단위 가운데 그나마 덜 중요한 것이 하늘을 지배하는 또 다른 천체인 달의 주기에 맞춘 월이다. 달은 우리 눈으로 봤을 때 29.53일을 주기로 차고 기울기를 반복하고, 거의 한 달을 주기로 밀물과 썰물을 일으킨다.

이정표 수

• 태음력으로 한 달은 29.53일이다.

기원전 5세기 바빌로니아의 천문학자들은 지구가 태양 주위를 공전하는 궤도면인 황도면에 나타나는 별 무리를 기준 삼아 천체들이 일 년 동안 움직이는 경로를 기록했다. 그들은 황도를 30°씩 12개 구간으로 분할하고, 각각에서 발견되는 별 무리에 별자리 이름을 붙였다. 그리스인들은 이것을 '작은 동물들의 원'이라는 뜻의 조디악코스 키클로스^{zōidiakòs kýklos}라고 불렀고, 오늘날에는 조디악^{Zodiac} 또는 황도 12궁이라 부른다. 애석하게도 일부 사람들은 과학적 측정 결과인 황도 12궁을 통속적인 점성술에 이용하고 있다.

셰익스피어가 《율리우스 카이사르》에서 카시우스의 입을 빌어 "잘못은 우리 별에 있는 것이 아니라 우리 자신에게 있다"라고 한 말이 맞다. 우리의 삶 속에서 별이 우리를 지배하지는 않지만 시간 측정에 관해서라면 우리는 천체로부터 정말 지대한 영향을 받고 있다.

딱 떨어지지 않는 것들

지구의 자전 주기 일, 달의 모양 변화 주기 월, 지구의 공전 주기 연은 서로 같은 단위로 딱 떨어지지 않으며 어떤 수를 쓰든 앞으로도 그럴 것이라는 문제를 갖고 있다. 여러 시대를 걸쳐 달력 제작자들은 이 문제로 어려움을 겪었다. 어떻게 하면 한 달의 일수가 자연수로 딱 떨어지고 계절이 흐트러지지 않도록 하면서 일 년을 구성하는 월수가 자연수가 되도록 정할 수 있을까?

로마인들은 로마 최초의 달력이 전설적인 로마의 공동 설립자 로물루스에 의해 만들어졌다고 생각했다. 로물루스의 달력에서는 3월이 첫째 달이었다. 월이라 이름 붙인 것은 오직 10개로 총 304일이고 계절상 '겨울'에 해당하는 나머지 61일은 따로 월이라 이름 붙이지 않았다. 6월 이후의 달은 숫자로 불렀는데, 오늘날 우리가 7월이라고 부르는 달은 다섯째를 뜻하는 퀸틸리스Quintilis라 불렀다. 따라서 로마인의 열 번째 달이 지금의 12월이다. 그 후 얼마 지나지 않아 로마의 제2대 왕 누마 폼펠리우스가 '겨울'을 두 개의 달로 나눠 한 해의 시작 부분에 넣고, 신들의 문지기 야누스Janus와 정화의 축제 페브루아Februa의 이름을 따서 1월January과 2월February이라고 정했다고 한다.

누마 왕의 달력은 12개 달로 구성되었고 그중 일곱 달은 29일, 네 달은 31일, 2월은 28일로 이루어져 있다. 계산해보면 총 355일이므로 실제 일 년보다 10일이 부족했는데 이것을 교정하기 위해 어떤 해에는 2월 뒤에 윤달을 추가했다. 윤달은 때때로 폰티펙스 맥시무스(수석 제사장)가 공직자의 재임 기간을 마음대로 연장시키거나 단축시키는 정치적 도구로 사용되기도 했다. 또한 윤달은 시민들을 혼란스럽게 만들어서 로마 외곽에 사는 시민들은 '진정한' 로마 날짜를 모르는 채로 살았고, 기원전 46년 열정적인 율리우스 카이사르가 폰티펙스 맥시무스 자리에 올라 개혁을 단행하고 난 후에야 역법 체계가 개선되었다.

그렇게 만들어진 율리우스력은 가장 까다로웠던 윤달 문제를 해결했다. 윤달을 추가할 필요 없이 4년마다 윤일을 하루 넣으면 되도록 수정한 것이다. 율리우스력은 1582년 교황 그레고리 13세의 지휘 하에 역법 개혁을 실시하여 그레고리력이 만들어지기 전까지 유럽에서 널리 사용되었다. * 우리가 사용하는 전통적인 양력이 바로 이 그레고리력이다.

기독교 교회 달력에 부활절을 표시하기 위해서는 복잡한 날짜 계산이 필요하다. 부활절 날짜는 태음월과 태양년 사이 상호작용에 의해 결정되기 때문이다. 태음월과 태양년 사이 상호작용은 기독교 교회력, 이슬람력, 유대교 달력에 각기 다른 방식으로 영향을 미친다.

이슬람력은 원래 한 달이 달의 순환으로 정의되는 태음력이었다. 열두 달이 일 년을 이루지만, 음력 열두 달은 양력의 일 년보다 짧다. 그래서 이슬람력에서는 주어진 달의 계절이 33년을 주기로 바뀐다.

●　　율리우스력은 4년마다 일 년이 366일인 윤년을 두었다. 그레고리력에서는 400년을 주기로 율리우스력의 윤년 중 세 번을 제거했다. 100으로는 나눠떨어지지만 400으로는 나눠떨어지지 않는 해는 윤년이 아니다. 그래서 1700년, 1800년, 1900년은 윤년이 아니었지만(2100년도 윤년이 아니다) 1600년과 2000년은 윤년이었다.

이것은 독실한 무슬림들이 일출부터 일몰까지 금식하는 라마단 기간이 낮의 길이가 짧아 비교적 금식하기 쉬운 겨울이 되기도 하고, 낮의 길이가 길어 금식이 더 부담스러운 여름이 되기도 한다는 말이다. 뿐만 아니라 이슬람력에서 일 년은 전통적인 양력보다 더 빨리 지나간다. 그레고리력에서 33년은 음력 408개월과 같고, 그것은 이슬람 달력으로 34년이기 때문이다.

안티키테라 기계의 출력 다이얼 중 하나는 '메톤 주기Metonic cycle'의 진행 상태를 보여주는 장치다. 태음월과 태양년이 딱 맞아떨어지지 않는다는 것은 오래 전부터 알려져 있던 사실이다. 그런데 기원전 5세기에 활동했던 아테네의 과학자 메톤Meton이 태음월과 태양년이 맞아떨어지도록 조정할 수 있는 유용한 방법을 발견했다. 그는 19 태양년이 235 태음월과 거의 같다는 것을 알아냈는데 그의 계산대로라면 태음력을 순조롭게 유지하기 위해 열아홉 해 중에 일곱 해는 음력 윤달을 포함하고 있어야 한다.

유대력은 바빌로니아 달력을 모델로 만든 것으로 이것 역시 태음력이다. 하지만 유대력은 달의 계절이 바뀌는 것을 막기 위해, 특히 북반구에서는 유월절이 계속 봄의 축제로 남아 있게 하기 위해 메톤 주기를 기반으로 제작되었다. 즉 19년을 주기로 3, 6, 8, 11, 14, 17, 19번째 해에 13번째 달인 윤달을 끼워 넣어 재정비한 것이다. 이것은 기독교 교회력에서 부활절을 계산할 때 사용하는 것과 같은 주기다.

연도를 숫자로 나타내기

역사는 연^年 단위로 평가되고, 거의 5,000년 동안 인류는 역사를 기록해왔다. 5,000은 큰 수지만 아주 큰 수는 아니다. 전 세계의 다양한 나라에서는 역사를 기록하기 위해 과거의 어떤 특정한 날짜를 '영점'으로 사용해 햇수를 셌다.

우리가 대부분 사용하고 있는 연호는 원래 예수가 태어난 해라고 알려진 날짜를 기준으로 삼은 것이다. 그리스도 이전을 의미하는 기원전 BC^{before Christ}와 그리스도 기원 이후를 의미하는 서기 AD^{anno domini, in the year of our lord}에서 일반적으로 서력 기원전 BCE^{Before the Common Era}와 서력 CE^{in the Common Era}로 대체되어 사용되고 있다.

로마인들은 로마를 건설한 해를 원년으로 삼아 햇수를 셌는데, 로마는 기원전 753년에 건립된 것으로 추정된다. 이슬람력은 서기 622년 무함마드가 메카에서 메드나로 이주한 해를 원년으로 삼고, 유대력은 구약 성경에서 천지창조가 일어난 해로 여겨지는 기원전 3761년을 기준으로 한다.

고대 중국의 역사는 황제가 즉위한 해를 기준으로 기록되었다. 그 방식을 마지막으로 따른 것은 아주 짧은 기간 황제의 자리에 앉았던 중국의 '마지막 황제' 푸이가 통치하던 시대다. 연호는 선통이고 1908년이 원년이다. 1912년 중화민국의 초대 대총통이 된 쑨원은 연도 기원을 기원전 2689년으로 재조정했다. 기원전 2689년은 전설적인 황제^{Yellow Emperor}가 통치하기 시작한 해로 추정되는 시기다.

선사시대 측정하기

기록 역사가 시작되기 이전 선사 시대와 지질 시대를 생각한다면 특정 날짜를 달력의 원년으로 선택하는 것은 별로 중요하지 않은 것 같다. 100만 년 전에 일어난 사건에 대해 이야기할 때 몇 천 년 정도는 큰 차이가 아니기 때문이다. 대신에 현재 날짜를 기준으로 얼마나 오래 전에 사건이 발생했는지 표시하는 것이 일반적이다. 연^{年}은 국제단위가 아니므로 단위로 사용할 때 국제단위계의 규정을 따르지 않지만 '몇 년 전'으로 표기하기 위해 사용하는 여러 체계와 협약들이 있다. 1년의 국제 표준 단위는 에넘^{annum}(기호 'a'로 표기)이지만, 여러 표기 방법이 사용되고 있다. 다음은 백악기가 끝난 시점을 나타낸 예다.

- 6,600만 년 전
- 66mya
- 66메가에넘 전
- 6,600만BP$^{Before Present}$

천, 백만, 십억 등과 같은 1,000의 거듭제곱과 달리 연은 현대 과학에서 시간을 다룰 때 일반적으로 채택하는 큰 단위다. 은하년$^{galactic year}$은 태양과 태양계 천체들이 우리은하의 중심을 한 번 회전하는 데 걸리는 시간이며, 2억 2,500만 년에 해당한다. 하지만 은하년 자체가 독자적인 단위로 사용되지는 않는다.

> **이정표 수**
> - 은하년 — 2억 2,500만 년
> - 지구의 나이는 대략 20 은하년이다.

지구의 역사를 도표화할 때 지질학자들은 지구가 형성된 후 겪었던 중대한 변화를 분석하고 그 분석을 정리하기 위해 시간 간격이 점증하는 계층적 분류 체계를 만든다. 이 분류 체계에서 가장 작은 단위는 '절^{Age}'이다(사실 지질학적 시간 '단위'들은 크기가 일관되지 않기 때문에 우리가 흔히 말하는 그런 단위가 아니다. 그저 계층적으로 묶어 놓은 것이다).

- 절이 모여 '세^{epoch}'를 이룬다.
- 세가 모여 '기^{period}'를 이룬다.
- 기가 모여 '대^{epoch}'를 이룬다.
- 대가 모여 '누대 또는 이언^{eon}'을 이룬다.
- 첫 번째 이언이 '슈퍼이언'이라 불리기도 하는 선캄브리아대다.

시간과 기술

천문학과 시간 측정은 고대 산술과 수학이 발달하게 된 주요 동력 중 하나였다. 안티키테라 기계가 보여주듯이 기술과 시간 측정은 항상 함께 일어났다. 시계의 일차적 기능은 시간을 측정하고 정확히 몇 초가 지났는지 알려주는 것이었다. 최초의 전자회로가 개발되자 타이밍 회로의 필요성이 불가피해졌다. 이후 시간은 완전히 디지털화되었고, 시계는 기준 시점에서 몇 초 경과했는지 세는 전자회로에 지나지 않게 되었다.

대부분의 현대 컴퓨터는 특정 시각을 '기준일자$^{epoch\ date}$'로 정하고 그 기준일자로부터 경과한 시간을 초로 나타낸다. 오늘날 사용되고 있는 많은 컴퓨터들은 유닉스 운영체계를 기반으로 만들어졌고, 날짜와 시간을 기록할 때 유닉스 시간을 이용한다. 유닉스 시간은 1970년 1월 1일 0시부터 경과한 시간을 초 단위로 나타낸 것을 말한다.

그 이전 날짜와 시간은 음의 정수로 나타내는데 1901년 12월 13일까지만 허용한다. 1초보다 작은 부분은 백만 분의 몇 초 또는 십억 분의 몇 초와 같이 나타낸다. 컴퓨터는 '레지스터'에 수를 저장하는데, 레지스터에는 최대 길이가 정해져 있다. 유닉스 시간은 보통 32bit 레지스터에 저장되는데, 2038년 1월 19일이 되면 레지스터가 다 채워지고 유닉스 시간은 최대치에 이를 것이다. 그때 특정한 조치를 취하지 않는다면 유닉스 시간은 '처음으로 돌아가' 1901년 12월 13일부터 다시 시작할 것이다.

이것은 '밀레니엄 버그'와 매우 비슷하다. 밀레니엄 버그는 20세기말에 발생한 문제다. 컴퓨터 메모리와 대역폭이 매우 제한되어 있던 당시에 저장 공간을 절약하기 위한 갖가지 노력이 행해졌고, 결국 연도를 두 자릿수로만 저장하게 되었다. 1984년에 컴퓨터 프로그램을 만들던 대부분의 프로그래머들은 그들의 코드가 16년 후에도 여전히 사용되리라고는 상상도 하지 못했다. 그러나 이른바 유물이라 불리는 많은 시스템들이 1999년에도 실제로 사용되고 있었고, 1999년을 의미하는 99에서 2000년을 의미하는 00으로 넘어가면서 모든 종류의 날짜와 나이 계산이 엉망이 될 위험이 있었다. 다행히도 막대한 비용을 들여 시스템을 조정함으로써 이 위기를 모면할 수 있었다. 비슷한 문제가 2038년에도 일어날까? 가능한 일이다.

먼 미래

시간에도 시작점이 있다. 우주론에서는 절대적인 0의 시간을 의미하는 빅뱅이 지금으로부터 138억 년 전에 일어났다고 말한다. 초로 환산하면 우주의 나이가 1퀸틸리언(10^{18})보다 작은 4.5×10^{17}초라는 말이다.

더글러스 호프스태터Douglas Hofstadter는 그의 저서 《초 마법적 주제 Metamagical Themas》에서 100만과 10억의 차이와 가끔 우리가 그 차이를 무시하는 이유를 예를 들어 설명했다.

저명한 우주론 학자 비그넘스카Bignumska 교수는 우주의 미래에 대한 강연에서 자신이 계산한 바에 따르면 대략 10억 년 후 지구는 태양에 부딪치면서 불덩이 속에서 죽음을 맞이할 것이라고 말했다. 강연장 뒤편에서 누군가 떨리는 목소리로 말했다. "실례합니다, 교수님, 어떻게 그런 일이 일어날 수 있죠?" 비그넘스카 교수는 조용히 대답했다. "약 10억 년 후에 그렇다는 겁니다." 그러자 안도의 한숨이 들려왔다. "휴! 잠시 100만 년이라고 착각했습니다."

사실 비그넘스카 교수는 조금 비관적인 계산을 내놓은 것이다. 태양은 앞으로 50억 년 정도 더 유지될 것으로 보는 것이 현재 일반적인 의견이다. 태양이 사라지기 직전에 마지막 몸부림치는 동안 지구는 생명체가 살 수 없는 곳으로 변할 것이다. 그 후에도 살아남으려면 무엇인가를 해야 한다!

태양이 사라진 후에는 어떻게 될까? 시간도 끝이 나는 것일까? 시간은 더 큰 수를 가지고 있는가? 확실한 것은 우리도 모른다. 답은 모르지만 중요한 질문인 것만은 분명하다. 물리학자들은 현재 눈에 보이지 않는 '암흑 물질dark matter'과 설명될 수 없는 '암흑 에너지dark energy'가 우주에 존재한다는 증거를 찾기 위해 연구에 매진하고 있다. 암흑 물질과 암흑 에너지를 이해하는 것은 우주가 어떻게 발생하는지, 우주의 수명이 수십억 년 또는 수조 년일지 아니면 그보다 훨씬 더 클지 이해하는 데 도움이 될 것이다.

이정표 수
- 태양은 아마 수명의 절반을 지나왔을 것이다. 아주 대략적으로 말해 태양이 태어난 지 50억 년이 지났고, 앞으로 50억 년이 남았다.

1,000년 전에 무슨 일이 일어났는가?
시간의 사다리

100년	고정익 항공기 정기 운송 서비스가 시작된 지 102년
200년	최초의 강철 증기선이 영국해협을 건넌 지 194년
500년	코페르니쿠스가 태어난 지 543년
1,000년	그레이트 짐바브웨 건설이 시작된 지 1,000년
2,000년	콜로세움 건축이 시작된 지 1,944년
5,000년	이집트 기자 지구 대 피라미드가 세워진 지 4,580년
	스톤헨지가 세워진 지 5,120년
1만 년	최초의 농사가 시작된 지 1만 1,500년
2만 년	인류가 아메리카 대륙으로 처음 건너온 지 1만 5,000년
5만 년	인류가 호주 대륙으로 처음 건너온 지 4만 6,000년
10만 년	가장 최근의 빙하기가 시작된 지 11만 년
20만 년	현대 인류가 출현한 지 20만 년
50만 년	초기의 네안데르탈인 화석 나이 3만 5,000년
100만 년	처음 불을 사용한 증거로부터 150만 년
200만 년	사람속 호모^{homo}가 처음 출현한 지 260만 년
500만 년	가장 초기의 매머드 화석의 나이 480만 년
1,000만 년	인간 혈통이 침팬지에서 분화되어 나온 지 700만 년
2,000만 년	지질 시대 팔레오기(고 제3기)가 끝난 지 2,300만 년
5,000만 년	초기의 영장류가 출현한 지 7,500만 년
1억 년	꽃식물이 발생한 지 1억 2,500만 년
2억 년	원시 초대륙 판게아가 오늘날의 대륙으로 분리된 지 1억 7,500만 년
5억 년	최초의 어류가 발생한 지 5억 3,000만 년
	바닷말 급증이 일어난 지 6억 5,000만 년

10억 년   진핵생물이 식물, 균류, 동물의 조상으로 분화한 지 15억

20억 년   다세포 생물이 출현한 지 21억 년

50억 년   태양계 생성이 시작된 지 46억 년

100억 년   우주의 나이 138억 2,000만 년

더 간략히 살펴본 시간의 역사

우리가 인지하기 가장 어려운 큰 수는 역사와 관련되어 있다. 특히 고대 역사나 선사시대와 관련된 수다. 인간의 생애를 기준으로 바라봤을 때 우리를 지금의 여기로 이르게 한 광활하게 뻗어 있는 시간을 이해하기란 여간 어려운 것이 아니다.

이 장에서는 시간 여행을 할 때 길을 잘 찾을 수 있도록 도와주는 몇몇 수를 제시할 것이다. 그 전에 미리 짚고 넘어갈 부분이 있다. 우리가 미래로 나아갈수록 과거에 대해 더 많은 것을 배우게 된다는 멋진 역설을 염두에 두자. 여기에 제시된 타임라인은 이 책을 쓸 당시에 얻은 정보를 반영한 것으로 분명 이 책에서 제시한 수 가운데 일부를 바꿔야 하는 발견들이 계속 이뤄지고 있다. 그러나 설령 세부적인 정보가 바뀐다고 할지라도 그 점을 인지하기만 한다면 큰 그림을 그려볼 만도 하다. 그러기 위해 우리는 몇몇 **이정표 수**를 찾고, **분할 점령** 기법을 이용할 것이다. 아주 먼 과거의 큰 수를 다룰 때는 **시각화** 기법을 사용하는 것도 도움이 될 것이다.

수로 나타낸 지질학적 시간

지금까지 수많은 업적을 이뤘음에도 불구하고 지구상에서 인간이 활
동한 시간은 찰나에 불과하다. 아무리 매력적인 고생물학적·고고학
적 발견이라 할지라도 전문가가 아닌 일반인들이 맥락을 파악하기는
어려울 것이다. 그러므로 빅뱅이 일어난 순간부터 석기시대까지 지구
의 연대기와 생명체 출현 과정을 **시각화**하는 데 도움이 되는 주요 **이
정표 수**와 도표에 대해 살펴볼 것이다.

빅뱅
138억 년 전 　　　　　　　　　　우주의 생애　　　　　　　　　　현재

지구의 생애

- 우주는 138억 년 전에 탄생했다.
- 지구는 45억 7천만 년 전에 생성되었다. 우주 생애의 약 3분의 1
  동안 지구가 존재해왔음을 의미한다.

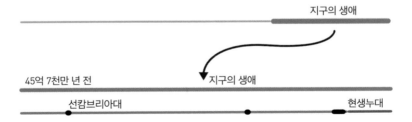

지구의 생애

45억 7천만 년 전 　　　　　　　　　지구의 생애

선캄브리아대　　　　　　　　　　　　　　　　　현생누대

- 지구 생애의 처음 40억 년을 선캄브리아대Precambrian Supereon라 부
  른다. 선캄브리아대는 지금으로부터 5억 4,100만 년 전까지 지속

되었는데, 지구가 생성된 이후 전체 시간의 9분의 8을 차지한다. 선캄브리아대의 주요 사건은 다음과 같다.

- 최초의 **단순 단세포** 생물(박테리아) 출현 — 40억 년 전
- 최초의 **복합 단세포** 생물 출현 — 18억 년 전
- '눈덩이 지구Snowball Earth [*]'라 불리는 8,500만 년 동안의 가상 의 시기 — 7억 년 전
- 최초의 **다세포** 생물 출현 — 6억 3,500만 년 전

- 선캄브리아대 직후는 캄브리아기다. 캄브리아기는 현생누대 Phanerozoic Eon [**]의 첫 기다. '눈에 보이는 생명체visible life'라는 의미 의 현생누대는 현재 우리가 속한 누대로서 지금까지 5억 4,100 만 년 동안 지속되고 있다. 그러나 그렇게 긴 시간임에도 불구하 고 지구가 존재한 전체 시간의 8분의 1에도 못 미친다.

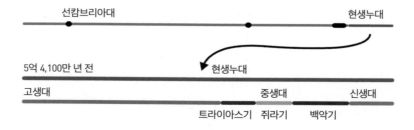

- [*] 눈덩이 지구는 지표면이 완전히 얼어붙었던 시기를 가리킨다. 영하의 환경이 다세포 생물이 진화하는 데 기여했을 것이라 추정된다.
- [**] 누대eon는 대era로 세분되고, 대는 다시 기period로 세분된다. 기는 세epoch으로 세분된다.

- 현생누대의 첫 대는 고생대^{Paleozoic}라 불리며 2억 8,900만 년 동안 지속되었다. 지구가 존재한 시간의 6%가 조금 넘는다. 고생대는 '캄브리아 대폭발'이라 알려진 대대적인 생명체 분화와 매우 다양한 생명체의 진화가 일어나면서 시작되었다(그러나 아직 공룡이 출현하지는 않았다).
- 고생대 다음은 지구 전체 생애의 4%에 해당되는 중생대^{Mesozoic}다. 중생대는 1억 8,600만 년 동안 지속되었고 다음과 같이 세 개의 기로 나뉜다.
  - 트라이아스기^{Triassic}: 초기 공룡, 익룡, 최초의 포유류가 출현했고, 초대륙 판게아가 로라시아와 곤드와나 대륙으로 분리되었다.
  - 쥐라기^{Jurassic}: 잘 알려진 모든 공룡과 초기의 조류가 출현했다. 우리가 지금 알고 있는 세계지도의 모습은 아직 찾아볼 수 없다.
  - 백악기^{Cretaceous}: 어류, 상어, 악어, 공룡, 조류가 번성했다. 우리가 알고 있는 세계지도의 모습과 다르지만 비슷한 부분을 찾을 순 있다.

고생대　　　　　　　　　　중생대　　　신생대

트라이아스기　쥐라기　백악기

6,600만 년 전　　　　　신생대

팔레오기　　　　　　네오기　　　제4기

- 이제 우리는 현생누대의 세 번째 대인 신생대^{Cenozoic}에 이르렀다. 신생대는 지금도 진행 중이다. 신생대의 처음 두 기는 4,200만 년 지속된 팔레오기(또는 고제3기)와 2,000만 년 지속된 네오기(또는 신제3기)다. 두 시기를 거치면서 포유류가 번성했고, 지금 우리에게 대체로 익숙한 야생 동물들이 생겨났다. 현재까지 신생대는 6,600만 년 동안 지속되고 있는데 이것은 지구 생애의 1.45%에 불과하다.

- 대는 기로 세분된다. 우리는 현재 260만 년 전에 시작된 제4기[●]에 살고 있다. 제4기는 플라이스토세^{Pleistocene epoch ●●}와 홀로세^{Holocene epoch ●●●}로 나뉜다. 플라이스토세는 빙하기^{Ice Age}로 알려진 시대를 포함하며 현대 인류가 출현한 시기다. 플라이스토세는 258만 년 동안 지속되었는데, 제4기의 거의 대부분을 차지한다. 현재에 해당하는 홀로세는 제4기의 아주 작은 일부분이다.

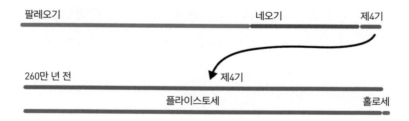

- 우리는 제4기의 홀로세에 살고 있다. 마지막 대규모 빙하기가 끝
  난 후 시작된 홀로세 동안 인류는 석기시대에서 벗어났다. 홀로
  세는 지금까지 1만 1,700년간 지속되고 있다.

아직 공식적인 명칭으로 받아들여지지 않았지만 인류가 지구에 미친
영향을 반영해서 인류세Anthropocene epoch라는 시대를 새로 지정해야 한다
는 제안이 제기되었다. 현재 이 용어는 비공식적으로 광범위하게 사용
되고 있지만 공식적인 정의나 정확한 시점에 대해 합의된 것은 아니다.

숫자로 살펴보는 인류의 선사시대

호모 사피엔스의 진화

우주 로켓을 하나 떠올려보자. 1969년 영리한 세 마리의 유인원을 달
로 보낸 새턴 5호 정도면 충분할 것이다. 새턴 5호는 여러 단으로 구
성되어 있었다. 제1단은 거대했지만 사실 후방에 연소 장치가 달린 큰
연료 탱크에 지나지 않았다. 제1단 로켓이 발사되면 그보다 작은 제2
단 로켓이 발사되고, 다시 그보다 작은 제3단 로켓이 발사된다. 그런
후에야 며칠 동안 세 여행자에게 집이 되어줄 작은 캡슐이 달려 있는
탑재 화물에 이른다. 이처럼 여러 단계의 거대한 추진체는 우주 탐사
이야기에서 없어서는 안 될 서문과 같다. 영원처럼 아주 기나긴 시간
의 서문이 끝나고 마침내 우리가 현생 인류라고 부르는 생명체에 이
른 것과 마찬가지다.

지질학은 복잡한 미생물이 수십억 년에 걸쳐 어떻게 발달했는지 이야기해줬다. 첫 영장류가 출현하기까지도 수억 년이 걸렸다. 영장류에서 사람속 호모^{Homo}와 침팬지의 공통 조상으로 진화하기까지는 수백만 년이 더 걸렸다. 이제 추진 로켓들이 각기 제 기능을 다했고, 우리는 로켓의 뾰족한 끝에 거의 다다랐다. 인류의 이야기가 시작된 것이다.

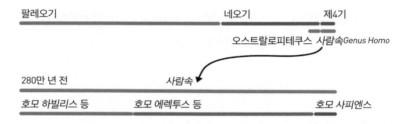

네오기는 지구 나이의 거의 200분의 1인 2,300만 년 전에 시작되었다. 네오기가 시작되었을 때 유인원은 아직 원숭이와 구별되지 않았다. 대략 1,500만 년 전 유인원과 원숭이가 구별되었고, 대략 700만 년 전 인류와 침팬지가 갈라졌다.

- 약 400만 년 전, 그러니까 지구 나이의 약 1,000분의 1 정도 지났을 때, 오스트랄로피테쿠스라 불리는 유인원의 한 속^{genus}이 동아프리카에서 진화했다. 오스트랄로피테쿠스는 이족보행을 했고 인간의 조상이 되는 속이라고 여겨진다.
- 우리가 인간이라 부르는 사람속은 대략 280만 년 전에 처음 등장한 것으로 추정된다. 지구가 존재해온 기간 중 99.94% 동안 인간은 없었다는 말이다. 네오기 후반에 석기를 만들어 사용한 호

모 하빌리스(손을 쓰는 자)라 불리는 종이 존재했지만 사람속의 시작은 260만 년 전으로 대략 제4기의 시작과 일치한다. 이것이 구석기시대Paleolithic Age *의 시작이었다.

- 호모 에렉투스(직립 보행하는 자)는 약 180만 년 전, 제4기 동안 진화한 여러 종의 총칭이다. 약 150만 년 전 불을 사용했다는 증거가 있다.

- 초기 인류는 아프리카에서 시작하여 유라시아 대륙으로 퍼져나갔다. 60만 년 전 유럽에 인류가 존재했다는 증거가 있는데, 현대인과 네안데르탈인의 공통 조상일 것으로 추정된다.

- 현생 인류 호모 사피엔스(현명한 자)는 대략 20만 년 전 동아프리카에 처음 출현했음을 보여주는 증거가 발견되었다.

- 뚜렷한 증거는 없지만 현생 인류는 약 12만 년 전과 6만 년 전, 두 차례에 걸쳐 아프리카에서 빠져나와 다른 곳으로 이동했을 것으로 추정된다.

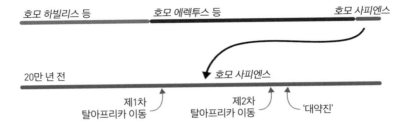

* Paleolithic은 '오래된 돌'을 의미한다.

- 탈아프리카 이동 이후, 지금으로부터 대략 5만 년 전에 호모 사피엔스는 추상적 사고나 계획 세우기, 예술 등과 같은 인간 고유의 것이라 인정되는 행동과 인지적 능력을 습득한 것으로 보인다. 이른바 '대약진'이라 불리는 이 사건의 원인은 확실히 밝혀지지 않았지만 한 가지 가설은 조리법이 영양의 질을 높인 데서 비롯되었다는 것이다.

이정표 수

- 현대인과 같은 사고력과 신체 능력을 지닌 호모 사피엔스는 5만 년 전에 출현했다.

대이동

인류는 수십억 년에 걸쳐 생물학적 진화를 겪었지만 약 5만 년 전 인류와 인류 사회가 행동 현대성behavioral modernity의 수준에 도달하자 문화적 진화가 가능해졌다. 인류는 생물학적 진화뿐만 아니라 문화적 진화라는 전례 없는 방식으로 발전하고 확장되었다.

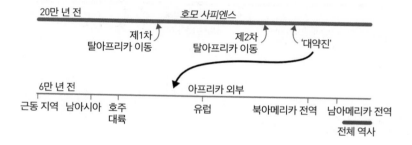

- 초기 인류(호모이지만 아직 사피엔스가 아닌 인류)가 약 150만 년 전 아프리카 대륙에서 빠져나와 다른 대륙으로 퍼져나갔다. 이들이 유럽인과 아시아인의 조상이다.

- 호모 사피엔스는 아프리카에서 발생해서 12만 년 전 근동 지역으로 이동하기 시작했지만 이때의 이동은 미미한 수준이었다.

- 약 6만 년 전 인류의 이동이 다시 시작되었다. 인류는 아프리카의 뿔에서 예멘으로 이동했고, 더 나아가 5만 년 전에는 남아시아까지 퍼져 나갔다.

- 최초의 현생 인류가 호주 대륙으로 건너간 것은 4만 6,000년 전이었다.

- 유럽에 도착한 최초의 호모 사피엔스는 크로마뇽인이라 부른다. 오늘날의 터키 방향에서 왔다는 의미다. 크로마뇽인은 네안데르탈인과 동시대에 공존했고, 약 3만 년 전에는 이미 유럽 전역에 퍼져 있었다.

- 현생 인류는 북쪽과 동쪽으로도 퍼져나가 지금으로부터 3만 5,000년 전 시베리아와 일본까지 이동했다.

- 대략 1만 6,000년 전 인류는 시베리아와 알래스카 사이에 존재하던 대륙 다리를 건너 북아메리카로 진출했다.

- 아메리카 대륙에 진출한 인류는 남쪽으로 이동해 대략 1만 1,000년 전, 지금의 미국 땅 대부분 지역으로 퍼져나갔다.

- 6,000년 전 인류는 남아메리카에 도착했다.

- 5,200년 전 문자가 발명되었고, 역사가 시작되었다. 역사 시대는 지구 역사의 대략 100만분의 1 정도를 차지한다.

이정표 수

- 현생 인류가 근동 지역으로 진출한 때: 6만 년 전
- 현생 인류가 남아시아로 진출한 때: 5만 년 전
- 현생 인류가 호주 대륙으로 진출한 때: 4만 6,000년 전
- 현생 인류가 유럽으로 진출한 때: 3만 년 전
- 현생 인류가 북아메리카 전역으로 퍼져나간 때: 1만 1,000년 전
- 현생 인류가 남아메리카 전역으로 퍼져나간 때: 6,000년 전

기술적 이정표

- 초기의 석기 사용 ─ 300만 년 전
- 최초의 불 사용 ─ 150만 년 전
- 최초의 바늘 ─ 5만 년 전
- 최초의 도자기 ─ 2만 7,000년 전
- 가축화 시작 ─ 1만 7,000년 전
- 최초의 구리 공예 ─ 1만 1,000년 전
- 최초의 활 ─ 1만 1,000년 전
- 최초의 농업 혁명 ─ 1만 년 전
- 최초의 숫자를 이용한 기록 ─ 1만 년 전
- 최초의 바퀴 사용 ─ 6,000년 전
- 최초의 문자 ─ 지금으로부터 5,200년 전. 대략 기원전 3200년
- 청동기 시대 ─ 기원전 3000년경부터 기원전 1200년까지
- 철기 시대 ─ 기원전 1200년경부터
- 유리 그릇 제작 ─ 기원전 1500년

- 추를 이용한 시계의 발명 — 서기 1200년경
- 총의 발명 — 서기 1300년경

다차원적 크기

면적과 부피

....

다음 중 부피가 가장 작은 것은?

☐ 미국 포트 펙 댐의 물

☐ 제네바 호수의 물

☐ 베네수엘라 구리 댐의 물

☐ 터키 아타튀르크 댐의 물

....

넓이를 나타내는 제곱과 부피를 나타내는 세제곱

개미들!

1956년 개봉한 〈개미들!Them!〉은 1945년 원자 폭탄 실험으로 인해 생겨난 변종 거대 개미가 사람들의 생명과 건강을 위협하는 이야기를 다룬 공포 영화다. 그런데 왜 실제로는 그런 크기의 개미를 볼 수 없는 것일까? 세계에서 가장 큰 파나마 총알개미가 최대 크기로 진화한 것이 '고작' 4cm인 이유가 있을까? 이 물음의 답은 길이와 넓이, 부피

그리고 이것들이 서로 어떻게 연관되어 있는지에 있다.

우리는 앞서 공간의 가장 기본적인 크기인 길이를 살펴보았다. 하지만 우리가 살고 있는 공간의 크기를 나타내는 '길이'는 세 가지가 있음을 기억하자. 이것은 넓이를 나타내기 위해 제곱을 해야 하고 부피를 나타내기 위해 세제곱을 해야 한다는 것을 의미한다. 제곱과 세제곱은 큰 수를 굉장히 빠르게 만들어낼 수 있다.

땅의 넓이

텔레비전 범죄 드라마에서는 경찰관과 민간인 수색자들이 실종자에 대한 작은 단서라도 찾으려고 한 줄로 서서 좌우를 살피며 풀이 무성한 야산을 체계적으로 수색하는 장면을 흔히 볼 수 있다. 이 이미지에 숫자를 집어넣어 보자.

먼저 수색해야 할 땅의 크기를 100m × 100m라고 가정하자. 이는 1헥타르로, 대략 런던 트라팔가 광장이나 미식축구장 크기와 비슷하다. 25명의 수색팀이 4m 간격으로 한 줄로 정사각형 땅의 한쪽 가장자리에 서 있고 각자 좌우 2m씩 살핀다고 가정하자. 그들 모두가 1초에 1m씩 전진할 수 있다고 가정하면 그 땅을 모두 살피는 데 100초, 즉 1분 40초가 걸릴 것이다. 25명이나 동원할 만한 일은 아닌 듯하다. 그러나 이것은 단지 사고 실험에 불과하다.

이제 수색해야 할 땅의 폭과 길이를 각각 10배 늘려 1km × 1km를 수색한다고 하자. 여전히 그렇게 넓은 땅은 아니지만 똑같이 25명을 동원해서 수색한다면 한쪽 가장자리에서 반대편 가장자리까지 10번 살펴보아야 하고, 한 번 살피는 데는 이전에 걸린 시간의 10배가 걸릴 것이다. 결국 수색 시간은 100배 길어지고 쉬지 않고 수색한다면 1만 초, 즉 2시간 45분 정도 걸릴 것이다. 수색 지역을 10km × 10km로 늘리면 수색 시간은 100만 초로 늘어날 것이고, 하루 24시간 내내 수색한다고 했을 때 11일 이상 걸릴 것이다. 이쯤 되면 추락한 항공기의 흔적을 찾기 위해 망망대해를 수색하는 정찰기가 불쌍하게 느껴진다.

거리에 대해 생각하다가 넓이를 생각하는 것으로 옮겨오면 한 차원에서 두 차원으로 늘어나고 모든 것이 달라진다. 앞서 우리가 수와 크기에 대해 배운 것은 대부분 선형적인 것이기 때문에 넓이를 생각할 때는 도움이 필요하다. 학교에서 사용하는 수학 교구에는 넓이를 잴 수 있는 도구가 없다. 넓이는 직접 측정하지 않고 거의 계산을 통해 얻어낸다. 컴퓨터 모니터의 사양에 대해 한번 생각해보자. 모니터 같은 2차원 평면 장치의 크기라고 하면 우리는 디스플레이 넓이나 전체 픽셀 수를 떠올릴 것이다. 하지만 이런 장치의 사양은 전체 크기를 나타내는 대각선 길이와 해상도를 나타내는 가로줄 세로줄 각각의 픽셀 수가 항상 설명되어 있다.

그러나 야산을 수색하고 도로 포장을 하고 밭에 씨를 뿌리고 침실에 카펫을 깔고 부엌 벽에 페인트를 칠하는 것과 같이 표면을 다루는 일은 2차원적 크기가 필요하다. 넓이를 다루면 관련된 수가 매우 빠른 속도로 커질 수 있다. 적도의 둘레는 '기껏해야' 4만km지만 지구 표면적은 5억 1,000만km²다($510,000,000km^2$). 1차원 크기인 지구 둘레보다 자릿수가 네 개 더 많다. 이것은 평범한 기하학이고 산술일 뿐 특별한 의미가 있는 것은 아니지만, 넓이나 부피를 다룰 때 수가 매우 커지기 쉽다는 사실을 명백히 보여준다.

이정표 수

• 육지와 바다를 모두 포함한 지구의 표면적은 5억km^{2}를 넘는다.

부피에 관해서

1차원 길이에서 2차원 넓이로 전환할 때 제대로 이해하기 어려웠다면 부피는 더욱 어려울 것이다.

시각화 기법을 한번 사용해보자. 이집트 쿠푸왕의 피라미드는 대략 230만 개의 돌덩어리로 구성된 것으로 추정된다. 이것은 가능한 수인가? 어떻게 이 큰 수를 이해하고, 명료하고 기억하기 쉬운 방식으로 시각화할 수 있는지 살펴보자.

피라미드를 이루고 있는 돌덩어리가 모두 같은 크기의 정육면체라고 가정하자. 대략적으로 쿠푸왕의 피라미드 비율을 따르는 이상적인 피라미드라면 한 면에 돌이 몇 개 들어가야 230만 개가 될까?

종이와 연필로 피라미드의 부피 구하는 공식*을 이용해 약간의 연산을 해보자. 쿠푸왕의 피라미드 비율을 따르면서 그 정도 크기의 피라미드가 되려면 밑면이 225개 × 225개의 돌로 이루어지고 높이가 136개의 돌이 필요하다는 것을 알 수 있다(거꾸로 부피를 계산해보면 230만보다 살짝 작은 값이 나온다). 쿠푸 피라미드의 실제 크기는 대략 230m

---

• 피라미드나 원뿔처럼 끝이 뾰족한 각뿔의 부피를 구하려면 밑면의 넓이와 높이를 곱한 값의 3분의 1을 계산하면 된다. 따라서 이 경우 225 × 225 × 136 ÷ 3 = 2,295,000이다.

1m³ × 2,300,000

■ Q. 피라미드를 쌓는 데는 얼마나 큰 돌이 몇 개나 필요했을까?
   A. 평균 1m³ 크기의 돌 230만 개

× 230m × 139m로, 우리가 계산한 값과 놀라울 정도로 비슷하다. 만약 피라미드의 돌이 모두 같은 크기의 정육면체라면 한 변의 길이가 대략 1.022m라는 의미다. 충분히 가능한 이야기다.* 피라미드에 사용된 돌의 평균 크기가 전통적인 표준 단위 1yd(오늘날의 1m)와 거의 일치한다는 것은 그럴듯한 수준을 넘어 신기한 일이다!

230만은 바로 가늠하기 어려운 큰 수지만 225 × 225 × 136 ÷ 3

• 실제로 피라미드의 돌은 모두 다른 크기이며 정육면체 모양도 아니다. 우리는 단지 여기서 "230만 개의 돌은 큰 수인가?"라는 질문의 답을 찾으려는 것뿐이다.

으로 표현하면 받아들일 수 있는 수가 된다. 그러면 우리는 이 수가 피라미드를 짓기 위해 사용된 돌의 개수로 충분히 믿을 만하다는 것을 쉽게 알 수 있을 것이다.**

지구의 크기를 측정하는 문제로 되돌아가 보자. 앞서 지구의 둘레가 대략 4만km이고 지구 표면적은 대략 5억km²라고 했다. 지구의 부피는 어떤가? 지구의 부피는 1조 800억km³다. 정말 큰 수다.

현실성 없는 거대 개미

물체의 길이가 변하면 넓이는 제곱 배로 늘어나고 부피는 세제곱 배로 늘어나는데, 이와 같은 길이, 넓이, 부피 사이의 관계를 종종 '제곱-세제곱 법칙'이라 부른다.

제곱-세제곱 법칙은 영화 〈개미들!〉에 나오는 거대 개미가 현실성이 없는 이유를 설명해준다. 영화 포스터를 보면 이 개미는 길이가 4m는 족히 되어 보인다. 그러나 제곱-세제곱 법칙에 따르면 길이가 100배 늘어날 때 표면적은 1만 배, 부피는(무게도) 100만 배 늘어난다. 개미의 몸무게는 **부피**와 관련 있지만 다리 힘은 다리의 **단면적**과 관련 있으므로 개미의 몸은 다리 힘이 감당할 수 있는 것보다 100배 무거워서 결과적으로 자기 몸무게를 견디지 못하고 그저 주저앉게 될 것이다. 같은 원리가 개미의 내장 무게에도 적용된다. 내장의 무게는

●● 여기에서도 합당성 확인을 해보자. 만약 사용된 돌이 석회암이라고 하면 석회암의 밀도는 대략 2,500kg/m³이므로 돌 하나당 2,670kg 정도의 무게가 나갈 것이다. 피라미드 전체 무게가 약 60억kg이라는 말이다. 위키피디아가 제시한 쿠푸 피라미드의 무게는 59억이다. 따라서 상당히 그럴듯한 수치다.

내장을 감싸고 있는 키틴질의 '피부'가 감당할 수 있는 무게보다 100배 무거울 것이다.

제곱-세제곱 법칙은 동물들이 몸집이 클수록 몸이 더 탄탄해야 하는 이유를 설명한다. 가젤이 코끼리만큼 키가 크다면 연약한 다리는 부러지고 말 것이다. 새가 하늘로 날아 올라가려면 크기의 제약을 받으며, 이 때문에 타조가 날 수 없는 것이다. 모두 제곱(날개의 면적)-세제곱(새의 몸무게) 법칙의 지배를 받는다.

땅 넓이

여왕이 원하는 땅 한 뙈기

땅은 늘 부족한 자원이기에 항상 가치가 있었다. 따라서 최초의 문명이 발생하면서부터 토지를 측정하는 역사가 시작되었다는 것은 놀라운 일이 아니다.

카르타고의 건국 설화에 따르면 여왕 디도Dido가 북아프리카의 베르베르 왕 이아르바스에게 땅을 사기 위해 흥정을 했다. 그녀는 고작소 한 마리의 가죽으로 에워쌀 수 있는 만큼의 땅만 가져가는 걸로 합의를 봤다. 영리한 디도는 면적에 관한 제곱-세제곱 법칙을 이용하기위해 소가죽을 아주 가늘고 길게 잘랐다. 더욱 놀라운 반전은 그녀가땅을 원형으로 에워싸지 않고, 바닷가를 끼고 반원형으로 에워쌌다는점이다. 주어진 길이의 곡선과 무한한 직선으로 에워싸인 가능한 넓은 영역을 만드는 문제를 가리켜 수학자들은 '디도의 문제'라 부른다.

고대 이집트 수학은 대부분 토지 측량과 구획에 관련된 것이었다. 나일강이 매년 범람해 토지 경계선을 지워버리고 땅의 모양을 바꿔 놓았기 때문에 측량 기술이 매우 중요했다. 이집트인들은 어루라^aroura 또는 세트자트^setjat라 불리는 면적 단위를 사용했다. 1어루라는 한 변의 길이가 100로열 큐빗(약 52m)인 정사각형의 넓이로 정의되었으며, 미터법으로 환산하면 대략 2,700m²가 된다.

로마인들은 유게룸^jugerum이라는 단위를 사용해 토지를 측량했다. 대 플리니우스^Pliny the Elder는 유게룸을 '한 쌍의 황소^a yoke of oxen가 하루 동안 쟁기질할 수 있는 땅의 크기'라고 정의했다. 이는 로마 피트*로 가로 120피트 세로 240피트인 직사각형의 넓이와 같고 계산하면 2,523m²다. 로마의 면적 단위는 이집트 단위와 놀라울 정도로 비슷한 크기라서 이집트의 토지 단위도 실제로 하루에 쟁기질할 수 있는 땅의 크기에서 유래되었을 것으로 짐작된다. 로마인들은 2유게룸을 헤레디움^heredium이라 불렀다. 헤레디움은 로마의 건국자 로물루스가 시민들에게 각각 하사한 땅의 크기라고 전해지며, 유산으로 상속할 수 있는 땅의 최대 크기였다.

중세 유럽인들이 만든 에이커^acre**도 하루에 황소 한 쌍이 쟁기로 갈 수 있는 땅의 크기로 정의한 것이었다. 이렇게 재래식으로 정의한 에이커는 정밀한 단위가 아니었다. 그래서 가로 1체인(22yd), 세로 1펄롱(220yd)인 직사각형의 땅으로 공식적으로 정의되었고, 오늘날 사

---

* 로마의 피트는 오늘날 사용하는 피트보다 약 3분의 1인치 작다.
** '에이커'라는 단어는 '밭'을 뜻하는 인도유럽조어 agro-에서 파생되었다.

용하는 미터법으로는 $4,047m^2$와 같다. 펄롱에 대한 재래식 정의는 황소 한 쌍이 쉬지 않고 갈 수 있는 밭고랑의 길이였다. 그러므로 황소들이 1펄롱을 다 갈면 조금 쉬었다가 다음 고랑을 갈게 하면서 1에이커의 땅을 가는 것을 어렵지 않게 시각화할 수 있다. 1에이커가 1유게룸보다 무려 60% 더 크다는 점에 주목하자. 중세 시대의 황소가 로마 시대의 황소보다 더 열심히 일해야 했던 모양이다!

중세 시대 영국의 계량법에서는 15에이커를 1옥스강^{oxgang}이라고 했고, 8옥스강은 1카루카테^{carucate}라고 불렀다. 1카루카테는 여덟 마리의 황소가 한 계절에 쟁기질할 수 있는 땅의 크기였다.

우리 아버지는 남아프리카의 한 시골 지역 변호사로서 많은 일을 맡았었는데 그중에는 농장 판매도 포함되어 있었다. 내 기억에 따르면 1970년대에 미터법이 도입되기 전까지 아버지는 농장의 넓이를 말할 때 모르겐^{morgen}을 단위로 사용했다. 모르겐은 네덜란드 식민지 시대에 생겨난 후 다양한 형태로 독일과 몇몇 나라에서 사용하고 있던 단위다. 모르겐이라는 단어는 '아침'이라는 의미이며, 개념적으로 오전 중에 쟁기질할 수 있는 땅의 크기를 말하는 것이었다. 남아프리카에서는 1모르겐을 에이커로 환산하면 2.12에이커였다. 만일 '쟁기질할 수 있는 땅의 크기'란 정의를 말 그대로 받아들인다면 남아프리카 황소는 영국 황소가 하루 종일 쟁기질할 수 있는 땅의 두 배를 오전 중에 쟁기질할 수 있다는 말이 된다.

땅을 미터법으로 나타내기

프랑스 혁명 이후 도입된 국제단위계는 '아르^{are}'라는 면적 단위를 포함했다. 1아르는 10m × 10m다. 실제 아르 그 자체는 많이 사용되지 않지만 100아르(100m × 100m)를 뜻하는 헥타르hectare는 토지 면적의 기본 단위로 사용되고 있다. 1헥타르는 대략 2.47에이커이자 4유게룸이다.

많은 국가들은 자신들이 오랫동안 사용해온 전통적인 토지 면적 단위가 헥타르와 동일하다고 공표했고, 국제 표준의 이점을 얻는 동시에 전통적인 이름을 유지할 수 있었다. 이란의 제리브jerib, 터기의 제리브djerib, 홍콩과 중국의 공칭gong qing, 아르헨티나의 만자나manzana, 네덜란드의 번더bunder 모두 현대적 정의의 헥타르와 동일하다.

헥타르를 시각화하는 데 도움이 되는 것이 몇 가지 있다. 자유의 여신상의 기단을 에워싸는 정사각형 면적, 런던 트라팔가 광장, 미식축구 경기장이 모두 약 1헥타르다. 농장이나 다른 토지들은 편의상 헥타르를 단위로 쓰지만 면적이 큰 토지의 경우 숫자가 걷잡을 수 없게 커지기 때문에 자연스럽게 그 다음으로 큰 단위인 제곱킬로미터를 사용하게 된다. 1 제곱킬로미터는 약 100헥타르에 해당한다.

도시의 크기

도시의 크기에 대해 이야기할 때 우리는 보통 인구를 언급하지만 이 장에서는 도시 면적을 다룰 것이다. 먼저 이야기하게 될 토지의 물리적 넓이는 언뜻 보기에 간단할 것 같지만 사실 그렇지 않다. 먼저 도시 지역의 몇 가지 정의를 살펴보자.

- 시가지, 도시 중심부

- 행정 지구, 시 정부(그런 기구가 존재한다면)가 통제하는 구역
- 연계되어 있는 교외 통근 지역을 포함하는 대도시 권역
- 여러 도시가 하나의 거대도시로 통합되었다는 점은 무시하고 단순히 인접해 있는 가장 넓은 시가지, 즉 광역도시권

위 정의들 모두 다소 애매한 점이 있지만 대도시 권역은 수 감각을 기르려는 우리 목표에 적합할 것이다. 대런던이라 불리는 대도시 권역은 면적이 1,569km²다. 이것을 머릿속에 그려볼 수 있는 한 가지 방법은 지름이 44km인 원을 상상하는 것이다. 런던 외곽을 순환하는 M25 고속도로의 지름이 실제로 40~50km인 것을 감안하면 충분히 상상할 수 있는 크기다.

3개 주 지역Tri-State Area으로 알려져 있는 뉴욕 대도시권의 면적은 대략 3만 4,500km²이며, 일본 수도권의 면적은 1만 3,500km²다.

세계에서 가장 큰 광역도시권은 중국의 주강삼각주다. 광저우를 중심으로 홍콩과 마카오도 포함하는, 거대한 인구와 방대한 땅을 가진 지역이다. 면적은 3만 9,380km²로 지름이 224km인 원과 거의 같다. 교통이 원활한 고속도로를 탄다고 해도 한쪽 끝에서 반대편까지 가로지르는 데 2시간이 걸릴 것이다.

국가의 평균 크기

전 세계 256개 국가를 크기 순으로 나란히 세운다면 다음과 같을 것이다.

첫째, 러시아(1,710만km²)는 다른 국가들에 비해 압도적으로 크다.

둘째, 캐나다와 중국, 미국이 그 다음을 잇는데 강과 호수 같은 내륙 수역까지 포함한 국토 면적이 세 나라 모두 900만~1,000만km²다. 각 나라가 러시아 면적의 절반을 조금 넘는다는 얘기다. 그 다음으로 브라질이 850만km²이고 호주가 770만km²다.

셋째, 나머지 국가들의 크기는 급격히 작아지는데 그중에서 가장 큰 곳이 인도다. 인도의 면적은 330만km²인데 사실 이는 호주 면적의 절반이 조금 안 된다. 세계에서 30번째로 큰 나라인 이집트는 100만km²를 겨우 넘는다. 아이슬란드는 108위로 캐나다의 100분의 1 면적인 10만km²다. 이 정도의 넓이도 세계 상위 50% 안에 속한다.

전체 국가 가운데 중간 위치 국가의 면적은 대략 5만 2,800km²로 전체 평균 면적의 10분의 1이다. 크로아티아는 이보다 조금 큰 5만 6,600km²이고, 보스니아 헤르체코비나는 조금 더 작은 5만 1,200km²다. 그러므로 전형적인 국가의 크기라는 것이 있다면 분명 작을 것이다.

세계에서 가장 작은 국가는 바티칸 시국이다. 면적이 고작 0.44km²로 로마 시내에 자리 잡고 있지만 엄연히 하나의 독립 국가다.

이정표 수
- 세계에서 가장 큰 국가 러시아 — 1,700만km²
- 세계에서 가장 인구가 많은 국가 중국 — 950만km²
- 크기가 중간인 국가 — 약 5만km²

그렇다면 러시아의 면적 1,700만km²는 큰 수인가? 이것을 머릿속

에 그릴 수 있을까? 이것은 한 변의 길이가 4,000km 조금 넘는 정사
각형의 넓이와 같다. 이 정사각형의 한 변의 길이는 대략 적도 둘레의
10%이고 북극점에서 적도까지 거리의 40%이며, 호주 대륙의 동서
횡단 거리와 같다. 면적이 900만km²가 넘는 중국, 캐나다, 미국은 한
변의 길이가 약 3,000km인 정사각형과 같을 것이다. 아프리카에서
가장 큰 국가는 콩고민주공화국으로 면적이 225만km²이며 대략 러
시아의 8분의 1이다. 한편 서유럽에서 가장 큰 프랑스는 64만km²로
러시아의 25분의 1에도 못 미친다(프랑스는 한 변의 길이가 고작 800km인
정사각형과 넓이가 같다. 프랑스인들은 자국 영토를 육각형 모양으로 보는 것을
좋아하므로 한 변의 길이가 500km인 육각형으로 시각화할 수도 있다). 영국의
면적은 24만 2,000km²다. 이것은 한 변이 500km가 안 되는 정사각형
의 넓이와 같다.

대륙과 큰 섬의 면적

'대륙'의 개념은 잘못 정의되어 있다. 유럽과 아시아가 분명 같은 땅
덩어리의 일부인데도 왜 서로 분리된 대륙으로 취급하는가? 호주는
대륙인가, 섬인가? 어떤 자료에서는 남아메리카와 북아메리카를 합
쳐서 '아메리카'라는 하나의 대륙으로 분류한다. 이 책에서는 흔히 사
용되고 있는 7대륙 체계를 사용할 것이다. 각 대륙의 면적은 다음과
같다.

아시아	4,382만km²
아프리카	3,037만km²

북아메리카	2,449만km^2
남아메리카	1,784만km^2
남극대륙	1,372만km^2
유럽	1,018만km^2
호주/오세아니아	900만 8,500km^2

면적이 큰 섬들을 면적 순으로 나열하면 다음과 같다.

호주	769만 2,000km^2
그린란드	213만 1,000km^2
뉴기니	78만 6,000km^2
보르네오	74만 8,000km^2
텍사스(섬이라면 여기에 위치)	69만 6,000km^2
마다가스카르	58만 8,000km^2
배핀 섬	50만 8,000km^2
수마트라	44만 3,000km^2
혼슈	22만 6,000km^2
빅토리아 섬(캐나다)	21만 7,000km^2
브리튼 섬	20만 9,000km^2
엘즈미어 섬(캐나다)	19만 6,000km^2

면적을 기준으로 판단해보면 세계지도가 얼마나 잘못되었는지 알 수 있다. 메르카토르 도법Mercator projection은 면적 왜곡이 심하고 극지 방에 가까울수록 면적이 크게 확대되는 단점이 있다.

예를 들어 메르카토르 투영도법을 사용하면 세계지도에서 보여주 듯이 그린란드와 아프리카의 크기가 매우 비슷해 보인다. 그러나 살

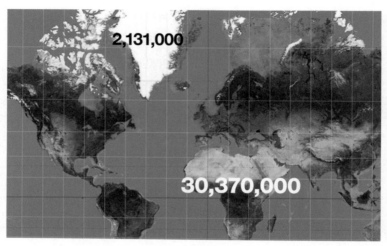

2,131,000

30,370,000

출처: 다니엘 스트레베(Daniel Strebe)가 제작한 지도,
위키미디어 공용(크리에이티브 커먼즈 라이선스에 따름)

■ 지도에서 보면 그린란드와 아프리카 대륙의 크기가 비슷하다. 하지만 실제
로는 아프리카가 14배 더 크다.

펴보았듯이 아프리카 면적은 그린란드의 14배 이상이다.*

지구상의 육지 면적을 모두 합치면 약 1억 4,900만km²다. 나머지는
물이다. 바닷물과 육지 수역은 모두 3억 6,100만km²이므로 지구 표면
적은 총 5억 1,000만km²다.**

* 메르카토르 도법은 위도선과 경도선이 각기 평행하고 이동 방향을 정확하게
보여주기 때문에 항해용 지도에 매우 좋다. 우리가 사는 세상을 평면에 옮겨
놓는 지도를 만들 때 우리는 어떤 성질은 정확히 나타내고, 어떤 성질은 희생
해야 할지 선택해야 한다. 공 모양의 지구본만이 지구의 크기를 정확히 나타
낼 수 있다.

** 지구의 반지름을 6,370km로 잡고 구의 표면적 구하는 공식을 이용해 구하면
똑같이 5억 1,000만km²가 나온다.

액체와 수하물 측정하기

액량을 나타내는 배럴

수세기 동안 술은 정해진 단위의 통에 담겨져 아주 조심스럽게 운반, 저장, 유통되었다. 엘리자베스 여왕이 통치하던 시기 영국에서는 2배수 원칙을 기반으로 하는 액량 단위를 사용했다. 가장 큰 단위 턴^{tun}을 선두로 2배수 원칙에 따라 줄어드는 연쇄 단위를 사용했다.

1턴은 2파이프^{pipe}, 1파이프는 2혹스헤드^{hogshead}, 1혹스헤드는 2배럴^{barrel}, 1배럴은 2캐스크^{cask}, 1캐스크는 2부셸^{bushel}, 1부셸은 2케닝^{kenning}, 1케닝은 2펙^{peck}, 1펙은 2갤런^{gallon}이다.

1갤런은 2포틀^{pottle}, 1포틀은 2쿼트^{quart}, 1쿼트는 2파인트$^{pint, 이하 pt}$, 1파인트는 2컵^{cup}, 1컵은 2질^{gill}이고, 1질은 2잭^{jack}, 1잭은 2지거^{jigger}, 1지거는 2모금이다.

그리고 한 모금은 대략 1in^3다!

따라서 1턴은 2^{16}모금, 즉 6만 5,536모금과 같다. 위에 나열된 것들

외에도 여러 가지 이름이 대신 사용되었다. 예를 들어 영국 해군은 매일 럼주를 1토트tot씩 배급했는데, 이것은 1pt의 8분의 1이자 1잭과 같고 오늘날 사용하는 미터법으로는 70ml의 양이다.

포도주병도 당혹스러울 정도로 다양한 '표준' 단위들이 있었고, 이것 역시 2배수 원칙을 따랐다. 샴페인 병을 예를 들면 이러하다.

표준 샴페인 병은 0.75리터, 표준 샴페인 두 병은 매그넘Magnum 병과 같고, 매그넘 두 병은 제로보암Jeroboam 병과 같고, 제로보암 두 병은 므두셀라Methuselah 병과 같고, 므두셀라 두 병은 발타자르Balthazar 병과 같다. 따라서 발타자르 병은 표준 병 16개의 양이다.

안타깝게도 여기에서 2배수 단위가 끊긴다. 더 큰 단위인 골리앗Goliath 병은 표준 병 36개의 양이다. 골리앗 병은 2배수 단위 체계에 속하지 않지만 종종 특별 이벤트 홍보용으로 만들어진다.

배럴 또는 탱커 단위를 사용하는 석유

높은 상업적 가치를 지니거나 전통적으로 배럴을 단위로 유통된 액체가 술만 있는 것은 아니다. 진정으로 현대 생활을 뒷받침해주는 액체는 석유다.

석유 가격은 배럴당 달러로 매겨지기 때문에 배럴의 표준 크기가 있어야 한다. 실제로 사용되는 석유통(즉, 배럴)의 양은 조금씩 다르지만 그래도 가장 흔히 사용되는 배럴은 42갤런(159리터)이 들어가는 통이다. 미국 석유가스 역사학회는 이렇게 설명한다.

42갤런이 들어가는 1티어스tierce는 300파운드 이상 나가는데, 남자 한 명이 꽤 힘을 들여야 운반할 수 있는 무게다. 일반적인 바지선이나 무개화차에는 20티어스를 실으면 적당하다. 더 큰 통은 옮기기 어렵고 더 작은 통은 경제적이지 않다.

표준 배럴이나 드럼통은 높이가 테니스 네트 높이보다 조금 낮은 0.876m이고, 폭은 가장 넓은 부분 기준으로 0.597m다(구조를 강화하기 위해 통에 철재 갈빗대를 붙이는데, 그 부분이 가장 넓다).

보통 소형 자동차의 연료통(50~70리터)에는 1/3~1/2배럴의 석유가 들어간다.* 정제된 석유를 주유소까지 배달하는 데 사용되는 유조차는 일반적으로 2만~4만 리터를 실을 수 있다. 이것은 대략 200배럴이며, 자동차 500대를 주유하기에 충분한 양이다.

가장 큰 유조선은 200만 배럴을 실을 수 있다. 일반 유조차의 대략 1만 배 이상 되는 양이다.** 영국 BP사의 딥워터 호라이즌 해저 석유 시추시설이 고장 나면서 일어난 대참사로 유출된 석유의 양은 490만 배럴로 추정된다. 그것은 유조선 한 척이 운반할 수 있는 양의 2.5배에 달하는 양이다.

- 물론 석유는 원유와 다르다. 사실 원유 1배럴 중 45%는 석유 또는 휘발유로 생산되고 대략 25~30%는 디젤로 생산된다. 나머지 25~20%는 제트기 연료나 LPG 등 다른 석유 파생물이 된다.
- ●● 타당성 확인: 유조선이 유조차의 1만 배만큼 석유를 실을 수 있다면 길이의 비는 부피 비의 세제곱근이므로 유조선의 길이는 유조차의 약 20배가 된다. 대형 유조선의 길이는 대략 300m고, 유조차의 길이는 약 15m이므로 타당성이 확인되었다.

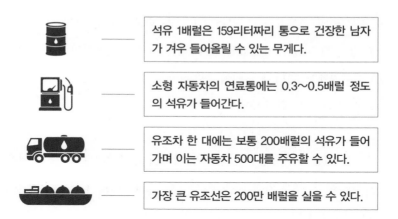

석유 1배럴은 159리터짜리 통으로 건장한 남자가 겨우 들어올릴 수 있는 무게다.

소형 자동차의 연료통에는 0.3~0.5배럴 정도의 석유가 들어간다.

유조차 한 대에는 보통 200배럴의 석유가 들어가며 이는 자동차 500대를 주유할 수 있다.

가장 큰 유조선은 200만 배럴을 실을 수 있다.

   세계에서 가장 큰 석유 저장 시설을 간단히 살펴보자. 미국 오클라호마 쿠싱에 있는 이 시설물은 석유를 4,600만 배럴 이상 저장할 수 있다. 대형 유조선 23척이 운반해야 하는 양이다. 이 시점에서 우리가 생각해봐야 할 질문은 "지하에 매장되어 있는 원유는 얼마나 되는가?"이다. 정확한 답이 나온 것은 아니지만 논리적으로 추정해봤을 때 현재 기술로 경제적으로 이용할 수 있는 매장 석유의 양은 약 1,600억 배럴이라고 한다. 이것은 약 80만 대의 초대형 유조선에 실을 수 있는 양이다. 우리가 하루에 9천만 배럴(45대의 초대형 유조선)의 석유를 사용한다고 가정했을 때 이것은 큰 숫자가 아니다. 약 50년 뒤에는 석유가 고갈될 수도 있는 것이다. 나중에 다룰 에너지에 관한 장에서는 석유에 얼마나 많은 에너지가 포함되어 있는지, 대체 에너지원들을 어떻게 비교하는지 살펴볼 것이다.

액체가 아닌 상품

선적과 운반은 액체에만 한정된 것이 아니다. 고형물이나 고체 상품
은 주로 질량이나 무게를 측정해 운반되지만 어떤 상품은 부피 단위
로 처리된다. 다음은 예전에 화물의 양을 측정하는 데 사용되었던 흥
미로운 단위들을 나열한 것이다.

- **부셸**bushel: 액량 단위와 질량 단위 둘 다 사용되는 이중 단위다.
  액량으로 따지면 미국식이나 영국식 상관없이 8갤런이다.
- **호퍼스**hoppus: 둥근 통나무 목재의 부피를 나타내는 단위다. 1736
  년 나무의 중간 위치 둘레와 길이를 측정해 나무 부피를 구하는
  실용적인 계산법을 책으로 펴낸 에드워드 호퍼스의 이름을 딴
  것이다.
- **코드**cord: 1코드는 땔감을 가로 4ft, 세로 8ft, 높이 4ft의 직육면체
  모양으로 쌓아 올렸을 때의 부피를 말하며 계산하면 대략 $3.73m^3$
  다. 코드라는 명칭은 땔감을 모아둔 짐의 크기를 잴 때 표준 길이
  의 끈(코드)을 사용한 데서 유래한 것으로 보인다.
- **스테르**stere: 스테르는 영국식 단위인 코드를 대체할 미터법 단위
  로 도입된 것이다. 1스테르는 1m × 1m × 1m이며, 대략 4분의
  1코드와 같다.
- **TEU**twenty-foot equivalent unit: 원래 길이 20ft짜리 컨테이너 상자의 수
  하물 양을 나타내는 단위다. 1960년대 후반에 세계 표준 컨테이
  너 상자가 도입되었고, 그 중 가장 작은 것이 길이가 20ft 컨테이
  너였다. 1TEU는 $38.5m^3$와 같다. 초대형 컨테이너 화물선은 1만

4,500TEU 이상 실을 수 있으므로 선적할 수 있는 화물은 50만m³
가 넘는다.

비의 양 재기

내가 유년기를 보낸 남아프리카 이스턴케이프 지역 농촌에서는 비가
얼마나 내릴지가 항상 주요 화제였다. 늘 가뭄의 위험이 있었기 때문
에 상황이 좋을 때 하는 대화의 첫 마디는 "댐에 물이 가득 찰 모양이
다"였다. 우리 아버지는 변호사였지만 항상 우량계를 들고 다녔고 그
런 아버지에게 스마트 우량계는 생일 선물로 제격이었다.

강우량은 본질적으로 물의 부피를 의미하지만 우량계에 수치로 나
타내기 위해 선형적인 길이를 사용한다. 비가 노지에 내려 땅속으로
흡수되었을 때 비가 내린 땅의 면적으로 빗물의 부피를 나누면 '2in'
또는 '50mm' 같은 길이가 된다는 원리를 이용하는 것이다. 즉, 평지
에 비가 내려 흡수나 증발이 일어나지 않고 물이 고인다면 깊이가 얼
마나 될지 나타내는 방식이다.

부수적인 이야기로, 눈 50mm와 빗물 50mm처럼 서로 같은 높이일
지라도 눈의 무게는 빗물의 10분의 1이며, 눈이 녹아서 생긴 물의 양
도 빗물의 10분의 1이다.

2015년 12월 태풍 데스몬드가 강타한 영국 컴브리아 주의 작은 마
을 글렌리딩에는 24시간 동안 67mm의 비가 내리면서 상당한 피해가
발생했다. 이는 진정 큰 수인가?

머릿속에 10m × 10m 넓이를 차지하는 집 한 채를 그려보자. 태풍
이 부는 동안 이 집 지붕에 떨어진 빗물은 6,700리터 정도였다. 큰 빗

물 통의 용량은 최대 1,000리터이므로, 그런 통의 7배 가까운 비가 그 집 위로 쏟아져 내렸다는 의미다.

　사실 이것은 유별나게 많은 양은 아니다. 그러나 글렌리딩의 경우는 비가 내린 땅이 이미 흠뻑 젖어 있어서 비가 땅 속으로 거의 흡수되지 않았기 때문에 심각한 홍수가 발생했던 것이다. 집수 지역이 산악 지대이기 때문에 지표수가 모두 글렌리딩 하천으로 흘러 들어갔고, 하천이 넘쳐 바윗돌도 굴러가게 할 정도의 큰 홍수가 일어났다. 비가 한 곳으로 집중되어 제곱-세제곱 법칙에 의해 태풍의 파괴력이 배가되었고, 그 결과 작은 마을이 물에 휩쓸린 것이다.

네 번째 기법: 비율과 비

알맞은 크기로 나누기

우리는 큰 수와 알려진 이정표 수를 구체적으로 비교함으로써 큰 수를 길들일 수 있다. 예를 들어 큰 수를 이정표 수로 나눠 비를 만드는 것이다. 그렇게 하면 괴물 같은 큰 수를 우리가 편안하게 다룰 수 있는 안전지대의 수로 바꿔 그 수의 중요성을 이해하고 실제로 얼마나 큰지 또는 얼마나 작은지 쉽게 판단할 수 있다.

한 국가의 인구 변화를 쉽게 이해하기 위해 우리는 태어나는 사람의 수와 사망자 수를 실제로 세는 것이 아니라 출생률과 사망률을 살핀다. 출생자 수와 전체 인구 수를 각각 세서 출생자 수를 인구 수로 나누면 출생률을 구할 수 있다. 이것은 속도를 측정하는 것과 비슷하다. 우리는 선택한 단위로 이동 거리를 측정하고 이동하는 데 걸린 시간으로 나눠 속도를 구한다. 야구에서는 타자들을 비교할 때 평균 안타수를 타수로 나눈 타율을 살핀다.

이렇게 비율로 나타내면 비교의 첫 단계가 이뤄졌기 때문에 큰 수를 다루기 훨씬 수월해진다. 당혹스럽게 만드는 큰 수를 이미 없애버리는 과정이다. 비율로 표현하는 것은 실제로 비교를 더 쉽게 할 수 있게 하는 표준화된 방법이라 할 수 있다. 예를 들어, 프랑스(2015년 출생자 82만 4,000명)같이 큰 나라는 프랑스령 폴리네시아(2015년 출생자 4,300명)같이 작은 나라보다 일 년에 태어나는 사람 수가 더 많을 것이다. 프랑스 전체 인구가 프랑스령 폴리네시아 인구보다 훨씬 많기 때문에 이것은 당연한 현상이다. 그러나 출생한 사람 수를 직접 비교하는 것보다 출생률처럼 표준화된 수치로 나타내는 것이 훨씬 더 유용하다. 출생률을 계산해보면 2015년 프랑스는 12.4‰이고 프랑스령 폴리네시아의 출생률은 15.2‰이다.

비나 비율을 계산해서 비교하는 기법은 다양하게 사용될 수 있다. 주행거리 100km당 소비되는 연료 또는 갤런당 달릴 수 있는 마일을 측정한 연비를 기준으로 자동차를 평가할 수 있고, 면적당 사람 수를 측정해서 국가 간 인구 밀도를 비교할 수 있다. 또는 의사 한 명당 환자 수로 의료공급 비율을 측정할 수 있고, 매출액을 웹 사이트 방문자 수로 나눠 계산한 값으로 웹 사이트 효과성을 평가할 수도 있다. 이처럼 서로 다른 크기의 측정 단위가 관련되어 있어서 비교하기 불가능했을 것들도 비율로 나타내면 비교할 수 있다.

1인당

출생률로 우리가 무엇을 했는지 되짚어보자. 사실 우리는 수 이해력을 돕는 가장 유용한 도구 중 하나를 사용했다. '1인당per capita'으로 기준을 통일시킨 것이다. 어떤 일의 발생 빈도수를 기본이 되는 인구 수로 나누면 발생률을 구할 수 있다. 인구 수로 나누면 1인당이라는 개

넘이 내포하고 있듯이 큰 수를 인간적 규모로 축소하게 된다. 예를 들어 2015년 캐나다 GDP국내 총생산는 1조 7,870억 달러(USD)이었다. 이것은 큰 수인가? 캐나다 인구가 3,530만 명이므로 1인당 약 5만 달러라는 말이 된다.

캐나다를 멕시코와 비교해보자. 멕시코의 GDP는 1조 2,830억 달러이고 전체 인구는 1억 1,900만 명이다. 두 나라를 비교할 수 있도록 전체 인구로 나누면 멕시코 국민 1인당 GDP는 약 1만 1,000달러다. 멕시코의 경제 규모는 캐나다와 비슷하지만 인구가 캐나다의 세 배이기 때문에 국민 한 명당 GDP는 캐나다의 5분의 1밖에 되지 않는다.

앞 장에서 살펴봤듯이 국가마다 물리적 크기와 인구 규모가 매우 다양하다. 그러나 1인당 수치로 전환하면 받아들이기 어려웠던 수들도 이해할 수 있을 것이다. 이 기법은 국가 통계를 살필 때 꼭 필요할 뿐 아니라 다양한 영역에도 적용할 수 있다. 예를 들어 회사 이직률을 살필 때 대기업이든 중소기업이든 회사 규모를 '표준화'해서 1인당 이직률을 살핀다면 전체 이직자 수에 가려져 있는 현실을 통찰할 수 있을 것이다.

총액 대비

2015년 영국 정부는 약 1조 1,000억 달러를 지출했다. 영국 국민 1인당 1만 7,700달러를 지출했다는 말이다. 그해 국방비로 쓴 돈은 약

555억 달러였다. 이것은 큰 수인가? 계산해보면 국방비는 전체 지출액의 20분의 1이 조금 넘는다. 전체에 대한 부분이 차지하는 비율을 나타내는 또 다른 방법인 백분율로 표현하면 영국 국방비는 전체 예산의 5%를 차지했다고 말할 수 있다. 국민 연금과 다른 복지에 35%가 할당되었고 보건에 17%가 할당된 것에 비하면 국방비는 그다지 많은 것 같지 않다. 전체 예산의 15% 남짓 되는 미국의 국방비와 비교해도 영국 국방비는 그렇게 큰 수치가 아니다.

국가 예산처럼 큰 수를 다른 수에 대한 상대적 수치로 표현을 할 수 없다면 이 같은 비교는 하기 어려울 것이다. 전체에 대한 비율로 표현하면 통화 팽창이나 경제 성장에 의해 생기는 왜곡도 줄일 수 있다. 우리는 큰 수를 이해하는 최적의 맥락을 찾고 있고, 비율은 그렇게 하기에 좋은 방법이다.

정부는 종종 깊은 인상을 남길 목적으로 야단법석을 떨면서 수백만 혹은 수십억 달러 지출 계획을 발표한다. 그러나 전체 예산의 맥락에서 보면 인상적인 규모의 사업이 아닌 경우가 많다. 만약 영국 정부의 해외 원조 예산 규모를 아주 커 보이게 하고 싶다면 그냥 180억 달러라고 말하면 된다. 반대로 작아 보이게 하고 싶다면 영국 GDP의 0.7%라고 말하면 된다. 따라서 어떤 수가 큰 수인지 아닌지 이해하고 싶다면 가능한 다양한 각도에서 살펴보는 것이 좋다.

성장률

"이것은 큰 수인가?"라는 질문 다음에 "무엇에 비해?"라는 질문이 자주 뒤따르는데, 주로 "마지막으로 측정한 값에 비해서"일 것이다. 맥락을 찾을 때 가장 쉽게 비교할 수 있는 대상은 이전 측정치다. 그러므로 한 나라의 경제 성장률을 나타내기 위해서는 그 해 GDP나 예상되는 GDP를 전년도 값과 비교한다. 어떤 때는 성장률이 마이너스를 기록하기도 한다. 성장률은 전년도 수치에서 얼마나 변화되었는지를 나타내는 것으로 대개 전년도 수치로 나눠 백분율을 구한다. 성장률은 표준화 효과도 가지고 있다. 영국의 GDP 성장률을 미국의 GDP 성장률과 비교할 수 있으며 경제 규모가 달라도 비교의 타당성이 훼손되지 않는다.

성장률은 과도하게 민감한 수치일 수도 있다. 수가 큰 값들은 대부분 정확한 측정치라기보다는 추정치이므로 오차가 있다. 그러므로 몹시 불안정한 성장률이 나올 수 있다. 낙관적인 이야기를 찾는 언론에서는 이 효과를 무시하기도 한다. 하지만 범죄율이 5% 감소했다는 것은 실제로 범죄가 감소했기 때문일 수도 있지만 범죄나 범죄 신고의 일시적인 변동일 수도 있고 범죄율을 측정하는 방식을 바꿔서 생긴 결과일 수도 있다.

또한 성장률은 주기적인 변동(일반적으로 계절을 주기로 함)을 고려해야 한다. 기업들은 매출액을 보고할 때 단순히 이전 분기와 비교하는 것이 아니라 전년도 같은 분기와 비교한다. 마찬가지로 통화 팽창도 지난달에 비해 관련 물가 지수가 얼마나 증가했는지가 아니라 전년도 같은 기간에 비해 얼마나 증가했는지를 측정한다. 급격한 월 물가 상승은 연 물가지수에 영향을 미쳐 나머지 11개월 동안 통화 팽창률의 부분을 형성할 것이다. 사실 매달 발표하는 통화 팽창률의 12분의 1은 새로운 소식이지만 12분의 11은 옛날 데이터를 기반으로 한다.

질량을 나타내는 수

무게를 재는 중요한 수

....

다음 중 질량이 가장 큰 것은?

☐ 에어버스 A380 항공기(최대 이륙 무게)

☐ 자유의 여신상

☐ M1 에이브럼스 탱크

☐ 국제 우주 정거장

....

역사의 무게

수량 측정의 가장 기본이 되는 것이 거리 측정이라면 2위는 분명 질량일 것이다. 거리 측정의 역사와 마찬가지로 질량 측정도 일상생활에서 비롯되었다. 무게와 무게 측정과 관련하여 역사가 가장 오래되고 가장 깊은 연관성이 있는 것은 무역이다. 그런 점에 비추어봤을 때 많은 국가에서 초기에 사용한 질량의 기본 단위가 곡물이라는 뜻의 '그레인grain'이라는 사실은 놀랍지 않다. 영국에서 '그레인'은 보리 한

알의 무게였다. 금과 은의 무게를 잴 때는 캐럽 열매 씨앗의 무게인
'캐럿'을 표준으로 사용했다.

사실 보리알은 서로 다른 단위계인 트로이Troy 방식, 아부아르뒤푸
아Avoirdupois 방식, 약제상Apothecaries 방식에서 기본 단위로 사용되었다.
트로이 방식에서 24그레인은 1페니웨이트이고, 20페니웨이트는 1온
스다(온스는 12분의 1을 뜻하는 라틴어 uncia에서 나온 것이다). 그리고 12온
스가 1트로이파운드(총 5,760그레인)다.

포괄적으로 상용 방식이라고도 불리는 아부아르뒤푸아 방식은 여
러 차례 변경되었는데, 원래 이 단위계에서 정의된 파운드는 6,992그
레인이다(1온스는 437그레인이고, 16온스가 1파운드다). 상용 방식은 14lb
와 같은 '스톤'이라 불리는 단위도 도입했다. 스톤(돌)은 쉽게 질량
기준으로 사용할 수 있는 사물이었을 것이다. 26스톤은 1양털포대
woolsack 또는 그냥 1포대sack로 간주되었고, 8스톤은 1헌드레드웨이트
가 되었으며, 20헌드레드웨이트는 1톤이 되었다. 약제의 중량을 잴
때는 상용 방식을 사용하면 수가 커지기 때문에 수를 작게 만들기 위
해 약재상 방식을 도입했다. 20그레인이 1스크러플scruple, 3스크러플
이 1드람drachm, 8드람이 1온스, 12온스가 1파운드가 되었다.

세 방식 모두 그레인에서 시작되었듯이 각자 나름의 경로를 거쳐
결국 모두 파운드를 포함하고 있다. 파운드의 어원은 '무게를 나타내
는 파운드'를 뜻하는 라틴어 리브라 폰도libra pondo다. 이 라틴어에서
영국의 '파운드'뿐만 아니라 유럽의 여러 언어에서 화폐나 중량 단위
로 쓰이는 단어들이 생겨났다. 프랑스 화폐 단위 리브르livre, 이탈리아
의 화폐 단위 리라lira와 중량 단위 리브라libra가 대표적인 예다. 영어

권 국가에서도 파운드를 나타내는 약자로 리브라가 여전히 쓰이고 있다. 중량 파운드는 lb로 표시하고 통화 파운드는 £로 표시한다. 뿐만 아니라 리브라는 황도12궁의 별자리나 신문의 운세 코너에 실리는 천칭자리의 '양팔 저울'을 의미한다.

부셸은 파운드와 톤 사이의 단위로서 어떤 때는 부피나 용량의 단위로 사용되기도 하고 어떤 때는 질량의 단위로 사용되기도 하는 흥미로운 단위다. 이런 이중적인 특징을 반영해 미국 단위계에서는 1부셸이 나타내는 질량을 측정 대상물의 종류에 따라 다르게 정하고 있다. 예를 들어 보리 1부셸은 48파운드지만 맥아보리 1부셸은 34파운드다. 하지만 이 경우 둘 다 부피가 아닌 질량 단위로 쓰인 것이다.

고대의 단위

귀금속의 가치는 그것의 무게에 의해 결정될 수 있으므로 화폐와 질량은 분명 연관성이 있다. 성경에 나오는 화폐 단위 '달란트talent'도 근본적으로 질량 측정에서 나온 것이다. 고대 그리스에서 달란톤talanton은 양쪽 손잡이가 달린 항아리를 가득 채운 물의 양으로 대략 26kg이다. 그러므로 금 1달란트는 엄청나게 큰 액수였고, 은 1달란트로 3단짜리 노가 달린 군용선의 선원 200명에게 한 달 월급을 지불할 수 있었다고 한다. 1달란트는 60미나mina, 1미나는 60세겔shekel로 화폐 단위가 더 세분됐다.

구약 성경 다니엘서에 따르면 벨사살의 연회에서 연회장 벽에 "메

네 메네 데겔 우바르신"라는 글이 새겨졌고, 다니엘은 그것을 "측정하
고 무게를 재어 나눈다"라고 해석하고 있다. '데겔'이라는 단어는 세
겔과 같은 어원에서 나온 것으로 '무게를 잰다'는 뜻이다. 이후 세겔은
더욱 세분되어 1세겔이 180그레인이 되었다. 세겔이라는 단어는 오늘
날 이스라엘 화폐 단위인 '신 세켈new sheqel'의 형태로 사용되고 있다.
화폐와 무게와 교역의 연관성은 이처럼 매우 높다.

그레인에서 그램까지

프랑스 혁명 이후 미터법이 도입되면서 길이 측정과 마찬가지로 질
량 측정에 대한 대대적인 개혁이 실시되었다. 새로운 길이 단위계와
어울리는 인간적 척도의 질량 단위계를 찾으려는 노력이 벌어졌다.
프랑스 당국자들은 물이 가장 조밀해지는 온도인 $4°C$일 때 물 1리터
(10cm × 10cm × 10cm인 부피)의 질량을 표준으로 정하기로 합의했다.
황동으로 질량 원기가 만들어졌고 그것을 '킬로그램kilogram'이라 정했
다. 1kg의 1,000분의 1은 물 1cm × 1cm × 1cm의 질량에 해당하며,
이것을 1g이라 불렀다. 킬로그램은 국제단위계에서 아직도 유일하게
백금과 이리듐을 만든 실물 원기를 기준으로 정의되어 있다.*
    간단히 '톤'이라 불리는 미터톤은 전에는 국제단위계에 속하지 않

---

*   하지만 이제 이것도 곧 바뀔 것으로 보인다. 플랑크 상수에 기반을 둔 새로운
     킬로그램의 정의를 도입하려는 시도가 계획 중이다.

았지만 단위계가 확대되면서 지금은 국제 법정단위로 사용된다. 미터톤은 1,000kg과 같은 질량이며 주로 화물을 다룰 때처럼 질량이 매우 큰 경우에 사용한다. 1톤은 한 변의 길이가 1m인 정육면체 모양의 물덩어리가 쌓인 것이라고 생각하면 쉽게 시각화할 수 있다. 시각화를 확대해서 바닥 면적이 4m × 6m이고 깊이가 1m에서 2m로 균일하게 변하도록 바닥이 경사진 수영장은 36톤의 물을 담고 있을 것이다. 변의 길이가 10배씩 늘어나는 세 개의 정육면체를 상상해보라. 한 변이 1cm 정육면체는 무게가 1g이고, 10cm인 정육면체는 1kg다. 한 변이 100cm 즉 1m인 정육면체는 1톤이다. 길이가 10배 늘어나면 부피와 질량은 1,000배 늘어난다. 이것도 제곱-세제곱 법칙을 따른 것이다.

얼마나 짊어질 수 있나

사람은 짐을 얼마만큼 들 수 있을까? 브리티시 항공사는 승객 1인당 수화물을 최대 23kg까지 허용하고 있다. 그것은 건장한 어른이 감당할 수 있는 무게다. 영국 보건안전청 지침에 따르면 허리 높이까지 들어 올릴 수 있는 짐의 최대 무게는 25kg이다. 등짐의 최대 무게로도 같은 수치가 권장된다.

한 사람이 운반할 수 있는 짐의 양은 그 짐이 어떻게 분산되어 있는지에 달려 있다. '파이어맨스 리프트'라 불리는, 한 사람이 다른 사람을 어깨에 들쳐 메어 운반하는 방법은 옮길 대상을 양어깨에 걸쳐 무게를 분산시키고 무게 중심을 운반자의 신체 중심축에 가까이 오게 해서 운반하는 방법이다. 히말라야의 높은 산을 오르는 등반가들을 안내하고 짐을 운반하는 셰르파 부족들은 '남로'라는 이마에 거는 멜빵을 이용해 최대 50kg의 짐을 운반할 수 있고, 어떤 경우에는 자신의 체중보다 더 무거운 짐을 운반한다고 한다. 이 방법도 짐의 무게중심을 운반자의 중심축에 가까이 오게 하는 것이다.

이제 운반이 아니라 짐을 들어올리는 것을 생각해보자. 2004년 아테네 올림픽 역도 경기에서 이란의 호세인 레자자데Hossein Rezazadeh는 264kg을 들어올렸다. 셰르파 부족 한 명이 운반할 수 있는 짐보다 다섯 배 이상 무거운 중량이며, 성인 네 명의 몸무게를 합친 것과 비슷하다. 하지만 역도는 한 번 들어올리는 것이지 장시간 운반하는 것이 아님을 명심하자.

이정표 수
- 보통 사람이 팔로 운반할 수 있는 짐의 최대 무게 = 25kg

일상생활 속 질량

물체의 질량은 길이의 세제곱과 관련되어 있기 때문에 큰 물체의 질량은 과소평가되고 작은 물체의 질량은 과대평가될 수 있다. 여기에도 제곱-세제곱 법칙이 작용한다.

예를 들어 생쥐의 질량(약 20g)은 들쥐 질량(약 200g)의 10분의 1이

고, 들쥐 질량은 토끼 질량(약 2kg)의 10분의 1이고, 토끼 질량은 중간
크기 개의 질량(약 20kg)의 10분의 1이고, 개의 질량은 당나귀 질량(약
200kg)의 10분의 1이고, 당나귀 질량은 코뿔소 질량(약 2t)의 10분의 1
이다.

그러므로 코뿔소의 질량은 생쥐 질량의 10만 배지만 몸길이만 보면
코뿔소는 생쥐의 50배밖에 되지 않는다(각각 약 4m와 80mm).

우리가 쉽게 시각화할 수 있을 만한 몇 가지 인공물의 질량을 알아
보자. 1g이 얼마나 적은 양인지 감을 잡을 수 있도록 작은 것부터 시
작해보자.

- 종이 클립 두 개 — 약 1g
- 아이폰 6 — 약 170g, 아이폰 7 — 약 138g
- 아이패드 에어 2 — 437g
- 노트북 컴퓨터 맥북 — 약 900g
- 전자레인지 — 약 18kg
- 일반 가정용 세탁기 — 70kg
- 오토바이 — 약 200kg
- 승용차 — 800~1,500kg
- 세스나 172 경비행기 — 998kg
- 소형 캠핑카 — 3,500kg
- 중형 트럭 — 약 1만kg = 10t
- 걸프스트림 G550 개인 제트기 — 2만 2,000kg
- 보잉 737-800 제트기 — 약 4만kg (승객을 태우지 않았을 때)

- 국제 우주 정거장 — 약 42만kg
- 에어버스 A380 플러스 여객기 최대 이륙 무게 — 57만 8,000kg
- 여객선 RMS 타이타닉호 — 5,200만kg
- 초대형 항공모함 — 6,400만kg
- 세계 최대 유람선 '하모니 오브 더 시즈' — 2억 2,700만kg

이정표 수
- 중형 승용차: 1,000kg = 1t
- 중형 트럭: 1만kg = 10t
- 중형 비행기: 10만kg = 100t
- 대형 유람선: 1억kg = 10만t

따로 옮겨야 할 필요가 없다면 다음과 같이 훨씬 더 무거운 구조물도 만들 수 있다.

- 건축용 벽돌 — 2kg
- 에펠탑 — 730만kg
- 브루클린 다리 — 1,330만kg
- 엠파이어 스테이트 빌딩 — 3억 3,100만kg
- 부르즈 할리파 — 5억kg
- 쿠푸 피라미드 — 59억kg

초고층 건물인 부르즈 할리파보다 쿠푸왕의 피라미드가 훨씬 더 무거운 이유는 본질적으로 피라미드는 속이 꽉 찬 돌이나 다름없기 때문이다.

킹콩의 몸무게를 재는 법

엠파이어 스테이트 빌딩을 생각하면 그 건물 꼭대기에 매달려 전투기를 쳐내면서 거대한 손에 여자주인공 페이 레이를 움켜잡고 있는 킹콩의 이미지가 떠오른다. 그렇다면 킹콩의 손은 얼마나 거대할까?

인터넷 영화 데이터베이스IMDb는 1933년 만들어진 첫 〈킹콩〉 영화에 사용된 킹콩 모형의 비율에 관한 정보를 일부 제공하고 있다. 이 거대 유인원의 크기는 장소마다 그리고 장면마다 다르게 보인다. 홍보 포스터에는 킹콩의 키가 50피트라고 묘사되어 있었지만 킹콩의 고향 섬 정글을 나타내는 촬영장은 18피트 야수에게 맞는 곳이었다. 킹콩의 손을 근접 촬영하기 위해 만든 모형은 40피트 동물에 맞는 크기였고, 킹콩이 뉴욕 시내를 활보하는 장면에서는 24피트라고 해야 적합했다. 이야기의 시작이 엠파이어 스테이트 빌딩에 매달려 있는 킹콩의 이미지였으므로 엠파이어 스테이트 빌딩과 비율이 맞는 24피트(7.32m)를 킹콩의 키라고 가정하자.

킹콩의 키와 몸무게 비를 계산할 때 서부 고릴라를 모델로 삼는다면 키를 늘린 후 제곱-세제곱 법칙에 따라 몸무게도 늘릴 수 있다. 서부 고릴라 종 가운데 몸집이 아주 큰 고릴라는 키가 대략 1.8m이고 무게는 약 230kg 나간다. 서부 고릴라와 비교하면 킹콩의 키는 네 배 조금 넘는다. 킹콩과 서부 고릴라의 키의 비를 세제곱하면 67.25가 되고, 그 비율에 따라 킹콩의 몸무게를 계산하면 1만 5,500kg보다 조금 작은 값이 나온다. 코끼리의 세 배 정도라는 이야기다.

엠파이어 스테이트 빌딩 장면에 사용된 비행기 커티스 O2C-2 헬다이버는 대략 킹콩 무게의 8분의 1로 2,000kg이 조금 넘기 때문에 킹콩에게 비행기가 우스워 보이는 것도 충분히 가능한 일이다. 하지만 거대한 킹콩도 기관총을 장착하고 있는 전투기 때문에 자신의 키보다 52배나 높은 381m 건물에서 손을 놓쳐 아래로 떨어진다. 뉴욕의 상징적 건물에 비하면 이 거대한 유인원의 질량은 매우 작다. 킹콩의 질량은 엠파이어 스테이트 빌딩 질량의 2만분의 1도 안 된다.

그 외 크고 작은 동물들

10만kg	흰긴수염고래 — 110t
5만kg	북대서양참고래 — 54t
2만kg	혹등고래 — 29t
1만kg	밍크고래 — 7.5t
5,000kg	아프리카 코끼리 — 5t
2,000kg	흰코뿔소 — 2t
1,000kg	기린 — 1t
500kg	북극곰 — 475kg
200kg	병코돌고래 — 200kg
	붉은사슴 — 200kg

100kg	순록 — 100kg
	혹멧돼지 — 100kg
50kg	붉은캥거루 — 55kg
	눈표범 — 50kg
20kg	톰슨가젤 — 25kg
	아프리카 호저 — 20kg
10kg	벌꿀오소리 — 10kg
5kg	검은고함원숭이 — 5kg
2kg	귀천산갑 — 2kg
1kg	인도날여우박쥐 — 1kg

하지만 지구상에 현존하는 가장 큰 생물체는 동물이 아니다. 미국 오리곤 주 블루마운틴 산에 서식하는 꿀버섯Armillaria solidipes은 흰긴수염고래와 미국삼나무조차 난쟁이로 만들어버릴 정도로 거대하다. 꿀버섯은 대부분 지면 아래에서 서식하며 9.6km²가 넘는 땅에 뻗어 있다. 꿀버섯의 나이는 1,900년에서 8,650년 사이이며, 무게는 흰긴수염고래의 다섯 배인 약 500톤으로 추정된다.

가라앉을까, 뜰까?

어떤 것이 물에 뜨고 어떤 것이 가라앉을까? 모든 것은 밀도에 달려 있다. 구체적으로 말해 물체의 평균 밀도가 물의 밀도보다 큰지 작은지에 따라 결정된다.

아이들은 학교 수업 시간에 "깃털 1t과 납 1t 중에 어느 것이 더 무게가 많이 나갈까?"라는 오래된 수수께끼를 들어봤을 것이다. 여기에서 핵심은 두 가지의 무게가 같더라도 납이 더 무거운 것처럼 **느껴지며**, 그것은 납의 밀도가 훨씬 더 크기 때문이라는 사실이다. 같은 부피일지라도 밀도가 높으면 많은 물질이 담겨 있다. 우리가 밀도를 배우는 까닭도 여기에 있다. 우리가 가지고 있는 밀도 감각이 잘못된 것일 수도 있지만 어쨌든 밀도는 존재한다. 밀도는 물체의 질량을 부피로 나눈 복합적인 크기이고 단위는 kg/m^3 같은 '질량 단위/부피 단위' 꼴로 나타낸다.

밀도는 당연히 구체적인 물체에 적용할 수 있지만('이 사과의 밀도는 $0.75g/cm^3$다'처럼) 물질에 대해서도 적용할 수 있다. 밀도는 복합적인 크기다. 즉, 사물이 얼마나 무거운지가 아니라 물질이 얼마나 무거운지를 말하는 방식이다. 그래서 예를 들어, 순금의 밀도는 $19.3g/cm^3$이라고 말한다. 금의 모양이나 양에 종속되지 않으며 단지 부피에 대한 질량의 비로 나타내는 것이다.

앞서 질량에 대해 이야기하면서 우리는 1kg이 물의 최대 밀도 온도인 $4°C$일 때 물 1리터의 질량이라는 것을 알았다. 그 정의로부터 분명한 이정표 수를 얻을 수 있다.

이정표 수
• 물의 밀도는 $1kg/dm^3$ 혹은 1kg/리터 혹은 $1t/m^3$ 혹은 $1g/cm^3$ 이다.

물체나 물질이 물에 뜰지 가라앉을지는 물의 밀도와 비교하면 알수 있다. 어떤 물건을 물에 담그면 그만큼 자리를 빼앗긴 물의 무게가 물체를 위로 밀어낸다. 물체를 위로 밀어내는 힘의 크기는 밀려난 물의 무게와 같다.

철로 만들어진 포탄처럼 물체가 물보다 밀도가 높으면 위로 밀어내는 힘이 너무 부족해서 물체의 무게를 견디지 못해 가라앉는다.* 사과처럼 물보다 밀도가 약간 낮은 물체의 경우, 밀려나는 물의 무게가 물체의 무게와 일치해질 때까지 가라앉는다. 그러므로 물에 뜬 비치볼은 물 위에서 파도를 타는 반면 사과는 물에 거의 잠긴 상태로 살짝 움직일 뿐이다.

빙하의 밀도는 바닷물 밀도의 90%가량이므로 바닷물에 뜬다(바닷물은 순수한 물보다 약 2.5% 더 밀도가 크다). 바닷물에 떠 있는 빙하는 자신의 무게와 같은 양의 물을 밀어내야 하므로 전체 부피의 10분의 1만 수면 위에 모습을 보인다.

발사나무의 경우, 금방 베어내었을 때는 밀도가 물보다 아주 조금 낮기 때문에 물에 거의 뜨지 않는다. 하지만 2주 동안 인공 건조를 시키고 나면 물 밀도의 16%에 달하기 때문에 상당히 잘 뜬다. 노르웨이의 탐험가이자 생물학자 토르 헤위에르달Thor Heyerdahl은 이동에 관한 이론을 입증하기 위해 콘티키Kon-Tiki라 불리는 잘 건조된 발사나무 뗏목을 타고 태평양의 절반을 가로질러 항해했다. 흑단나무나 유창목처

• 이것을 '아르키메데스의 원리'라 부른다. 아르키메데스에 관해서는 나중에 더 다룰 것이다.

■ 사해의 밀도는 일반 물보다 24% 높다. 그래서 사해에서는 누구나 물 위에 뜰 수 있다.

럼 물보다 무거운 나무들은 물에 가라앉을 것이다.

인체의 평균 밀도는 우리가 숨을 쉬는 순간마다 변한다. 인체는 대략 물만큼 무겁다고 할 수 있다. 그러므로 허파에 공기가 없다면 아마 우리는 민물이든 바닷물이든 물속에 가라앉을 것이다. 평상시 허파에 들어 있는 공기의 양이면 바닷물에 뜰 순 있지만 민물에서는 가라앉을 것이다. 민물에서도 떠 있으려면 더 많은 양의 공기가 필요하다. 이스라엘 사해는 많은 양의 염분을 함유하고 있기 때문에 밀도가 일반 물보다 24% 높다. 그래서 사해에서는 누구나 물 위에 뜰 수 있는 것이다.

독한 술

술의 도수는 보통 '전체 용량 중 포함되어 있는 알코올의 농도를 백분율'로 나타낸 것이다. 맥주는 일반적으로 약 5%(흔히 5도라고 말함), 포도주는 10~15%, 진은 40~50% 정도다. 간혹 사람들이 아주 독한 술을 70%프루프proof라고 일컫는 경우가 있는데 이것은 틀린 말이다.

술은 고부가 가치 상품이기 때문에 수백 년 전부터 높은 세금이 부과되었다. 과세하려면 양과 도수를 측정해야 하는데, 도수를 측정하기 위해 영국 해군에서 초기에 사용한 방법은 술에 소량의 화약을 섞어 불을 붙였을 때 바로 점화되는지 확인하는 것이었다. 불이 붙지 않으면 '미달', 바로 점화되면 '적격' 또는 '초과'라고 기준을 정했다.

그러나 과세 담당자들은 단순히 미달이나 초과로 분류하는 것보다 더 세분된 등급을 원했다. 게다가 독한 술 외에 불이 붙지 않는 맥주의 도수도 검사하고 싶어 했다. 오늘날처럼 실험실 검사 기술이 없었기 때문에 밀도를 이용해 검사하는 방법이 사용되었다. 알코올은 물보다 가볍기 때문에(물의 밀도의 약 79%) 검사 대상 음료의 밀도를 측정해서 그 밀도와 알코올 함량을 연관 짓는 척도를 세울 수 있었다. 따라서 술에 불을 붙여 확인하는 점화 실험 결과에 맞추어 밀도가 물의 밀도의 13분의 12가 되는 술의 도수를 '100도 프루프proof'라고 정의 내렸다.[*] 프루프 도수 검사는 액체 비중계를 사용해서 실시되었다. 액

---

[*] 알코올과 물이 50:50으로 혼합되었을 때 대략 4% 정도 부피가 줄어들기 때문에 계산이 조금 복잡하다.

체 비중계는 눈금이 매겨진 낚시찌 같은 장치로 액체 표면 위로 노출된 막대 부분에 눈금이 매겨져 있고, 밑에 달린 표준 금속 원반이 낚시찌를 아래로 누른다. 밀도가 작은 액체(알코올 농도가 높은 액체)는 비중계의 낚시찌가 더 아래로 가라앉을 것이다. 막대의 눈금을 읽으면 프루프로 표현된 밀도 값이 되며, 그 값에 따라 세금을 부과할 수 있었다. 다음은 몇몇 액체의 밀도다.

- 알코올 — $790kg/m^3$
- 올리브 오일 — $800\sim900kg/m^3$
- 원유 — 일정하지 않지만 대략 $870kg/m^3$
- 민물 — $1,000kg/m^3$
- 바닷물 — $1,022kg/m^3$
- 소금물(사해와 염도가 비슷한 소금물) — $1,230kg/m^3$

흘수선Plimsoll line은 배를 물에 띄웠을 때 물에 잠기는 부분을 선체에 표시해 놓은 선으로 화물을 과도하게 선적하지 않도록 확인하는 데 사용된다. 사실 항해하는 바다의 환경에 따라 배의 부력이 달라지기 때문에 흘수선은 하나가 아닌 여러 개의 선으로 표시된다. 흘수선은 다양한 온도와 바닷물과 민물을 구분해 표시할 필요가 있다.

몇몇 다른 물질의 밀도를 살펴보자. 콘크리트가 상대적으로 가볍고, 금속이 암석보다 훨씬 무겁다는 점이 매우 놀랍다. 가벼운 금속 알루미늄과 무거운 화강암의 밀도가 매우 비슷할 것이라 누가 생각했겠는가?

- 중간 콘크리트 — $1,500\text{kg/m}^3$

- 석회석 — $2,500\text{kg/m}^3$

- 알루미늄 — $2,720\text{kg/m}^3$

- 화강암 — $2,750\text{kg/m}^3$

- 철 — $7,850\text{kg/m}^3$

- 구리 — $8,940\text{kg/m}^3$

- 은 — 1만 490kg/m^3

- 납 — 1만 $1,340\text{kg/m}^3$

- 금 — 1만 $9,300\text{kg/m}^3$

- 백금 — 2만 $1,450\text{kg/m}^3$

아르키메데스는 왜 욕조에서 뛰쳐나갔나?

"유레카!" 아르키메데스는 이렇게 소리치면서 욕조에서 뛰쳐나와 벌 거벗은 채로 거리를 달렸다. 유레카는 '알아냈다'라는 말이다. 아르키 메데스는 무엇을 알아냈고, 그것이 왜 중요했을까?

단순히 욕조에 들어갔을 때 물이 상승해서 욕조 밖으로 흘러넘친다 는 사실을 알아낸 것이 아니다. 아르키메데스는 그 사실이 밀도를 정 밀하게 측정하는 데 사용될 수 있음을 깨달은 것이었다. 물을 가득 채 운 용기에 어떤 물건을 담갔을 때 흘러넘치는 물의 양(배수량)은 그 물 체의 부피와 같다. 아르키메데스는 상당히 정밀하게 물체의 무게를 잴 수 있는 장비를 전부터 가지고 있었고, 이제는 물을 이용해 복잡한 형태를 지닌 불규칙한 물체의 부피도 측정할 수 있으므로 밀도를 계산하는 데 필요한 것을 모두 확보한 것이었다.

아르키메데스는 이 원리로 왕관이 순금으로 만들어졌는지, 아니면 금세공인이 금의 일부를 은으로 바꿔치기했는지 알아내라는 시라쿠사의 왕 히에론이 낸 과제를 해결했다. 앞서 나열한 밀도를 보면 알 수 있듯이 금의 밀도는 은의 거의 두 배이기 때문에 엄밀한 정확성이 필요하지도 않았을 것이다. 금 세공인이 금의 4분의 1만 은으로 바꿔치기해도 왕관의 부피는 21% 더 커지기 때문에 아르키메데스는 바로 그 차이를 알아차릴 수 있었을 것이다.

1톤의 무게가 나가는 것은?

1g에서 1kg까지

1g	일본 1엔 동전 — 1g
2g	미국 1센트 동전 — 2.5g
5g	미국 25센트 동전 — 5.67g
10g	영국 1파운드 동전 — 9.5g
20g	생쥐 — 17g
50g	허용 가능한 가장 무거운 골프공 — 45.9g
100g	알칼리 전지 D — 135g
200g	아이폰6 — 170g
500g	아이패드 에어 — 500g
1kg	중간 크기 파인애플 — 900g

1kg부터 1,000kg(1t)까지

1kg	사람의 뇌 — 1.35kg
2kg	벽돌 한 장 — 2.9kg
5kg	어른 수컷 샴 고양이 — 5.9kg
10kg	크기가 큰 수박 — 10kg
20kg	허용 가능한 가장 무거운 컬링스톤 — 20kg
50kg	플라이급 복싱 선수 체중 상한선 — 50.8kg
100kg	타조 — 대략 110kg
200kg	오토바이 — 200kg
500kg	어른 순종 경주마 — 570kg
1,000kg	경비행기 세스나 172 — 998kg

1,000kg부터 100만kg까지(1t에서 1,000t까지)

1,000kg	MQ-1 프레데터 원격조종 비행기 — 1,020kg
2,000kg	어른 수컷 바다코끼리 — 2,000kg
5,000kg	어른 수컷 아프리카 코끼리 — 5,350kg
1만kg	아폴로 달 착륙선 — 1만 5,200kg
2만kg	아폴로 사령선 — 2만 8,800kg
5만kg	걸프스트림 G650 비즈니스 제트기 — 4만 5,400kg
10만kg	M1 에이브럼스 탱크 — 6만 2,000kg
20만kg	흰긴수염고래 — 19만kg
50만kg	스페이스X 펠컨 9 발사로켓 — 54만 2,000kg
100만kg	가장 큰 레드우드 나무 — 120만kg

100만kg 이상(1,000t 이상)

200만kg	최저 2m 깊이의 올림픽 수영경기장 물 — 250만kg
500만kg	지구 주변을 공전하고 있는 우주쓰레기 — 550만kg
1,000만kg	브루클린 다리 — 1,332만kg
2,000만kg	연간 전 세계에서 생산되는 은 — 2,600만kg
5,000만kg	타이타닉 호 — 5,200만kg
1억kg	초대형 항공모함 — 6,400만kg
2억kg	엠파이어 스테이트 빌딩 — 3억 3,100만kg
5억kg	TI 클래스 초대형 유조선 원유 용량 — 5억 1,800만kg
10억kg	샌프란시스코 금문교 — 8억 500만kg
20억kg	후버 댐 — 24억 8,000만kg
50억kg	기자 대 피라미드 — 59억kg
100억kg	영국 호수 지방 버터미어 호수 물 — 150억kg
200억kg	영국 호수 지방 배슨스웨이트 호수 물 — 280억kg
500억kg	영국 호수 지방 하웨스워터 저수지 물 — 850억kg
1,000억kg	영국 잉글랜드 러틀랜드 호수의 물 — 1,240억kg
2,000억kg	런던의 저수지에 저장된 물 — 2,000억kg
5,000억kg	지구상의 모든 인간 — 3,580억kg
1조kg	지구상의 모든 육지 포유동물 — 1조 3,000억kg
2조kg	연간 세계 강철 생산량(2014년) — 1조 6,650억kg
5조kg	연간 세계 원유 생산량(2009년) — 4조kg
10조kg	연간 세계 석탄 생산량(2013년) — 7조 8,200억kg
	추류모프–게라시멘코 혜성(로제타 혜성) — 10조kg
20조kg	포르펙 댐 저수지 물 — 23조kg
100조kg	레이크 제네바 호수 물 — 89조kg
200조kg	핼리 혜성 — 220조kg

500조kg	지구 전체 바이오매스 — 560조kg
1,000조kg	지구 대기 중에 저장된 탄소 — 720조kg
2,000조kg	화성 위성 데이모스 — 2,000조kg
5,000조kg	세계 석탄층에 저장된 탄소 — 3,200조kg
1경(10^{16})kg	화성 위성 포보스 — 1경 800조kg (1.08×10^{16}kg)
2경kg	북아메리카 오대호 물 — 2경 2,700조kg (2.27×10^{16}kg)

속도를 올리다

속도에 값을 매기다

다음 중 가장 빠른 것은?

☐ 인간 동력 비행기의 최고 속도

☐ 기린의 최고 속도

☐ 인간 동력 수상 기구의 최고 속도

☐ 백상아리의 최고 속도

블루 리밴드

1952년 7월 15일 여객선 SS 유나이티드 스테이트가 로우워 뉴욕 만의 앰브로스 등대선에 도착했다. 이 여객선은 평균 속도 34.51노트(약 시속 64km)로 3일 12시간 12분 만에 대서양 횡단을 해냈고, 유럽에서 출발해 가장 빠른 속도로 북대서양 횡단을 마친 여객선에게 주어지는 비공식 명예상인 블루 리밴드Blue Riband를 거머쥐었다. 그전에는 RMS 퀸 메리가 14년 동안 블루 리밴드 타이틀을 유지하고 있었는데, SS 유나이티드 스테이트가 그 기록을 깬 것이다. 게다가 SS 유나이티드 스테이트는 블루 리밴드의 엄격한 기준에 부합하여 타이틀을 거머쥔 마지막 여객선으로 남아 있다. 블루 리밴드는 대서양 횡단 여객 산업에서 경쟁을 벌이는 해운 회사들에게 최고의 영예였다. 수익성이 높은 대서양 횡단 여객선들은 모두 호화롭기 그지없었다. 그 시기에 기술이 비약적으로 발전하면서 여객선들은 점점 빠른 속도를 낼 수 있었고, 운항 속도가 8.5노트(약 시속 16km)에서 30노트 이상으로 빨라지면서 횡단 소요 시간은 대략 2주에서 3~4일로 줄어들었다.

아이러니하게도 여객선들의 경쟁을 부추긴 상업적 압박으로 인해 오히려 경쟁이 자연스럽게 사라졌다. 1927년 미국 비행기 조종사 찰스 린드버그Charles Lindbergh가 대서양 횡단 비행에 성공했고, 1938년 최초의 상업용 비행기가 대서양을 건너게 된 것이다. 1939년 미국 항공사 팬 아메리칸 항공이 뉴욕과 프랑스 마르세유 간 정기 운항을 시작했고, 같은 해 뉴욕과 영국 사우샘프턴 사이에 항공 노선을 열었다. 그 당시 대서양을 횡단하는 데 걸리는 비행시간은 대략 30시간이었다. 제2차 세계대전이 끝나고 1947년, 팬 아메리칸 항공이 뉴욕과 런던 사이 정기 운항을 시작함으로써 사실상 블루 리밴드 경쟁이 종식되었다. 비행기를 타면 반나절이면 대서양을 건널 수 있는 돈을 가진 사람들에게 3일 하고도 12시간은 너무 긴 시간이었기 때문이다. 현재 북대서양을 가장 빨리 횡단한 기록을 가지고 있는 여객선은 피오르드 캣(캣 링크5)으로, 1998년 미국에서 출발해 평균 속도 41.3노트(시속 76.5km)로 2일 20시간 9분 만에 대서양을 건넜다고 한다.

속도 측정

우리는 빠른 속도에 열광한다. 올림픽 육상경기에서 우사인 볼트가 달리는 속도든, 현재 계획 중에 있는 블러드하운드 SSC의 세계 지상 차량 최고 속도 도전이든, 영국 테니스 선수 앤디 머리Andy Murray의 서 브 속도든, 우리는 빠른 속도를 대단하다고 여기는 경향이 있다. 또한 "시간은 금이다"라는 말에서도 속도를 중요시하는 경향을 엿볼 수 있 다. 실제로 블루 리밴드 경쟁이 보여줬듯이 20세기에 속도는 진보의 동의어나 다름없었다.

속도는 복합적이다. 속도를 구하려면 이동한 거리에 해당하는 공간 적 크기를 측정하고 그것을 이동하는 데 걸린 시간으로 나누면 된다. 즉, 거리를 시간으로 나눈 것이 속도다. 따라서 프린터 속도는 시간당 인쇄 페이지 수로, 데이터 전송 속도는 초당 전송된 비트 수로, 드러머 의 속도는 분당 드럼 스틱을 두드린 횟수로 측정한다. 이 장에서는 시 간당 거리라는 기본적인 속도의 정의에 초점을 맞춰 이야기할 것이다.

우리가 속도 단위로 사용하는 것은 대개 '단위 시간당 단위 거리' 형태지만 항상 그렇지는 않다. 위에서 언급한 블루 리밴드 속도 기록 이 '노트knot'로 표현되어 있듯이 전통적으로 배의 운항 속도는 노트로 나타낸다. 과거에는 물을 기준으로 배가 움직이는 상대적 속도를 측 정하기 위해 통나무에 줄을 매달아 바다에 던졌다. 배가 움직이면 감 긴 줄이 풀리면서 물에 던져진 통나무는 뒤로 남겨진다. 줄에는 8패 덤 간격으로 매듭knot이 묶여 있는데 30초간 배가 움직이는 동안 풀린 줄의 매듭수를 세면 속도가 구해진다. 그래서 배의 속도는 자연스럽게 '노트'를 단위로 사용하게 되었다. 매듭 간격과 매듭수를 세는 기준 시간을 계산하면 1노트는 시속 1해리˙와 같다. 이 방식으로 속도를 측정하려면 두 종류의 측정이 필요하다. 하나는 매듭의 수를 세는 것이고 다른 하나는 초 단위로 시간을 측정하는 것이다. 이와 같이 속도는 두 측정치의 비다.

바람처럼 빠르게

BBC 라디오에서 나오는 해상기상 예보 내용은 보통 다음과 같다.

바이킹, 노스우트시레, 사우스우트시레 해상에 남동풍이 4 또는 5에서 6 또는 7로 거세지겠고, 남풍으로 바뀌면서 4 또는 5의 바람이 불겠습니다. 안개는 양호하다가 조금 끼거나 나빠지겠습니다.

해상기상 예보는 바이킹, 노스우트시레, 사우스우트시레 등의 서비스를 제공하는 해역과 바람 상태, 강수량, 시정visibility을 나열한다. 바람 상태는 풍향(위 예의 경우 처음에는 '남동풍'이 붐)과 바람의 세기('4 또는 5')를 포함한다. 그런데 '4 또는 5'에서 '6 또는 7'로 커지는 바람은

• 해리는 위도선을 바탕으로 한 거리 단위다. 북쪽이나 남쪽으로 위도선을 따라 곧장 1° 거리를 항해한다면 60해리를 간 것이 된다. 따라서 1해리는 극점에서 적도까지 90등분한 거리의 60분의 1이다. 다시 말해 극점에서 적도까지 거리의 5,400분의 1이 1해리다. 1해리는 2km보다 조금 짧은 거리다.

얼마나 강한 바람일까?

바람의 등급은 1805년 프랜시스 보퍼트^{Francis Beaufort}가 풍속 측정을 표준화하려는 목적으로 도입한 척도에 따라 정해진다. 이 척도는 찰스 다윈이 탔던 HMS 비글호의 항해에서 처음 사용되었는데, 명확한 측정 없이 관측되는 자연 현상을 기반으로 한다는 점이 주목할 만하다. 물론 지금은 척도의 각 등급에 해당하는 구체적인 풍속이 정해져 있다.

바람의 세기는 다음과 같이 요약할 수 있다.

바람세기와 분류	바다 상태	속도	
		노트	km/h
0 **고요**Calm	수면이 거울처럼 평평하다.	〈1	〈1
1 **실바람**Light air	물결이 작고 물거품이 없다.	1~3	1~5
2 **남실바람**Light breeze	물결이 잘게 일고 물마루가 부서지지 않는다.	4~6	6~11
3 **산들바람**Gentle breeze	물결이 커지고 흰 물결도 간간이 나타난다.	7~10	12~19
4 **건들바람**Moderate breeze	작은 파도가 일고 물마루가 부서진다.	11~16	20~28
5 **흔들바람**Fresh breeze	파도가 조금 높아지고 물보라가 생기기 시작한다.	17~21	29~38
6 **된바람**Strong breeze	흰 파도가 나타나고 파도의 파장이 길어지며 물보라가 바람에 날린다.	22~27	39~49
7 **센바람**High wind	파도가 높아지고, 물거품이 생겨 줄을 이룬다.	28~33	50~61
8 **큰바람**Gale	제법 높은 파도가 일고, 물보라가 바람에 날린다.	34~40	62~74

9 큰센바람 Severe gale	파도가 아주 높고, 물마루 끝이 구부러지며 물보라가 날려 시정이 나빠진다.	41~47	75~88
10 노대바람 Storm	파도가 몹시 높고 바다가 크게 일렁인다. 넓게 형성된 물거품으로 바다가 하얗게 된다.	48~55	89~102
11 왕바람 Violent storm	파도가 대단히 높고 길게 줄지은 물거품이 바다를 대부분 뒤덮는다.	56~63	103~117
12 싹쓸바람 Hurricane	거대한 파도가 일고, 바다는 온통 하얀 물거품과 물보라로 가득 찬다.	64 +	117 +

보통 허리케인이라고 말하는 싹쓸바람은 64노트(시속 118km)가 넘는 바람으로 정의되지만, 더 세분될 수 있다. 1971년 허버트 새퍼Herbert Saffir와 로버트 심슨Robert Simpson이 풍속을 기반으로 허리케인의 등급을 세분하는 척도를 개발했다.

등급	관측	속도	
		노트	**km/h**
1	손상되는 것이 생기고, 지붕 타일이 날아간다.	64~82	118~153
2	광범위한 손상이 발생한다.	83~95	154~177
3	심각한 손상이 발생한다. 작은 가옥에 손상이 일어난다.	96~112	178~208
4	끔찍한 손상이 일어난다. 작은 가옥의 기능이 마비된다.	113~136	209~251
5	끔찍한 손상이 일어난다. 거의 대부분의 구조물이 피해를 입는다.	137+	252+

제한 속도

철도가 처음 영국에 도입되었을 때 사람들 사이에서는 빠른 속도가 건강에 해롭지 않을까 하는 두려움이 일었다. 도입 당시에는 시속 50마일 이상이면 신체가 견딜 수 있는 속도를 초과한다고 여겼다. 빠른 속도로 이동할수록 사고 위험이 커지기 때문에 빠른 속도가 건강을 해친다는 말에도 일리는 있다. 그래서 도로와 철도에서는 속도가 제한된다. 하지만 어떤 경우에는 제한 속도가 임의적으로 정해지는 것이 아니라 속성에 의해 정해지기도 한다.

소리는 매개체(주로 공기)를 통해 퍼져나가는 진동인데, 진동의 전달 속도는 매개체의 속성에 따라 달라진다. 이것이 단위 없이 속도를 나타내는 '마하Mach' 시스템을 정의하는 바탕이 된다. 마하는 간단히 말해 탈것의 속도와 현장 음속의 비인데 대개 비행기의 속도를 나타내는 데 사용하지만 지상 최고 속도에 도전하는 '자동차'에도 쓰일 수 있다. 흔히 음속은 1,236km/h라고 말하지만 사실 기온과 고도에 따라 변한다. 하지만 실제 속도가 얼마든 간에 마하로 나타내면 음속은 항상 1마하라고 말할 수 있다.

우리가 알고 있는 절대적인 속도가 하나 있다. 바로 빛의 속도다.•
아인슈타인은 어떤 물체의 속도가 빛의 속도에 근접할수록 그 물체의

• 빛의 속도는 진공 상태일 때 빛의 속도를 말한다. 음속과 마찬가지로 빛의 속도도 빛이 통과하는 매개체에 따라 달라지지만 절대 진공일 때보다 더 크지 않다.

가속도가 점점 떨어진다는 것을 증명했다. 추가적인 힘이 아무리 가해지더라도 빛의 속도보다 더 빨라질 수는 없는 것이다. 빛의 속도는 물리 상수로부터 자연스럽게 발생했고 어떤 가정이나 임의적인 정의가 필요하지 않다는 점에서 자연적인 속도 단위로 여겨질 수 있다.

이정표 수

- 음속 ― 1,236km/h
- 광속 ― 10.8억km/h 또는 3억m/s

블루 버드, 블루버드, 블러드하운드

1924년 말콤 캠벨Malcolm Campbell은 영국 웨일스 남해안 카마던 만에 접한 펜다인 해변 모래사장 위에서 시속 235km 이상으로 선빔Sunbeam 자동차를 몰아 자동차 최고 속도 기록을 깼다. 이어서 그는 블루 버드 Blue Bird라 불리는 자동차와 선박으로 지상과 수상에서 최고 속도를 갱신했다. 그의 마지막 기록은 1935년 미국 유타 주 보네빌 소금 평원을 달릴 때 세운 것으로 약 시속 485km이었다.

　말콤 캠벨의 아들 도널드 캠벨Donald Campbell은 아버지의 뒤를 이어 1964년 블루버드Bluebird CN7라고 불리는 자동차로 시속 648.73km의 속도를 냄으로써 자동차 최고 속도 기록을 갱신했다. 도널드는 같은 해 12월 31일 수상비행기 블루버드 K7으로 시속 444.71km를 기록하면서 수상 최고 속도 기록도 깼다.

그러나 1967년 1월 4일 도널드 캠벨은 잉글랜드 호수 지방의 코니스톤 워터에서 블루버드 K7으로 시속 480km를 내려고 시도하다가 사망했다. 선체와 그의 사체는 여러 해가 지난 2000년 10월과 2001년 5월 사이에 수습되었다.

현재 세계 최고의 속도 기록은 스러스트 SSC[ThrustSSC]라 불리는 자동차가 가지고 있다. 이것은 1997년 10월에 세워진 기록으로, 스러스트 SSC는 시속 1,228km로 1마일 이상을 달렸다. 지상에서 음속을 넘는 속도를 낸 것은 그때가 처음이었다. 그 기록을 세운 자동차 운전자 앤디 그린[Andy Green]은 시속 1,690km를 내는 것을 목표로 제트엔진과 로켓 엔진을 장착한 블러드하운드 SSC[Bloodhound]로 새로운 도전을 준비하고 있다.

이정표 수
- 자동차 속도 세계 기록 ― 1,228km/h

종단 속도

물체를 떨어뜨리면 중력이 작용해서 떨어지는 물체가 가속된다. 하지만 공기 저항이라는 반대 힘도 작용한다. 중력은 모든 물체에 거의 일정하게 작용하고 물체의 질량에 비례하는데, 공기 저항은 물체의 표면적뿐만 아니라 공기 중을 통과하는 이동 속도의 제곱에도 비례한다. 따라서 물체의 속도가 증가하면 아래로 작용하는 힘은 일정하지만 위로 작용하는 힘은 더 커지므로 가속도가 떨어진다. 가속도가 감소하다보면 어느 순간 아래로 작용하는 힘과 위로 작용하는 힘이 서로 균형을 이루는 제한 속도에 이르게 되어 더 이상 가속되지 않는다. 이것이 물체의 종단 속도terminal velocity다. 종단 속도는 공기와 접하는 물체의 단면적과 공기의 밀도에 영향을 받는다.

사람들은 흔히들 엠파이어 스테이트 빌딩 꼭대기에서 동전 하나를 떨어뜨리면 가속도가 붙어 사람도 죽일 수 있다고 말한다. 특이한 경우가 아니라면 이 말은 사실이 아니다. 높은 곳에서 떨어지는 동전의 종단 속도는 100km/h를 조금 상회하는 정도다. 그 속도로 멍이 들게 할 수는 있지만 심각한 손상을 일으키지는 않는다.

독수리처럼 팔을 활짝 펼친 자세로 자유 낙하를 하는 스카이다이버는 낙하한 지 약 12초 후 200km/h의 종단 속도에 도달한다. 스카이다이버가 팔다리를 좁혀 공기에 접하는 면적을 줄이면 종단 속도는 대략 300km/h까지 높아지며, 모든 노력을 기울여 공기 저항을 최대한 줄이면 500km/h까지 높일 수 있다. 스카이다이빙 마지막 단계에서 낙하산이 제대로 펼쳐지면 거대한 낙하산 면적에 의해 종단 속도가 20km/h로 순식간에 떨어지고 스카이다이버는 안전하게 착륙할 수 있게 된다.

탈출 속도

발사체가 지구(또는 다른 행성이나 달, 다른 천체 등등)의 중력 영향권에서 벗어나기 위해 도달해야 하는 속도를 탈출 속도escape velocity라고 한다. 발사체가 지구 중심에서 멀리 벗어날수록 잡아당기는 힘은 감소한다. 만일 탈출 속도보다 느린 속도로 출발하면 결국에는 중력에 의해 도로 떨어질 것이고 탈출 속도보다 빠르면 지구 중력과의 힘겨루기에서 승리하게 되는 것이다.

지표면에서 탈출 속도는 대략 초속 11.2km, 또는 시속 4만km다. 지구보다 중력이 약한 달에서 탈출하려면 대략 시속 8,600km의 속도가 필요할 것이다.

공전 속도

인공위성을 지구 궤도로 쏘아 올리고 우주 비행사를 국제 우주 정거장으로 보내는 로켓은 두 가지 기준을 충족해야 한다. 첫째, 원하는 고도의 궤도에 도달할 수 있도록 충분히 높이 올라갈 수 있어야 한다. 둘째, 원하는 높이에 도달하면 궤도를 유지할 수 있게 충분히 빨리 움직여야 한다.

이른바 지구 저궤도라 불리는, 지상으로부터 고도 200km인 궤도에서 공전 속도orbital velocity는 시속 2만 8,000km 이상이어야 한다. 국제 우주 정거장은 지상 400km 고도에서 시속 2만 7,600km로 지구 둘레

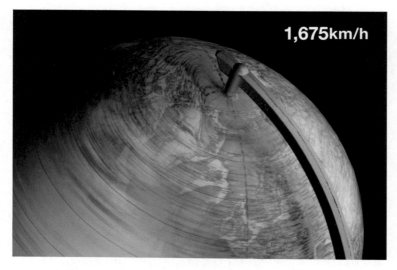

1,675km/h

■ 지구는 얼마나 빠른 속도로 돌고 있을까?

를 공전하고 있다. TV 위성이 사용하는 것과 같은 정지 궤도는 대략 지상으로부터 3만 6,000km 높이에 있으며, 저궤도에서보다 조금 느린 시속 1만 1,160km가 필요하다.

빠르게 더 빠르게

다음은 느린 속도부터 빠른 속도까지 다양한 속도를 나열한 것이다.

- 달팽이는 한 시간에 약 10m를 움직인다 즉. 달팽이의 속도는 0.01km/h다.

- 느리지만 꾸준히 움직이는 거북이는 보통 시속 0.5km로 이동하지만 시속 1km까지도 낼 수 있다.
- 사람이 평지를 편안하게 걸을 때 보통 시속 5km다.
- 2016년 기준 세상에서 가장 빨리 달리는 사람은 우사인 볼트다. 그가 2009년 베를린 대회 100m 달리기에서 60~80m 구간을 통과할 때 순간 속도는 시속 44.7km이었다.
- 말은 시속 45km 이상의 속도로 달릴 수 있다.
- 상태가 좋은 도로에서 자동차는 평균 시속 100km로 달릴 수 있다.
- 일본의 초고속 열차는 시속 320km로 달리며, 프랑스 고속철도 테제베^{TGV}도 마찬가지다. 특히 테제베는 시험 운행에서 시속 570km까지 도달했다.
- 여객기는 시속 850km로 이동한다.
- 우리가 가만히 서 있는 동안에도 지구는 자전축을 기준으로 시속 1,675km의 속도로 회전하고 있다. 다행히 우리를 둘러싸고 있는 대기도 같은 속도로 함께 움직이고 있다.
- 콩코드 여객기의 운항 속도는 시속 2,140km에 달했다.
- 군사용 실험 비행의 최고 속도는 시속 3,500km를 기록했다.
- 지구 궤도에 진입하기 위해 로켓은 7.9km/s = 2만 8,440km/h의 속도에 도달해야 한다.
- 지구는 일 년 동안 태양 주위를 10억km 이동하는데, 이것은 태양에 대한 상대 속도가 30km/s = 10만 7,000km/h이라는 말이다.
- 태양은 우리은하 안에서 주변 별들에 대한 상대 속도 7만km/h로 이동하고 있다.

- 태양과 태양 주변 별들은 지구 시간으로 2억 2,500만 년을 주기로 우리은하를 공전하고 있다. 그 공전 주기를 은하년galatic year라고 한다. 다시 말해, 태양계는 시속 79만 2,000km로 우리은하 중심부 둘레를 회전하고 있는 것이다.
- 가장 빠른 속도는 우주의 궁극적 제한 속도인 빛의 속도로 약 시속 10억km다.

되짚어보는 시간

필립 글래스^{Philip Glass}가 작곡한 오페라 〈해변의 아인슈타인〉은 수로 가득하다. 이 오페라의 여러 장에서 성악 부분은 단순히 숫자들을 암송하는 것으로 구성되어 있다. 예를 들어 이런 식이다.

일, 이, 삼, 사

일, 이, 삼, 사, 오, 육

일, 이, 삼, 사, 오, 육, 칠, 팔

일, 이, 삼, 사

일, 이, 삼, 사, 오, 육

일, 이, 삼, 사, 오, 육, 칠, 팔

일, 이, 삼, 사

일, 이, 삼, 사, 오, 육

―, 이, 삼, 사, 오, 육, 칠, 팔

첫 장은 무릎 공연^{Knee Play}으로 전개되는데 작품이 끝날 때까지 네 차례의 무릎 공연이 더 진행된다. 무릎 공연은 막간 틀을 잡아주면서 네 개의 주요 막을 서로 연결해주는 짧은 장면인데 장면 변화를 알리는 실용적인 역할과 중요한 요소들 사이를 연결해주는 접합부 역할을 동시에 한다.

지금 이 부분도 이 책의 '무릎 공연'이라고 생각하면 된다. 이 무릎 공연은 서로 밀접하게 연관된 두 부분으로 구성되어 있다. 전반부에서 실생활에서 실제로 만나는 수의 가변성과 분포에 대해 살펴보았다면, 후반부는 이 세상의 범위를 뛰어넘는 수를 이야기하기 위한 준비 과정이다. 후반부에서는 큰 수를 다룰 때 사용할 수 있는 다섯 전략 중 마지막인 로그 척도에 대해 전반부와 연관 지어 설명할 것이다.

자연 그대로의 수

가변성과 분포

수 발견하기 게임

어린 시절을 남아공에서 보낸 나는 장거리 자동차 여행을 할 때마다 차 안에 앉아 있는 것이 지루하면 머릿속으로 게임을 하곤 했다. 주변에 지나가는 자동차 중 번호판 첫 숫자가 1인 것을 찾는 것이다. 1로 시작하는 자동차를 발견하면 2로 시작하는 차를 찾는다. 그 다음 차례대로 3, 4,…로 시작하는 자동차를 찾는 것이다. 9까지 가면 당연히 두 자리 수로 넘어간다. 그래서 다음으로 찾을 수는 10, 11…이 된다. 이런 식으로 계속해서 수가 커질수록 게임은 더 어려워지고 수를 찾았을 때의 만족감도 더 커진다. 숫자 1을 얼마나 많이 찾아냈는지 정확히 기억나지는 않지만 백 단위였음은 분명하다.

자동차 번호 앞자리 수 10을 발견하는 것이 1을 발견하는 것보다 더 어렵다는 것은 명백한 사실이다. 그런데 놀라운 것은 9를 발견하는 것도 1보다 훨씬 어렵다는 사실이다. 그 이유는 자동차 등록 사무소에서 순차적으로 수를 할당하기 때문이다. 등록 번호에 1을 사용하지 않고 9를 먼저 할당하는 곳은 없다. 최소한 1로 시작하는 수 11개(1,

11~19)가 먼저 할당되어야 9로 시작하는 두 자리 수가 할당될 수 있기 때문에 9로 시작되는 번호판은 1로 시작되는 번호판보다 결코 많을 수가 없다. 같은 원리에 의해 9로 시작되는 번호판은 5로 시작되는 번호판보다 적을 수밖에 없고 5로 시작되는 번호판도 1로 시작되는 번호판보다 적다. 이렇듯이 자동차의 앞자리 수는 항상 작은 수가 더 많이 차지한다.

벤포드 법칙

어릴 적에는 몰랐지만 이것은 첫 자리 숫자에 따른 수의 분포를 기술한 벤포드 법칙Benford's law이 실생활에서 나타난 현상이었다. 벤포드 법칙은 첫 자리 숫자가 작을수록 더 많이 분포되는 현상을 수치로 나타내어 수학적으로 설명한다. 벤포드 법칙을 따르면 첫째 자리 숫자가 1인 수는 대략 30%고, 9로 시작되는 수는 고작 4%가량이다. 놀라운 사실은 실생활에서 접하게 되는 많은 수들이 이 법칙을 따른다는 것이다.

　벤포드 법칙은 회계 조작을 검사하는 방법으로 사용될 만큼 일반적이고 규칙적이다. 회계에 능숙하거나 벤포드 법칙에 대해 알고 있는 사람이 아니라면 회계 장부를 조작하기 위해 수를 만들어낼 때 자연적으로 일어날 수 있는 것보다 인위적인 수치를 더 많이 만들 가능성이 크다. 예를 들어 7로 시작하는 수를 만들어낸다고 하자. 벤포드 법칙에 의하면 7로 시작하는 수는 5.8%에 불과하다. 만약 어떤 회사의 회계 장부를 분석하거나 한 국가의 투표 통계를 분석했을 때 7로 시작하는 수가 5.8%보다 훨씬 많이 나오면 수치 조작을 의심해봐야 한다.

벤포드 법칙 검증하기

IsThatABigNumber.com에 수록된 수치 자료들은 순전히 다른 수들을 구체적으로 이해하기 위한 것들이다. 다시 말해, 수 자체의 성질 때문이 아니라 좋은 비교 대상이 되기 때문에 선택된 수들이다. 예를 들어 야구 방망이처럼 규격이 정해진 일상적인 물건의 길이나 에펠탑 같은 유명한 건물이나 구조물의 높이, 전 세계 코끼리 수 같은 개체수와 관련 있을 것이다. 이 책의 웹 사이트에 수집해놓은 자료는 우리가 찾고 싶어 하는 다양한 수치를 포함하고 있으며, 가공되지 않은 야생 상태의 수를 모아놓은 집합이라고 할 수 있다.

 나는 이러한 수치 자료를 이용해서 벤포드 법칙을 검증해서 다음과 같은 결과를 도출했다.

앞자리 숫자	벤포드 법칙에 따르면	내가 찾은 수
1	30%	28%
2	18%	16%
3	12%	13%
4	10%	11%
5	8%	9%

6	7%	7%
7	6%	7%
8	5%	5%
9	4%	4%

정확히 맞아떨어지지는 않지만, 다양한 출처에서 수집한 데이터들을 특정한 범주 구분 없이 섞었는데도 어느 정도 규칙성을 보인다는 점이 놀랍다.

한 가지 알아두어야 할 것은 수학자는 수에 대해 생각할 때 마치 실험실 환경에서 연구하듯이 한다는 것이다. 그는 만들려고 하는 어떤 수라도 구성하고 연구할 수 있다. 그리고 그렇게 만들어진 수는 완벽한 표본이 될 것이다. 우리는 자연수가 중단되지 않고 무한히 계속 이어진다는 것을 알고 있다. 그리고 900과 901 사이의 실수들은 100과 101 사이의 실수와 똑같이 빽빽이 차 있다는 것도 알고 있다. 뿐만 아니라 π는 소수로 나타내었을 때 끝이 없는 무한소수이지만 엄밀한 하나의 수라는 사실도 알고 있다.

그러나 모든 수가 가능하고 모든 수가 완벽한 플라톤의 이데아 세계 속 수가 아니라 우리가 실제로 사물의 수를 세거나 크기를 측정할 때 마주하게 되는 실생활 속의 수를 생각해보자. 우리는 수가 커질수록 접할 확률이 낮아진다는 것을 이제 알게 되었다. 예를 들어 728조 1,671억 9,861만 2,003이라는 수를 써보는 일은 별로 없을 것이다. 그리고 이보다 더 큰 수는 말할 것도 없다. 그러므로 자연 그대로의 수는 큰 수일수록 등장 확률이 '희박'해진다고 볼 수 있다. 어쩌면 이 말은 이상하게 들리고 혼란스러울 수 있지만 큰 수를 이해하기 위한 중요한 개념이기 때문에 나중에 다시 이야기할 것이다.

비슷한 크기의 수로 구성되어 있어 분포 범위가 좁은 수 집합에는 벤포드 법칙이 적용되지 않는다. 예를 들어 사람들의 키를 표본으로 하는 수 집합에서 첫째 자리 숫자를 생각해보자. 미터 단위로 키를 측정한다면 대부분 첫 숫자는 1일 것이다. 피트 단위로 측정한다고 해도 대부분은 5나 6으로 시작하고 4나 7로 시작하는 사람은 아주 극소수일 것이다. 그러나 가장 큰 수와 가장 작은 수가 100배 이상 차이 나는 수 집합에서는 일반적으로 벤포드 법칙이 성립한다.

1과 1,000 사이 수의 분포

IsThatABigNumber.com의 데이터베이스에 수가 저장되는 방식은 다음과 같다. 수는 두 부분으로 구성되어 있다. 하나는 1에서 1,000까지 범위에 있는 **유효숫자**다. 전형적으로 세 개의 숫자로 나타낸다. 다른 하나는 일(1), 천(1,000), 백만(1,000,000), 십억(1,000,000,000) 등등 1,000의 거듭제곱수로 이루어진 **크기 변환 단위**들이다. 데이터베이스에 있는 수에서 1,000의 거듭제곱수를 무시하고 유효숫자만 고려하면 1과 1,000 사이 수만 남는다. 나는 이 수들의 분포를 조사했다.

이것은 벤포드 법칙과 비슷한 형태지만 십진법으로 표현된 수의 첫 숫자(1~9)가 아닌 1,000진법으로 표현된 수의 첫 숫자(1~999)에 대한 분포를 조사한다는 점이 다르다. 처음에 1로 시작되는 수(예: 그레이트

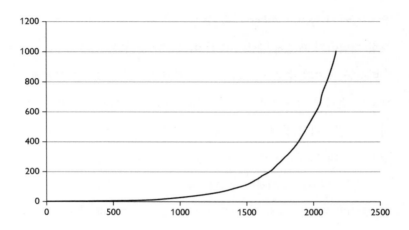

짐바브웨가 세워진지 1,000년)로 시작해서 마지막에 998이 나오도록(예: 세스나 172의 질량 998kg) 유효숫자들을 정리하고 그래프로 나타냈다.

위의 그래프는 데이터베이스에 있는 2,000개 이상의 수 분포를 보여준다. 자료가 1과 1,000 사이의 수가 되도록 1,000의 거듭제곱수를 무시한 것이다.

모든 수가 골고루 분포되어 있다면 그래프는 일정한 기울기를 가진 직선이 되어야 한다. 보다시피 주어진 그래프는 수들이 결코 골고루 분포되어 있지 않음을 보여준다. 유효숫자의 33.7%가 1과 10 사이에 있고, 32.6%가 10과 100 사이에 있으며, 33.7%가 100과 1,000 사이에 있다.

이것은 수를 뒤죽박죽 모아 놓은 집합에서 대략 1~10 구간에 속하는 수나 10~100 구간에 속하는 수나 100~1,000 구간에 속하는 수의 개수가 대략적으로 같다는 것을 의미한다. 이제 1~1,000 구간을 같은 비율로 커지는 세 개의 구간으로 분리해보자. 즉, 각 구간의 크기를 이

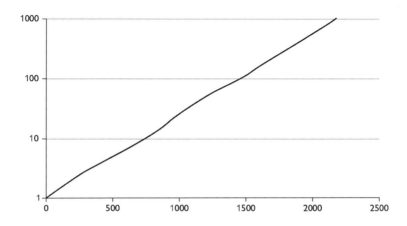

전 구간의 10배가 되도록 잡자. 그러면 각 구간에 속하는 수의 개수가 같아진다. 그래프는 꽤 부드러운 곡선을 그린다. 노련한 사람은 그래프의 모양이 지수 함수 그래프와 비슷하다는 것을 알아차릴 것이다. 그렇다면 세로축을 로그 척도Log Scales로 나타내는 것이 좋을 것이다.

로그 척도를 겁낼 필요는 없다. 한 번 적용해보면 굉장히 유용하다는 것을 알게 될 것이며, 곧 터득할 수 있을 것이다. 일단 지금은 세로축에 로그 척도를 적용해서 그래프를 다시 그린다면 어떤 그림이 나오는지 보자. 로그 척도를 이용하면 세로축의 세 구간(1~10, 10~100, 100~1,000)은 모두 같아진다.

조금 구불거리기는 해도 얼추 직선에 가까운 그래프가 완성된다. 세 구간이 어떻게 해서 우리 눈에 보이게 되는지 이해되는가? 그래프가 직선이라 수가 어떻게 분포되어 있는지 훨씬 더 명료하게 볼 수 있다. 수의 약 3분의 1이 10보다 작고, 약 3분의 1이 10에서 100 사이에 있고, 약 3분의 1이 1,000까지 분포해 있다. 로그 척도로 바꾸지 않았다면 통찰하기 어려운 부분이다. 이것은 책의 후반부에서 다룰 내용의 맛보기다.

다시 원래 주제로 돌아가자. 무작위로 모아 놓은 수 집합에서 1에서 1,000으로 올라갈수록 일정한 비율로 수가 희박해진다는 사실은 어떻게 보면 상당히 놀라운 일이다. 이것은 우리 주변의 모든 수를 모아 놓고 살펴보면 작은 수가 많고 큰 수는 보기 드물다는 아주 자연적인 직관을 확인시켜 준다. 어쩌면 우리가 큰 수를 더 불편하게 느끼는 이유는 단지 큰 수를 자주 접하지 못하기 때문일지도 모른다.

이제 긴장을 풀어라

여러분이 지금 여기까지 나와 함께 했다는 것에 감사드린다. 나는 여러분이 이 여정을 즐기고 있기를 바란다. 지금까지 우리는 몇몇 큰 수들을 봤고 그것들을 이해하기 위한 몇 가지 기법을 탐구했다. 하지만 다음 장으로 넘어가면 일상생활에서 경험할 수 있는 것을 훨씬 뛰어넘는 수가 등장하기 시작할 것이다. 비약적으로 커진 수를 이해하기 위해 우리는 또 다른 전략을 확보해야 한다. 그 기법을 이해하기 위해 먼저 앞에서 다뤘던 몇 가지 사실들을 조합해 보자.

- 우리의 타고난 수 '어림' 감각은 안정적인 감각이다. 수량을 어림하는 판단력의 정확도는 대략 20%로 일정하다.
- 영어권에서는 1,000 이상의 수를 말할 때 천thousand, 백만million,

십억billion 등 1,000의 거듭제곱수를 기본 용어로 사용한다. 새로운 용어가 추가되었다면 1,000이 **곱해진** 것이다.

- 우리는 거리, 시간, 질량 등에 관한 이정표 수를 작은 것부터 큰 것까지 차례대로 수 사다리로 만들어 살펴봤다. 수 사다리는 1, 2, 5, 10, 20, 50, 100 등등을 바탕으로 했다. 이 수들은 화폐 단위로 사용되는 패턴을 따르기 때문에 나는 화폐 숫자라 부른다. 각 단계에 2 또는 2.5를 **곱해** 다음 단계를 만들고, 세 단계가 올라가면 10의 거듭제곱수가 된다.

- 벤포드 법칙은 우리가 자연스럽게 접하는 수의 분포를 보면 큰 수일수록 희박하다고 설명한다. 즉, 9로 시작되는 수가 1로 시작되는 수보다 적다. 게다가 첫 숫자 하나만 보는 것이 아니라 그 이상을 살펴본다면 일정한 **비율**로 희박해진다는 것을 알 수 있다.

이 모든 것은 절대적 차가 아닌 비율적 변동을 기반으로 한 비교를 제안한다. 우리는 유치원에서 배운 수를 덧셈을 이용해 더 큰 수로 만들고, 뺄셈을 통해 서로 비교한다. 학교에서 제공하는 수의 척도는 연속하는 두 수 사이 간격이 모두 일정한 선형 척도이다. 이것은 덧셈과 뺄셈을 하기 편리하다.

그러나 매우 큰 수나 아주 빠른 속도로 커지는 수를 다뤄야 할수록 **비율**과 **비**의 필요성을 느끼게 될 것이다. 점점 커지는 수를 측정하는 경우, 일정한 **비율**로 커지는 구간에 같은 길이를 할당하는 척도가 있다면 유용할 것이다.

결국 로그가 필요하다는 것이다. 학교 수학에서 미적분 다음으로,

아마 삼각함수와 더불어 가장 악명 높은 주제가 로그일 것이다. 거듭제곱을 하는 지수도 어려웠을 텐데 겨우 지수를 능숙하게 다룰 만하니까 역연산인 로그가 등장한다. 어떤 사람에게는 손도 댈 수 없는 어려운 개념이었을 것이다.

하지만 큰 수를 이해하는 데 로그 척도를 사용하는 것이 가장 효율적이기 때문에 로그를 못 다루는 것은 굉장한 손해다. 로그에서는 한 단계 나갈 때마다 이전 단계보다 훨씬 더 큰 폭으로 움직이게 되므로 웬만한 축지법보다 낫다. 로그 척도는 세상을 이해하는 자연스러운 방식이기도 하다. 퀴즈를 맞혀 상금을 타는 원조 TV 퀴즈쇼 〈퀴즈쇼 밀리어네어Who Wants to be a Millionaire〉에서 연속으로 정답을 맞혔을 때 받을 수 있는 상금은 한 단계 올라갈 때마다 두 배씩 커진다.

나는 여러분에게 로그 렌즈로 세상을 새롭게 보는 법을 알려주고 싶다. 그리고 그것을 통해 큰 수를 보다 명확하게 이해할 수 있기를 바란다. 그러니 당황하지 마라! 어쨌든 이 책은 수에 관한 책이지만 대수학 개념이 들어 있는 것도 아니고 로그를 계산할 필요도 없다. 다만 다음 장에서 수리적 이해력을 가진 사람들이 어떻게 로그 렌즈를 장착해서 로그 척도의 강력한 힘을 발휘할 수 있는지, 우리가 다루지 않았던 새로운 수준의 큰 수를 어떻게 정복할 수 있는지 살펴볼 것이다.

다섯 번째 기법: 로그 척도

아주 작은 수와 아주 큰 수 비교하기

각 단계의 크기가 같다는 것이 이전 단계의 구간에 일정한 수를 **더하는** 것이 아니라 일정한 수를 **곱한다**는 의미인 척도를 사용한다면 어떻게 될까? 앞에서 우리는 '1'에서 '10'까지 구간이 '10'에서 '100'까지 구간과 크기가 같고 그 다음 '100'에서 '1,000'까지 구간과도 크기가 같은 척도를 봤다. 그것이 바로 로그 척도다!

수 직선 분할하기

다음 주어진 수를 서로 비교가 되도록 수직선 위에 나타내보자.

- 보통 아프리카 코끼리 키 — 4.2m
- 세계 최초의 마천루 높이 — 42m
- 엠파이어 스테이트 빌딩 높이 — 381m
- 가장 깊은 광산의 깊이 — 3.9km
- 스카이다이빙 최고 고도 — 39km

- 국제 우주 정거장 궤도의 고도 ─ 400km

- 달의 지름 ─ 3,480km

- 지구 동기 궤도 위성의 고도 ─ 3만 5,800km

- 지구에서 달까지 거리 ─ 38만 4,000km

꽤나 고심해야 하는 문제다. 그렇지 않은가? 30cm 길이의 직선에 이 수들을 표시해보자. 가장 큰 수인 지구에서 달까지의 거리를 직선의 끝점 가까이에 표시한다면 두 번째로 큰 수인 위성의 고도는 직선의 시작점에서 대략 3cm 떨어진 지점에 표시해야 할 것이다. 달의 지름은 대략 0.3cm에 표시하고, 국제 우주 정거장 고도는 대략 0.33mm 지점에 표시해야 한다.

이렇게 표시해서는 문제를 해결할 수 없다. 이 수직선은 두 가지 문제를 아주 명확하게 보여주고 있다. 첫째, 10배씩 커지고 있는 수들의 간격이 너무 크다. 둘째, 앞쪽에 표시되는 작은 수가 큰 수에 비해 너무 작다. 이와 같이 수를 표시하면 규모 감각을 강조하는 효과가 있긴 하지만 이 수직선은 더 작은 수를 표현할 수 없어서 섬세하게 비교할 수가 없다.

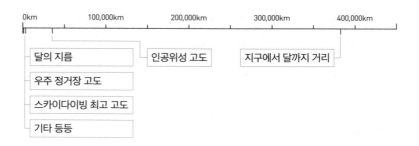

그러나 수직선의 눈금을 체계적으로 바꿔서 10의 거듭제곱 간격으로 동일하게 할당할 수 있다면 아홉 단계 만에 1m에서 100만km(10^9m)까지 갈 수 있고, 위에 주어진 수들을 각 단계에 하나씩 포함시킬 수 있을 것이다.

이 두 번째 수직선은 첫 번째와 대조적으로 '이것이 저것보다 훨씬 더 크다'며 깜짝 놀라게 하는 요소는 없지만 주어진 수가 모두 뚜렷하게 표시되어 있다. 게다가 제시된 수의 **비율**이 거의 일정하기 때문에 수직선에 표시된 수들의 간격이 상당히 규칙적이다(각각의 수는 앞에 수의 약 10배다). 이것이 로그 척도의 힘이다. 로그 척도를 이용해 우리는 서로 매우 다른 규모의 수로도 유의미한 비교를 할 수 있다.

무어의 법칙

1960년대 컴퓨터 칩 제조사 인텔의 고든 무어^{Gordon Moore}는 마이크로프로세서를 수용할 수 있는 트랜지스터의 수가 기하급수적으로 증가하고 있음을 알아차렸다. 이것은 '무어의 법칙'이라고 알려져 있는 현상이다. 놀랍게도 50여 년이 지난 지금에도 무어의 법칙은 여전히 성립한다.

다음의 예는 1972년부터 2002년까지 해마다 인텔 마이크로프로세서 하나에 들어간 트랜지스터의 개수를 나타낸 것이다. 첫 해는 2,250개에서 시작해서 마지막 해는 4억 1,000만 개로 끝난다. 따라서 첫 해와 마지막 해의 비가 대략 1대 20만이다. 크기가 너무 다르기 때문에 쉽게 비교할 수 없을 것이다.

그래프를 그리면 절벽 모양이 된다. 초기 몇 년 동안은 세부적인 수치를 알아보는 것이 불가능하다가 기울기가 생기기 시작하더니 급상승한다. 이 그래프를 보면 비교적 작은 수에서 시작해서 아주 빠르게 증가했다는 것 외에는 수치 상승 현상에 관한 어떤 것도 살펴보기 어렵다. 간단히 말해 이 그래프로부터 알 수 있는 것은 매우 적다.

트랜지스터 개수

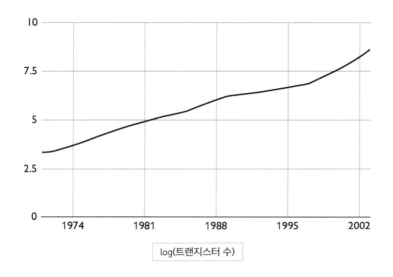

log(트랜지스터 수)

이제 로그 렌즈*를 통해 다시 살펴보자. 칩 하나당 트랜지스터 수가 아닌 그 수의 **로그** 값을 그래프로 나타내어 보자. 이 그래프를 통해 우리는 규모가 매우 다른 두 수를 비교할 수 있게 하는 로그 렌즈의 힘을 볼 수 있다. 첫 해의 트랜지스터 수 2,250을 그래프에 나타내는 것이 아니라 그것의 로그 값을 나타낸다. 2,250의 로그 값은 3을 조금 넘는다. 마찬가지로 마지막 해의 4억 1,000만 대신 그것의 대략적인 로그 값인 8.5를 사용할 것이다. 그래프가 완성되고 이제 비교할 수 없었던 두 수를 비교할 수 있게 되었다.

이 그래프에서는 흥미로운 특징을 몇 가지 더 발견할 수 있다. 먼저

* 이것이 내가 로그 척도를 부르는 방식이다. 우리가 측정하고 있는 것의 개수 자체가 아니라 그 수의 로그 값을 바탕으로 하는 척도를 사용할 것이다.

그래프의 기울기가 비교적 일정하다는 사실이다(1990년대 초반에 조금 주춤하기는 했지만 다시 상승했다). 로그 그래프에서 기울기가 일정하다는 것은 성장률이 일정하다는 의미다. 이것이 바로 무어의 법칙의 핵심이다. 사실 무어의 법칙은 연도별 칩에 들어가는 트랜지스터 개수의 로그 값을 그래프로 그린다면 직선 그래프가 될 것이다라는 의미다. 직선 기울기의 가파른 정도는 성장률이 얼마인지 말해줄 것이다.

일정한 시간 간격마다 같은 **배율**로 커지는 과정은 모두 기하급수적 성장을 보인다. 그런 과정은 두 배가 되는 기간 또한 일정할 것이다. 이것이 바로 성장률을 표현하는 또 다른 방식이다.

무어의 법칙은 트랜지스터의 수가 일 년 반을 주기로 두 배가 된다는 말로 단순하게 표현할 수 있다. 여기에서 사용하고 있는 데이터를 보면 30년 동안 전년 대비 트랜지스터 수가 두 배로 늘어난 적이 대략 17번 있었다. 평균적으로 1.7년마다 두 배가 되었다는 말이다. 그러므로 30년 동안 무어의 법칙이 대략적으로 들어맞았다고 볼 수 있다.

> 로그 척도에서 한 단계 올라가는 것은 조금 더 **더하는** 것이 아니라 조금 더 **곱하는** 것이기에 강력한 힘을 지니게 된다. 즉, 로그 척도에서 거리를 합산하는 것은 로그 값이 나타내는 수를 더하는 것이 아닌 곱하는 효과를 가지고 있다. 그렇기 때문에 로그 척도에서는 아주 먼 거리라도 아주 빨리 이동할 수 있다.

무어의 법칙은 트랜지스터에만 국한된 것이 아니다. 매 단계 같은 양을 더하는 일반적인 선형 척도가 제 기능을 못하게 되기 때문에 매

단계 같은 양을 곱하는 로그 척도가 더 유용한 분야가 많다. 대표적인 예로 지진의 강도 측정을 들 수 있다.

리히터 척도

지진계는 지진에 의해 발생하는 지구의 진동을 측정하는 장치로 원래 바늘의 움직임을 이용해 측정했다. 지진계가 처음 도입되었을 때 바늘이 감지할 수 있는 가장 작은 진동은 1mm였고, 이 지진계를 사용하는 지진학자들은 1mm가 지진 강도의 최저 기준이라고 여겼다.

지진의 크기는 매우 다양하다. 지구는 끊임없이 진동하고 있지만 우리가 느끼지 못하는 아주 작은 진동이라 뉴스거리가 되지 못할 뿐이다. 최저 기준에 가까운 진동을 일으키는 지진은 일 년에 대략 10만

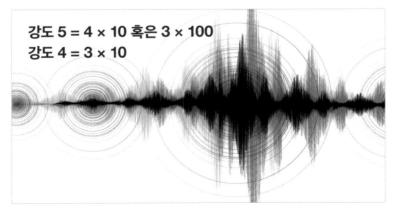

━ 리히터 지진계에서 숫자 1이 증가하면 진동의 크기가 10배 증가한다.

번 일어나는 것으로 추정되는 반면에 '10년에 한 번 일어나는' 대규모 지진은 그보다 100만 배 큰 강도로 지구를 뒤흔든다. 이러한 규모 차이는 과학이나 뉴스 보도에서 다루기 어렵다. 그래서 1935년 찰스 리히터 Charles Richter가 진도 비교와 분석을 더 쉽게 할 수 있는 척도를 고안해냈다.

리히터는 당시 감지할 수 있는 가장 작은 지진을 기준점으로 정하고 규모 3을 부여했다. 시작점을 3으로 정한 것은 미래에 기술 발전으로 더 작은 지진도 감지할 수 있으리라 생각했기 때문이다. 리히터 척도에서는 1이 증가하면 흔들리는 크기가 10배 증가한다는 것을 의미한다. 따라서 규모 5의 지진은 규모 4의 10배, 규모 3의 100배가 되는데 이런 식으로 계속 커져서 규모 9의 지진의 경우 100만 배 큰 지진이 되기도 한다. 흥미롭게도 지진의 발생 빈도는 지진의 규모와 반비례하는 경향이 있다. 규모 3의 지진과 비교했을 때 100만 배 큰 지진의 발생 빈도는 100만 분의 1배다.*

이런 점 때문에 리히터 척도는 로그 척도라고 할 수 있다. 리히터 규모는 지진계에 기록되는 진폭의 로그 값을 이용해 직접 계산할 수 있다. 이를 통해 규모의 차가 너무 커서 그대로 비교하기 어려운 수를 로그 척도를 이용해 다룰 만한 규모로 변형시킬 수 있다는 것을 다시 한 번 확인할 수 있다.

---

* 리히터 척도는 지진의 진폭과 관련 있다. 지진에서 방출되는 에너지는 진폭이 증가하는 비율보다 훨씬 더 폭으로 커진다. 그래서 리히터 규모의 차가 1이라면 실제 에너지 방출은 31.6배 증가한 것이다(31.6은 1,000의 제곱근 근삿값이다).

리히터 척도에서 규모가 1 증가한다는 것은 진동의 세기가 10배 증가한다는 의미이지만, 사실 차이가 반드시 1일 필요는 없다. 리히터 척도의 차가 일정하기만 한다면 진폭도 같은 비율로 커진다. 예를 들어 리히터 규모 5에서 5.5로 커지는 것처럼 단계의 차가 0.5라면 진동의 세기는 대략 3.16배 커진다. 차가 0.5인 단계를 두 단계 올라간다면 3.16를 두 번 곱한 만큼 세기가 커진다. 계산하면 10배 커지는 것이다.

리히터 척도를 이용하면 아주 작은 지진부터 매우 큰 지진에 이르기까지 다양한 규모의 지진을 일관되게 비교할 수 있는데 리히터 척도로 나타낸 규모 차가 겉보기에 작다고 해서 그 효과를 과소평가하지 않도록 조심해야 한다. 예를 들어 2016년 1월 25일 스페인과 모로코 사이에 규모 6.3 지진이 발생했다. 그리고 같은 해 2월 6일 대만에서 규모 6.4 지진이 발생했다. 두 지진은 거의 같은 급일까? 두 경우 모두 재산 피해가 있었지만 인명 피해는 대만에서만 일어났다. 리히터 규모 0.1 차이는 흔들리는 강도가 $10^{1/10}$ 즉, 26% 차이 나고 에너지 방출은 41% 차이가 난다는 것을 의미한다. 즉, 리히터 규모 0.1 포인트 차이가 작아보여도 충격의 차이가 상당하다는 것을 의미한다.

이정표 수
• 규모 8의 지진은 평균적으로 일 년에 한 번 정도 발생한다.

볼륨을 줄여라!

방송 중이 아닐 때 방송 스튜디오의 실내 소음 크기는 일반적으로 10데시벨decibel 이하 dB이며, 1m 거리를 두고 하는 대화는 50dB이다. 10m 떨어진 곳에 오가는 자동차 소음은 90dB이고, 100m 떨어진 곳의 제트 엔진 소리는 130dB이다. 85dB의 소음에 장시간 노출된다면 청력 손상이 발생할 수 있고, 120dB의 소음은 즉각적인 청력 손상을 일으킬 수 있다.

소리의 볼륨을 묘사하기 위해 일반적으로 사용하는 데시벨은 실제 음압 수준 SLsound pressure level을 측정한 것이다. 거의 사용되지는 않지만 음압 수준의 기준 단위는 원래 알렉산더 그레이엄 벨Alexander Graham Bell의 이름을 딴 **벨**bel이고, 데시벨은 벨의 10분의 1을 가리킨다. 따라서 비어 있는 방송 스튜디오의 소음은 1벨이고, 대화하는 소리는 5벨, 자동차는 9벨, 제트 엔진은 13벨이라고 말할 수 있다.*

1벨이 증가한다는 것은 음압 수준이 10배 증가한다는 의미다. 이런 식으로 소리의 크기를 나타내는 척도는 리히터 척도와 매우 비슷하다. 그러므로 스튜디오 실내보다 4벨 더 시끄러운 대화는 음압 수준이 1만 배 높다. 다시 말해 1dB 증가하는 것은 리히터 규모 0.1 포인트 증가(26% 증가)와 같다.

---

* 우리가 음량이라고 지각하는 것은 실제로 과학 도구로 측정한 값이 아니다. 사실 음량에 대한 **지각**은 대략 1벨(10dB) 증가할 때마다 **두 배**로 커지는 반면 음압은 10배씩 커진다.

중요한 것은 단지 10dB 차이가 10배 큰 소리를 의미한다고 해서 20dB 차이가 20배 차이와 같다고 착각하면 안 된다. 로그 척도에서 동일한 간격으로 커진다는 것은 동일한 비율로 증가한다는 의미임을 기억하자. 예를 들어 차이가 20dB이라면 10배 증가를 두 번 적용한다는 의미이므로 10배의 10배, 즉 100배 큰 소리다.

이정표 수
- 100dB 소리에 15분 이상 노출되면 청력 손상을 일으킬 수 있다.
- 100dB는 전동 공구나 잔디 깎는 기계, 록 콘서트, 미식축구 경기장에 전형적으로 나타나는 소음의 크기다.

에보니 vs. 아이보리

표준 피아노는 흰 건반 52개와 검은 건반 36개, 총 88개 건반을 가지고 있다. 색깔에 상관없이 각 건반은 바로 왼쪽 건반보다 반음이 높으며, 흰 건반과 검은 건반의 패턴은 12개 반음을 주기로 반복된다.

피아노 건반 정중앙에 있는 '도'를 미들 C[Middle C]라고 하는데 미들 C 에서 오른쪽으로 검은 건반과 흰 건반을 모두 12개 올라가면 트레블 C[Treble C]라 부르는, 미들 C보다 한 '옥타브'[••] 높은 음에 도달한다. 거기

[••] 한 옥타브를 여덟 개 계단으로 구성된 음계라고 생각할 수도 있지만 사실은 그렇지 않다. 시작 음에서부터 일곱 개 계단을 올라가는 것이다(그 중에는 온음

서 12반음 더 위로 올라가면 탑 C^{Top C}에 이르는데 미들 C보다 두 옥타브 높은 음이다. 방향을 바꿔 미들 C에서 왼쪽으로 12반음을 내려가면 한 옥타브 낮은 베이스 C^{Bass C}에 도달하고, 여기서 왼쪽으로 12반음을 더 내려가면 미들 C보다 두 옥타브 낮은 로우 C^{Low C}에 이른다.

수학자가 이와 같은 피아노 건반에 대한 설명을 듣는다면 피아노 건반을 가리켜 12반음이 한 옥타브를 이루고 건반 전체는 대략 7.5개의 옥타브로 구성된 선형 척도라고 생각할 것이다. 흰 건반과 검은 건반이 특정한 패턴을 이루는 이유는 책으로도 쓰일 정도로 대단히 흥미롭지만 지금 우리가 다루고 있는 주제와 관련이 없으므로 그 이야기는 일단 제쳐 두기로 하겠다. 우리의 관심사는 피아노 건반을 일종의 측정 잣대로 생각할 수 있다는 것이다. 12인치가 1피트가 되듯이 12반음이 한 옥타브가 되고 이 잣대가 측정하는 것은 거리가 아니라 반음계* 음의 높이다.

피아노 음의 물리학적 성질을 살펴보자. 우리가 미들 C 건반을 눌렀을 때 조율이 잘 되어 있는 피아노라면 주파수가 대략 261.6Hz인 음을 낸다. 헤르츠^{Hz}는 초당 진동수를 일컫기 때문에 피아노 줄이 1초에 약 262번 좌우로 진동을 반복한다고 볼 수 있다. 주파수가 261.6Hz인 진동이 공기를 통해 우리 귀에 전달되었을 때 우리가 듣는 음이 미들 C다. 미들 C 다음으로 높은 도인 트레블 C의 건반을 누르면 미들 C보다 주파수가 두 배가 되는 523.2Hz의 음파가 생긴다. 탑 C는 어떨

도 있고 반음도 있다).
* 여기에서 말하는 반음계는 모든 반음에 동등한 가치를 매긴 것이다.

■ 피아노는 로그 척도 기반의 기준 주파수 발생 장치라고 볼 수 있다. 기준점 '도'의 주파수는 261.6헤르츠이고 한 옥타브가 올라갈 때마다 주파수가 두 배로 커진다.

까? 마찬가지로 주파수가 두 배로 커져 1,046.5Hz가 된다. 따라서 한 옥타브가 올라갈 때마다 주파수는 두 배로 커진다는 것을 알 수 있다. 반대로 한 옥타브가 내려갈 때마다 주파수는 2분의 1로 작아지기 때문에 베이스 C의 주파수는 미들 C의 절반인 130.8Hz고, 로우 C의 주파수는 베이스 C의 절반인 65.4Hz다.

건강한 사람의 가청 주파수는 20Hz부터 2만Hz까지라고 밝혀져 있다. 우리가 들을 수 있는 가장 낮은 소리보다 1,000배나 높은 소리까지 들을 수 있다는 말이다. 트랜지스터와 지진의 경우처럼 이렇게 차이가 큰 수를 다루는 가장 좋은 방법은 로그를 사용하는 것이다. 피아노 건반이 그 원리를 따르고 있다. 일정한 비율로 음높이가 증가하는 음들을 균일한 간격의 건반으로 변환한 것이 피아노다. 즉, 피아노는 로그 척도를 바탕으로 한 입력 메커니즘을 가지고 있는 기준 주파수 발생 장치다. 게다가 음악도 연주할 수 있으니 일석이조가 아닌가!

음이 한 옥타브 올라가면 물리학적 주파수가 두 배가 되고 한 옥타브 내려가면 주파수가 반으로 줄어든다. 그렇다면 음끼리 주파수를 비교하면 어떤가? 음악적 측면에서는 12개의 반음이 결합되어 한 옥타브를 구성한다. 그러나 물리학적인 측면에서 보면 12개의 반음을 결합했을 때 주파수가 두 배가 되는 효과가 나타난다. 로그 척도의 각 단계는 원래 체계에서 어떤 수의 거듭제곱이라는 점을 기억한다면 한 음의 주파수 변화는 12제곱해서 2가 되는 수여야 한다는 것을 알 수 있다. 그 수는 2의 12제곱근 $^{12}\sqrt{2}$며, 약 1.06이다. 따라서 피아노 건반을 따라 오른쪽으로 올라갈수록 각 음의 주파수는 6%에 조금 못 미치는 비율로 증가한다. 이것을 12번 반복하면 주파수가 처음의 두 배가 된다.[*]

그러므로 피아노는 하나의 로그 척도다. 가장 낮은 음(27.5Hz의 A음)과 가장 높은 음(4,186Hz의 C음)의 주파수 차가 매우 크지만 우리가 다룰 수 있도록 87개의 균일한 반음 단계와 그것을 다시 묶어서 일곱 개가 조금 넘는 옥타브로 전환시켜 놓은 것이다.

---

[*] 옥타브를 균등하게 12개 반음으로 나눈 것은 '평균율equal temperament' 시스템을 사용해 조율하는 피아노에 적절하다. 음향학적인 이유로 다른 악기들은 한 옥타브의 12반음이 일정한 주파수 비율을 갖지 않는 '순정률just intonation' 조율 체계를 사용하고 있다. 그럼에도 불구하고 12반음이 모두 합쳐지면 주파수가 두 배가 된다는 것은 공통적인 특징이다.

로그 책과 계산자

1960년대 학생들은 과학과 수학을 공부할 때 '로그 책'을 사용한 마지막 세대일 것이다. 로그 책은 1부터 10까지 수에 대해 밑이 10인 로그 값이 제시된 표들로 구성된 책이다.** 로그 척도에서 두 개의 간격을 더하는 것은 두 수를 곱하는 효과가 있음을 기억하자. 로그 책이 있으면 두 수의 곱을 구하기 위해 각각의 로그 값을 찾아 더한 다음, 그 값을 로그 값으로 갖는 수인 진수antilog를 로그표에서 거꾸로 찾으면 된다. 즉, 로그의 역함수 값을 구하는 것과 같다. 나눗셈은 로그 값의 뺄셈으로 계산할 수 있고, 어떤 수의 거듭제곱을 계산하려면 그 수의 로그 값에 거듭제곱 횟수인 지수를 곱한 다음, 다시 거꾸로 진수를 찾으면 된다.

요즘은 5파운드(약 7~8천원)면 전자계산기를 살 수 있기 때문에 로그표를 이용하는 것이 얼마나 유용하고 시간을 절약할 수 있는 방법이었는지 잊고 살지만 옛날에는 복잡한 계산이 필요한 사람들에게 로그 책은 늘 들고 다니는 필수소지품이었다.

로그 책보다도 더 대표적인 공학기술자의 상징은 계산자(로그자)였다. 계산자도 로그 척도를 기반으로 하는 도구다. 이 장 도입부에서 큰 수와 작은 수를 한 그래프에 나타내기 위해 만들었던 수직선과 기본적으로 비슷하다. 계산자에는 1부터 10까지 일정한 간격으로 눈금이

●● 10보다 큰 수는 10으로 나눈 수의 로그 값에 1을 더하면 되고, 1보다 작은 수는 10을 곱한 수의 로그 값에 1을 빼면 된다.

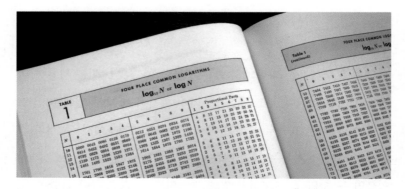

━ 로그 책은 아날로그 시대, 수학과 과학을 공부하기 위한 필수품이었다.

매겨져 있는데 이는 표시된 수의 비율이 같다는 것을 의미한다. 즉, 로그 척도다.

계산자는 동일하게 표시된 두 개의 눈금자를 서로 대고 밀어서 두 개의 물리적 거리를 더하는 것만으로 두 수를 곱한 결과를 얻을 수 있게 해준다. 계산자를 능숙하게 사용하는 사람들은 곱셈 결과를 아주 빠르게 도출해낸다. 대부분의 계산자에는 1에서 100까지 눈금이 매겨진 또 다른 눈금자도 있는데, 계산 중에 제곱이나 제곱근을 구해야 할 때 쉽게 계산할 수 있게 해준다.* 삼각함수나 지수함수를 포함하는 등 기능이 더 많은 계산자도 있었는데 좋은 계산자는 굉장히 소중히 여겨졌다. 과학자와 엔지니어들에게 계산자는 꽤 오랫동안 필수품

---

* 계산자에는 왔다 갔다 움직일 수 있는 투명한 부분이 있는데, 헤어라인이라 불리는 가는 선이 그려져 있어 서로 떨어져 있는 두 눈금자의 눈금을 맞추어 읽는 데 사용된다. 이 투명 창을 커서라 부른다. 우리가 컴퓨터 모니터에서 글자를 입력하기 전에 깜박거리는 그 커서가 바로 계산자의 커서에서 유래했다.

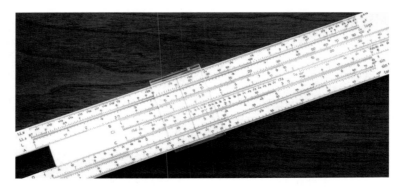

━ 계산자는 전자계산기와는 다른 물리적 성질의 즐거움과 통찰력을 준다.

이었다. 그러나 1970년대 초반에 훨씬 정밀하고 사용하기 쉬운 휴대용 전자계산기가 등장하면서 계산자 시장은 완전히 무너졌다. 그러나 그 변화로 우리는 무언가를 잃어버린 것일지도 모른다. 전자계산기는 본질적으로 디지털 방식인 반면, 계산자는 아날로그 장치다. 전자계산기가 화면에 띄우는 수를 이해하는 것은 전적으로 기호를 해독하는 지능의 문제다. 하지만 계산자는 지각적이고 촉각적인 성질을 가지고 있다. 계산자의 물리적 성질은 사용자에게 즐거움을 줬고, 여러 다른 수들과 **맥락**을 고려해서 계산 결과를 보여주는 계산자의 방식은 전자계산기로는 표현할 수 없는 비율과 비에 관한 통찰력을 기를 수 있게 해줬다.

　나는 여러분이 계산자를 가지고 있는 사람을 찾아가거나 아니면 직접 구입해서 한번 사용해보기를 권장한다. 직접 사용해보면 곱셈을 간단히 덧셈으로 바꿔 계산할 수 있다는 로그 척도에 담겨진 깊은 메시지를 이해할 수 있을 것이다.

사망률

우리 모두 언젠가는 죽음을 맞이하지만 대부분 충분히 오래 행복하고 생산적인 삶을 누린 이후에 죽음이 찾아오길 바란다. 보험회계사와 인구통계학자들은 '사망률'을 이용해 다양한 연령대의 사람들이 사망할 확률을 연구한다. 다음은 특정 나이의 개인이 다음 해에 사망할 확률을 나타낸 것이다.

나이	다음 해 사망할 확률	
	남성	여성
25	0.055%	0.025%
50	0.31%	0.21%
75	3.34%	2.23%
100	36.2%	32.1%

이 표를 통해 우리는 25년마다 일 년 이내 사망할 확률이 대략 10배 증가한다는 것을 알 수 있다. 이것 역시 1,000분의 1보다 작은 수부터 10분의 1 이상의 수까지 규모가 굉장히 크게 달라지는 데이터인 것이다. 로그 렌즈로 들여다보기에 알맞은 영역이다.

이 그래프는 데이터를 로그 렌즈로 조정하지 않고 그대로 나타낸 것이다. 이 그래프를 보면 몇 가지 중요한 사실을 알 수 있다. 첫째, 50세 이하의 사망률이 50세 이상 사망률보다 현저히 낮다. 둘째, 50세 이후에는 남성의 사망률이 여성 사망률보다 높다. 셋째, 나이가 아주

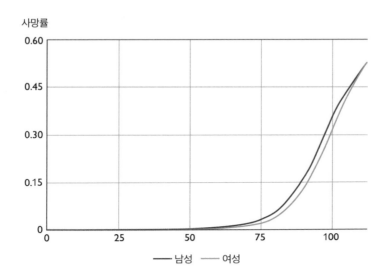

많으면 남녀 사망률이 거의 비슷하다. 그러나 50세 미만의 사망률에 대해서는 아무것도 보여주지 못하고 있으며, 시간이 지나면서 사망률이 증가하는 방식에 대한 어떤 단서도 제공하지 못한다.

이제 주어진 사망률의 로그 값을 사용한 다음 그래프를 보자.

우선 25세에서 100세까지 남녀 모두 직선을 이룬다는 점이 주목할 만하다. 무어의 법칙에서 봤듯이 이것은 대략적으로 일정한 성장률을 보인다는 것을 의미한다.[*] 사실 해가 갈수록 다음 해에 죽을 확률은 대략 10%씩 증가하고 있다.

로그 척도를 바탕으로 그린 그래프에 나타나는 두 번째 두드러진

---

* 결과적으로 우리가 살아가는 동안 사망을 일으키는 요인들이 꾸준히 배수로 누적된다는 것을 암시한다.

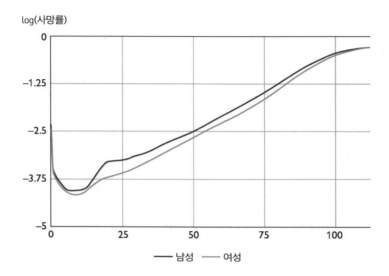

log(사망률)

특징은 영유아 사망률을 가리키는 그래프의 시작부분이 갈고리 모양
을 그린다는 것이다. 우리가 현대화된 사회에 살고 있지만 영유아 시
기는 여전히 위험하다는 것을 암시한다.

마지막으로 15~25세 연령대 남성의 사망률이 급격히 증가했다가
완만해진다. 이 현상을 가리켜 '사고 절정accident hump'이라 부른다. 이
는 젊은 남성들 사이에 위험한 행동에 대한 욕구가 많고 그런 행동에
대한 노출도 많은 것을 반영한다.

아주 간단한 역사

새로 발견된 로그 렌즈는 매우 다양한 상황에서 유용하게 쓰인다. 마

지막 예시를 로그 렌즈를 통해 들여다보면 선사 시대와 역사 시대를 아우르는 방대한 시간의 역사에 대한 시각을 얻을 수 있을 것이다. 10년 전을 시작점으로 로그 기반 타임라인에 주요 사건들을 표시하자. 여기에서 사용하는 로그 척도 타임라인에서는 한 연대가 10배의 시간을 거슬러 올라간 과거라는 점을 주의하자.

다음 장부터는 과학계의 큰 수를 이해하도록 도와주는 로그 척도를 더 많이 접하게 될 것이다.

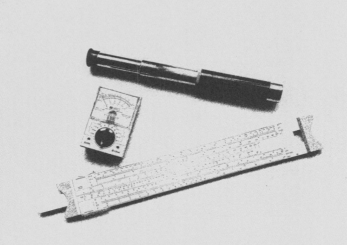

제**3**부

과학의 수

크게 생각하기

지식을 위한 수

지금까지 우리는 대체로 인간의 일상적인 경험과 활동에서 자연스럽게 생겨나는 수를 살펴봤다. 예를 들어, 통에 들어 있는 맥주의 양은 얼마인가? 10핀 볼링 레인의 길이는 얼마인가? 세탁기는 얼마나 무거운가? 이 세상에 살고 있는 사람은 몇 명인가? 시애틀까지 거리는 얼마인가? 이런 질문의 답이 되는 수들은 우리가 살고 있는 세상을 이해할 수 있게 도와준다.

그러나 삶은 맥주나 볼링 핀 이상의 것이다. 우리의 뇌는 일상생활의 범위 너머까지 생각하고 싶은 욕망과 그럴 수 있는 능력을 지니고 있다. 그렇지 않다면 삶은 따분하기 그지없을 것이다. 인간은 호기심이 많은 생명체다. 불에 데는 것은 고통스럽지만 위험을 감수하면서라도 알고자 하는 욕구가 없었더라면 인간은 불을 완전히 제어할 수 없었을 것이다. 호기심이 있었기에 우리는 실제로 달의 거리를 알아야 할 필요가 없을 때부터, 즉 달에 우주선을 보내야겠다는 생각을 하기 훨씬 오래전부터 "달까지 거리는 얼마일까?"라는 질문을 했다.

이러한 순수한 호기심과 질문이 과학의 중요한 요소 중 하나라고 할 수 있다. 호기심에서 흥미로운 질문이 나오고, 질문 그 자체를 위한 질문이 나오고, 세상을 이해하고자 하는 욕구에서 또 다시 질문이 생겨난다. 우리는 질문의 답을 찾으려 애쓰는 과정에서 얻을 수 있는 지식을 갈망하고, 질문에 대한 답은 놀랍게도 우리에게 유용한 것으로 드러나곤 한다. 발견이 이루어지면 실현 가능성이 생기고 엔지니어들이 잠재성을 구현하여 과학을 실체화할 수 있다. 오늘날 레이저와 레이저를 활용한 많은 장비들과 기술들을 어디서나 볼 수 있지만, 이것들은 처음부터 준비되었던 것도 의도되었던 것도 아니다. 레이저가 처음 발명되었을 때 수많은 과학자들이 그것을 응용할 수 있는 기술을 찾기 위해 수없이 질문하고 연구한 결과 레이저 기술의 발전이 이루어진 것이다.

이 파트에서는 우리가 과학에서 접하는 큰 수뿐만 아니라 세상을 알고 이해하려는 인간의 지적 호기심에서 파생된 큰 수에 관한 이야기를 다룬다. 이 중 몇몇 수는 직접 세거나 직접 측정하기 어렵기 때문에 대략적인 추정치거나 계산의 결과로 얻은 값들인 경우가 많다. 그래서 이해하거나 믿기 더 어려울 수 있다. 또한 일상생활의 범위를 크게 벗어난 규모의 수라서 도무지 존재할 것 같아 보이지 않고 멀게 느껴진다.

그러나 과학 속 큰 수는 중요하다. 그 자체가 호기심을 불러일으키기도 하지만 세상과 우주 그리고 좋든 나쁘든 우주 속 우리의 위치를 이해할 수 있게 도와주기 때문이다. 아나톨 프랑스^{Anatole France}는 이렇게 말했다. "경이로운 것은 별이 펼쳐진 우주가 매우 광대하다는 사실이 아니라 인간이 그것을 측정했다는 것이다."

2015년 여름, 탐사선 뉴호라이즌스New Horizons 호가 명왕성과 그 위성들 가까이 접근했다. 한때 아폴로 달 착륙에 흠뻑 빠진 소년이었던 내게 이 소식은 인류가 이뤄낸 엄청난 업적이자 깊은 영감을 주는 사건이었다.

매일 땅 위를 걷는 우리는 여간해서는 몇 걸음 더 앞까지 살피며 걷지 않는다. 그러나 과학은 잘 다져진 길에서 벗어나 지평선 너머 별들이 사는 세상까지 볼 수 있도록 우리의 시야를 넓혀준다. 과학은 우리에게 비전을 보여주고 영감을 준다.

하늘 위까지

우주를 측정하다

다음 중 가장 큰 것은?

☐ 천문단위AU

☐ 태양에서 해왕성까지 거리

☐ 지구의 태양 공전 궤도 길이

☐ 핼리 혜성이 태양에서 가장 멀리 떨어졌을 때(원일점에 위치했을 때) 거리

별을 향해 손을 뻗다

달은 얼마나 높이 있나?

에베레스트 산 최고봉 높이가 해발 8.85km(5.5마일)이라는 것부터 짚고 넘어가자. 놀라운 것은 이것이 실제로 그렇게 큰 수가 아니라는 것이다. 에베레스트 산 정상을 등반한 사람들의 업적을 깎아내리려는 것이 아니다. 다만 산을 옆으로 눕혀 높이를 가로 길이로 바꿔 생각한다면 차로 10분도 걸리지 않는 거리라는 말이다. 인간이 만든 인공 구

조물의 높이와 비교한다면 에베레스트 산의 높이는 세계에서 가장 높은 건물인 두바이 부르즈 할리파의 11배 정도밖에 되지 않는다.

일반적으로 제트 여객기는 에베레스트 산보다 조금 더 높은 지상 13km 높이에서 비행한다. 이제 지구 중심에서 지표면까지의 지구 반지름이 대략 6,400km임을 기억하자. 그렇다면 공중에서 지표면 위로 스치듯 날아 두 도시 사이를 왕복하는 제트 여객기를 상상할 수 있을 것이다. 지구 중심을 떠올리면 비행 고도가 그렇게 높다는 생각이 들지 않을 것이다.

항공기가 도달할 수 있는 곳보다 훨씬 높은 400km 고도에는 국제 우주 정거장 ISS가 지구 둘레를 공전하고 있다. 분명 높은 것이 맞지만 지구 중심을 기준으로 하면 지표면에서 6% 더 멀 뿐이다. 그래서 ISS의 궤도는 '지구 저궤도'라 불린다. ISS는 총알처럼 빠르게 단 92분 만에 지구를 둘레를 한 바퀴 돈다.

모든 위성이 ISS처럼 저궤도에서 지구 둘레를 돌고 있는 것은 아니다. 궤도의 높이가 높을수록 지구의 중력장으로부터 더 멀리 벗어나고 위성의 공전 속도는 더 느려진다. 텔레비전 채널을 전송하는 위성들은 정지 궤도를 돈다. 즉, 적도 상공에 떠서 지구의 자전 속도와 정확히 같은 속도로 궤도 운동을 하기 때문에 하루에 한 번 지구 한 바퀴를 도는 것이다. 지상에서 봤을 때 지구 정지 궤도에 있는 위성들은 항상 같은 자리에 있는 것처럼 보인다(그래서 위성 접시를 한 방향에 맞추어 둘 수 있는 것이다). 지구 정지 궤도를 유지하려면 어느 정도 높은 곳에 위성이 위치해야 하는데, 실제로 ISS 고도의 거의 90배인 3만 5,800km 고도에 위치한다. 이때부터 지구가 작아 보이기 시작한다.

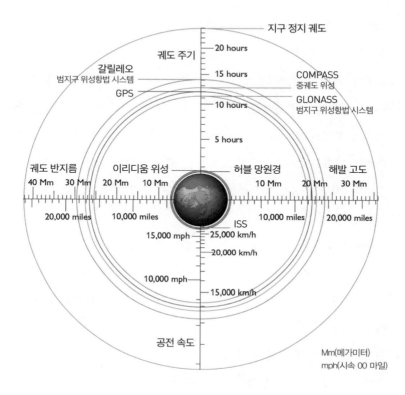

지구 정지 궤도

궤도 주기
20 hours
15 hours
10 hours
5 hours

갈릴레오
범지구 위성항법 시스템
GPS

COMPASS
중궤도 위성
GLONASS
범지구 위성항법 시스템

궤도 반지름
40 Mm   30 Mm   20 Mm   10 Mm

이리디움 위성

허블 망원경

해발 고도
10 Mm   20 Mm   30 Mm

20,000 miles   10,000 miles   10,000 miles   20,000 miles

ISS
15,000 mph   25,000 km/h
20,000 km/h
10,000 mph
15,000 km/h

공전 속도

Mm(메가미터)
mph(시속 00 마일)

그렇다면 달은 얼마나 멀리 떨어져 있는 걸까? 달의 궤도는 타원형을 이루고 있기 때문에 달까지의 거리는 시시각각 달라진다. 가장 가까이 위치했을 때는 지구 중심에서 약 35만 6,000km 떨어져 있고, 가장 멀리 있을 때는 대략 40만 6,000km 떨어져 있다. 천문학자들은 가끔 지구 중심에서 달까지 평균 거리 38만 4,402km를 하나의 단위로 사용하여 **달까지의 거리**lunar distance라고 말하며, 그것은 지구 정지 궤도 고도의 약 10배를 뜻한다.

이정표 수

- 국제 우주 정거장은 지상 400km 고도에서 공전한다.
- 지구 정지 궤도 고도는 대략 4만km다.
- 적도의 둘레는 4만km다.
- 달은 지구에서 대략 40만km 떨어져 있다.

이제 지구에 비해 달의 크기가 얼마나 되는지 알아보자. 달의 반지름은 지구 반지름의 27%인 1,740km이며, 달의 부피는 대략 지구의 50분의 1이다. 또한 달의 지름 3,480km는 호주 대륙의 동서 횡단 거리인 약 4,000km보다 조금 작다.

지구 주변 동네

지금까지 우리 집 지구와 우리 집 앞 골목에 있는 위성들을 살펴봤다. 이제 범위를 넓혀 주변 동네를 살펴볼 시간이다. 코페르니쿠스 Copernicus가 지구 중심으로 세계를 바라보던 시야에서 태양 중심의 세계관으로 전환했듯이 말이다.

태양은 지구에서 얼마나 멀리 떨어져 있을까? 지구에서 태양까지 거리는 대략 1억 5,000만km로 지구에서 달까지 거리의 390배다. 태양은 얼마나 클까? 태양의 반지름은 약 69만 5,000km로 달 반지름의 400배 정도다. 태양이 달보다 대략 400배 멀리 떨어져 있고, 크기 또한 대략 달의 400배라는 것은 순전히 우연의 일치지만 흥미로운 사실이다.

지구는 태양에서 1억 5,000만km 떨어진 궤도를 따라 공전한다. 빛의 속도가 대략 초속 3억m이므로 태양의 빛이 지구에 도달하는 데 걸리는 시간은 기억하기 쉬운 500초(8분 20초)다.

지구는 태양의 둘레를 일 년에 한 번 돌며, 그때 이동 거리는 9억 4,000만km다. 흔히 약 10억km에 조금 못 미친다고 말한다. 그에 따라 공전 속도를 시속으로 계산하면 약 10만 7,000km/h다.

이정표 수

• 태양은 달보다 400배 멀리 떨어져 있고, 태양의 지름은 달 지름의 400배다.
• 지구는 태양으로부터 1억 5,000만km 떨어져 있고, 이것은 500광초 또는 8과 3분의 1 광분 거리다.
• 지구는 태양의 둘레를 공전하며 일 년에 약 10억km 이동한다.

태양계에서 두 행성(수성과 금성)은 지구보다 더 가까이에서 태양 주위를 공전하고, 다섯 행성(화성, 목성, 토성, 천왕성, 해왕성)은 지구보다 멀리 떨어져서 공전한다. 이 사실을 바탕으로 태양계 내에서 거리를 이야기할 때 사용할 수 있는 표준 단위를 도입할 수 있다. 지구에서 태양까지 거리보다 더 자연스러운 측정 잣대가 어디 있겠는가? 지구에서 태양까지 거리를 가리켜 '천문단위' 또는 AU^Astronomical Unit라고 한다.

다음 표는 태양에서 각 천체까지 거리를 킬로미터와 AU로 표현한 것이다. 여기에는 외행성도 포함시켰다. 이 표는 각 행성의 공전 주기가 태양에서 멀어질수록 얼마나 커지는지도 보여준다.

천체	태양으로부터의 거리 (km)	태양으로부터의 거리 (AU)	공전 주기(년)
수성	5,800만	0.39	0.24
금성	1억 800만	0.72	0.62
지구	1억 5,000만	1.00	1
화성	2억 2,800만	1.52	1.88
세레스	4억 1,400만	2.77	4.6
목성	7억 7,800만	5.20	11.9
토성	14억 2,900만	9.55	29.4
천왕성	28억 7,500만	19.22	83.8
해왕성	45억 400만	30.11	164
명왕성	59억 1,500만	39.53	248
하우메아	64억 6,500만	43.22	283
마케마케	68억 6,800만	45.91	310
에리스	101억 6,600만	67.95	557

2016년 5월 NASA의 우주탐사선 뉴호라이즌스호가 명왕성에 가까이 접근했다. 여기가 태양계의 외곽이라고 착각할 수 있지만 사실 태양계는 그보다 훨씬 크다. 또한 뉴호라이즌스호는 2019년 1월 1일 2014 MU69의 촬영에 성공했다. 2014 MU69은 태양으로부터 30AU~50AU 떨어진 곳에 천체들이 고리 모양으로 모여 있는 카이퍼 벨트Kuiper Belt에 속한 천체다. 태양에서 약 55억km(43AU) 떨어진 그곳에 도착한 뉴호라이즌스호는 2020년에 탐사를 종료하고 성간으로 돌아간다.

표 마지막에 나와 있는 에리스는 카이퍼 벨트 너머 산란분포대Scattered Disc라 불리는 천체 집단에 속하는 외행성이다. 산란분포대는 태양으로부터 30AU~100AU 떨어진 곳에 넓게 분포한다.

태양계의 끝은 어디일까? 물론 이것은 임의로 정해진 경계지만, 천문학자들은 두 가지 주요 지표를 사용한다. 첫째는 태양에서 나온 태양풍 입자가 심우주^{deep space}의 '입자의 바다'에 융합되는 지역이다. 이 한계지역을 가리켜 태양권^{Heliosphere}의 경계선이라는 의미로 태양권계면^{Heliopause}이라 부른다. 이곳은 태양으로부터 약 120AU 떨어져 있고, 명왕성까지 거리의 3배가량 떨어져 있다.

천문학자들은 1977년 발사된 보이저 1호로부터 아직도 데이터를 전송받고 있으며 이를 통해 태양권계면에 대한 정보를 얻고 있다. 우주여행을 시작한 지 거의 40년이 지난 보이저 1호는 인간이 만든 그 어떤 인공물보다 먼 곳까지 여행하고 있으며, 이미 태양권의 가장자리를 나타내는 수많은 점이 지대를 통과해서 지금은 지구로부터 거의 140AU 떨어진 곳에 있다. NASA는 보이저 1호가 2012년 8월 성간 공간에 진입했다고 발표했다. 태양계를 완전히 떠난 것이다.

다음 그림은 **로그 척도**에 따라 태양계 행성과 태양계 외곽에 있는 천체들을 표시한 것이다. 태양으로부터 거리 순으로 표시되었으며, 각각의 수는 바로 이전 수의 10배다.

가장 멀리서 태양의 둘레를 공전하는 천체는 오르트 구름^{Oort Cloud}에 속하는 혜성으로, 사실 아주 큰 타원형 궤도를 그리며 천천히 태양의 둘레를 공전하고 있다. 오르트 구름은 태양에서 최소 5만AU 떨어진 곳까지 분산되어 있는데, 1광년보다 조금 짧은 거리다. 오르트 구름에 대해서는 다음 장에서 더 이야기할 것이다.

태양계의 경계선을 정의하는 두 번째 지표는 태양의 중력이 더 이

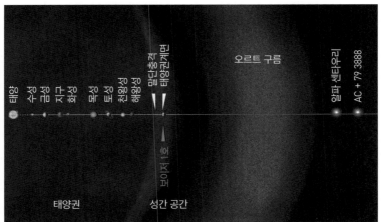

태양 수성 금성 지구 화성 목성 토성 천왕성 해왕성

말단충격 태양권계면

보이저 1호

오르트 구름

헬파 베타리

AC + 79 3888

태양권

성간 공간

NASA제트추진연구소NASA/JPL-Caltech 하기 하에 재구성함

상 지배적으로 작용하지 않고 다른 별의 중력이 영향을 미치기 시작하는 거리다. 물론 엄밀한 경계선은 아니지만 태양에서 대략 2광년 떨어진 곳부터는 태양의 중력이 미치지 않는다. 그 지점부터는 태양의 모든 영향력에서 확실히 벗어난다. 별과 별 사이 공간에 있게 되는 것이다.

태양계의 경계가 매우 모호하기는 하지만 우리는 태양계의 반지름이 대략 2광년이라고 말할 수 있을 것이다. 따라서 태양계의 영향력이 미치는 범위는 지름이 4광년인 구라고 생각할 수 있다.

이정표 수

• 태양계의 범위는 넉넉잡아 지름이 4광년인 구다. 그 중심의 아주 작은 일부를 우리가 알고 있는 행성들이 차지하고 있다.

광년

광년이 시간 단위일 것이라고 생각하는 경우도 많지만 실제로 광년은 거리 단위다. 오래 전부터 우리는 거리를 설명할 때 특정 속도로 주어진 거리를 이동할 때 걸리는 시간으로 이야기해왔다. 예를 들어 친구네 집이 걸어서 15분 거리, 혹은 차로 두 시간 거리라고 설명한다. 걷는 속도나 자동차 속도 등 속도에 대한 공통된 이해를 이용해 시간 측정을 거리 측정으로 전환하는 것이다. 우주 공간에서 빛의 속도는 일정하고 가장 빠르기 때문에 주어진 시간에 빛이 얼마나 이동할 수 있느냐를 기준으로 거리를 측정하는 것이 자연스러우면서 정확하다.

그러므로 지구는 태양으로부터 8과 1/3 광분 거리에 있다고 말하는 것은 기차역이 우리 집에서 자전거로 15분 거리에 있다고 말하는 것과 원칙적으로 다르지 않다. 광초, 광시, 광일은 모두 더할 나위 없이 훌륭한 거리 단위지만 가장 중요하게 쓰이는 단위는 빛이 일 년 동안 이동한 거리를 말하는 광년이다.

1광년은 큰 수인가? 늘 그렇듯이 맥락에 달려 있다. 1광년은 대략 6만 3,250AU다. 즉, 지구에서 태양까지의 거리보다 6만 3,250배 멀리 있다는 말이다. 이제부터는 과학자들처럼 지수 표기법을 사용해서 나타내야 하는(킬로미터를 기본 단위로 사용한다면) 시점에 접어들었다. 다음 두 표기는 동일한 값을 나타낸다.

- 1광년(ly)은 약 9.5조km다.
- 1광년(ly)은 약 9.5×10^{15}m다.

성간

태양에서 가장 가까운 별은 알파 센타우리Alpha Centauri라는 항성계를 이루는 세 별이다. 알파 센타우리는 밤하늘에서 볼 수 있는 세 번째로 밝은 '별'로 4.37광년 떨어져 있다. 알파 센타우리를 구성하는 세 별 가운데 가장 가까운 것은 적색 왜성 프로시마 센타우리Proxima Centauri 다. 프록시마 센타우리의 생명체 거주 가능 지역에는 행성이 존재한다는 것이 밝혀졌다.[*]

그 다음으로 가까운 별은 약 6광년 떨어진 적색 왜성 바너드별 Barnard's Star로 육안으로는 볼 수 없다. 밤하늘에서 가장 밝은 별 시리우스Sirius는 8.6광년 떨어져 있다. 11.5광년 떨어진 프로키온Procyon은 여덟 번째로 밝은 별이다. 겉보기에 두 번째로 밝은 카노푸스Canopus는 훨씬 더 먼 310광년 거리에 있다.

이정표 수
- 태양과 가장 가까운 별은 4.37광년 떨어져 있다.

태양은 우리가 은하수 혹은 우리은하라고 부르는 나선형 은하에 속하고 태양계를 포함하고 있는 바로 인접한 은하계 이웃을 '국부 거품

---

[*] 태양에서 가장 가까운 이웃별이 액체 상태의 물을 보유한 행성을 거느릴 가능성이 있다는 점은 주목할 만하다. 행성이 여러 별에서 볼 수 있는 흔한 특징일 수도 있음을 암시하기 때문이다.

local bubble'이라 일컫는다. 국부 거품의 폭은 대략 300광년으로 태양계 폭을 넉넉하게 잡았을 때보다 75배나 크다. 국부 거품은 우리은하의 나선형 팔 가운데 하나인 오리온자리-백조자리 팔에 위치해 있다. 이 팔의 폭은 3,500광년이고 길이는 대략 1만 광년이다.

우리은하 전체의 폭은 대략 12만 광년이다. 태양의 중력이 작용하는 범위가 4광년이었음을 기억한다면 우리은하의 크기가 어느 정도인지 가늠할 수 있을 것이다. 태양계는 우리은하 중심에서 약 2만 7,000광년 떨어져 있다. 즉, 우리은하의 가장자리보다는 중심에 더 가까이 있다고 볼 수 있다.

우리은하 주변으로 왜소 은하들이 무리지어 있지만 가장 가까운 비슷한 크기의 은하는 256만 광년 떨어져 있는 안드로메다은하^Andromeda 다(사실 안드로메다은하의 폭은 22만 광년으로 우리은하의 거의 두 배다). 우리은하와 안드로메다은하 모두 '국부 은하군^Local Group'에 속한다. 삼각형자리 은하^Triangulum galaxy와 51개의 군소 은하도 포함하는 국부 은하군의 폭은 대략 1,000만 광년이다.

자릿수

지금까지 살펴본 큰 수를 다루는 방법 중 하나는 **'분할과 정복'** 기법이었다. 우리는 수를 1에서 1,000까지 편하게 다룰 수 있는 범위의 유효숫자와 거듭제곱으로 분할해서(10억을 1000의 제곱으로) 생각하는 방법을 쓸 때도 있었다. 큰 수를 다룰 때는 킬로미터보다 광년 같은 알맞은 단위를 선택하는 것이 더 큰 도움이 된다. 하지만 100만 광년보다 더 먼 곳을 이야기하기 시작하면 이 전략도 효과가 없다. 게다가 **이정**

표 수를 설정하는 데 도움이 되는 익숙한 천체가 그다지 많지 않다.

우리가 사용하고 있는 척도는 빠른 속도로 커지고 있고, 천체의 크기와 거리는 점점 부정확해지고 있다. 그러므로 그 수의 유효숫자는 점점 무의미해진다. 수가 그 정도로 커졌을 때는 규모를 대강 파악할 수만 있어도 다행이다. 섬세한 비교는 점점 불가능해지므로 우리는 자릿수만이라도 정확한 수를 얻는 데 초점을 맞춰야 한다. 10의 거듭제곱을 바탕으로 한 **로그 척도**를 다시 생각해보자. 수의 자릿수가 같다면 로그 척도에서는 같은 등급으로 나타날 수 있다. 은하 간 공간에 이르면 수의 자릿수를 기준으로 생각하는 것이 가장 유용한 전략이 된다.

그러므로 10^{21}m인 우리은하의 폭은 4×10^{16}m인 태양계의 폭보다 4~5자리 더 큰 수라고 말할 수 있다. 국부 은하군의 지름은 우리은하에 비해 자릿수가 대략 두 개 더 많다. 이렇게 큰 규모의 수를 다루는 것은 주로 자릿수가 얼마인지 아느냐의 문제로 귀결된다.

초은하단

우리은하는 국부 은하군에 속하지만, 훨씬 더 큰 범위로 본다면 라니아케아 초은하단Laniakea Supercluster에 속한다. 이 초은하단은 10만 개의 은하를 포함하고 있고, 폭이 5억 2,000만 광년에 이른다. 초은하단의 폭은 국부 은하군에 비해 52배 크고. 자릿수는 두 개 더 많다. 관측 가능한 우주에는 대략 1,000만 개의 초은하단이 있는 것으로 추정된다. 초은하단들은 은하 필라멘트, 은하 벽, 은하 시트 등 수십억 광년에 걸쳐 펼쳐져 있는 훨씬 더 큰 거대 구조를 구성한다.

심우주에서 날아온 소식

이제 우리는 단지 자릿수를 계산하는 것이 가장 유의미한 비교 방법이 될 정도로 아주 먼 거리까지 왔지만 이것도 간단하지 않다. 이 책을 쓰는 사이에 관찰 가능한 우주에 있을 것으로 추정되는 은하의 수가 1,000억 개에서 2조 개로 20배나 증가했다. 이는 단순히 의견이 바뀐 것이 아니라 전례 없이 정교해진 허블 우주망원경으로 20년 동안 관측한 데이터를 연구해서 얻은 결과다. 현재 허블우주망원경의 뒤를 이은 제임스 웨브 우주망원경이 건설 중에 있고 2021년에 완공될 예정이다. 새로운 망원경을 통한 관측으로 허블 우주망원경이 제시한 큰 수를 갱신할 것이라는 점은 의심할 여지가 없다.

2015년 레이저 간섭계 중력파 검출 장치LIGO가 두 블랙홀이 소용돌이처럼 안쪽으로 휘감기며 병합될 때 방출되는 중력파를 최초로 검출했다. 블랙홀의 충돌이 일어난 곳은 지구에서 8억~20억 광년 떨어진 곳이다. 그것은 라니아케아 초은하단 같은 거대구조를 3개 건너야 닿을 수 있는 거리다. 이것은 큰 수임에 틀림없지만 우리가 이해할 수 없을 정도는 아니다.

우리가 볼 수 있는 모든 것의 크기

우리가 볼 수 있는 우주 공간에는 거리적 한계가 있다. 그 한계를 벗어나면 아직 빛이 우리에게 도달하지 않은 것이다. 과학자들은 빅뱅이 일어나고 얼마 지나지 않아(사실은 빅뱅 후 38만 년 이후) 발생한 방사선을 검출했고, 그 방사선이 발생한 곳이 지구로부터 대략 465억 광년 떨어진 곳이라는 것을 계산해냈다. 빛이 먼 거리를 이동해 우리에게 도달했을 뿐 아니라 우주 자체도 팽창해서 빛의 발생 장소가 우리에게서 멀어진 것이다. 그래서 관측 가능한 우주의 지름은 초은하단 지름의 180배인 약 930억 광년이 되었다.

자릿수를 세고 **로그 척도**로 **시각화**해보면 우주 구조들이 다음과 같은 연쇄적 관계를 갖는다는 것을 알 수 있다.

이정표 수

- 우주의 폭은 초은하단의 폭보다 대략 2자리 더 큰 수다.
- 초은하단의 폭은 국부 은하군 폭보다 대략 2자리 더 큰 수다.
- 국부 은하군의 폭은 우리은하 폭보다 대략 2자리 더 큰 수다.
- 우리은하 폭은 국부 거품의 폭보다 대략 2.5 자리 더 큰 수다.
- 국부 거품의 폭은 태양계 지름보다 대략 2자리 더 큰 수다.
- 태양계의 지름은 지구 공전 궤도 지름보다 대략 5자리 더 큰 수다.

종합해보면 관측 가능한 우주의 지름이 지구 공전 궤도의 지름보다 15.5자리 더 크다. 다시 말해 관측 가능한 우주의 폭은 지구 공전 궤도 지름의 약 3,000조 배라는 것이다. 우리은하의 폭과 비교하면 100만 배 더 크다. 거리에 관한 이정표 수로서 이보다 더 큰 수는 없을 것이다.

10억km는 얼마나 먼 거리인가?

우주와 관련된 거리의 수 사다리를 살펴보자. 관련 데이터가 없는 경우는 빈 칸으로 남겨두었다.

500km	국제 우주 정거장 고도 — 400km
1,000km	극궤도 지구 관측 위성의 일반적인 고도 — 1,000km
2,000km	달의 지름 — 3,480km
5,000km	지구의 평균 반지름 — 6,370km
1만km	금성의 지름 — 12만 10km
2만km	지구를 공전하는 정지궤도 위성의 고도 — 3만 5,800km
5만km	해왕성 지름 — 4만 9,200km
10만km	토성 지름 — 11만 6,400km
20만km	토성의 고리 지름 — 28만 2,000km
50만km	지구에서 달까지 거리 — 38만 4,000km
100만km	태양의 지름 — 139만 1,000km
200만km	태양 다음으로 가장 밝은 별 시리우스의 지름 — 238만km
500만km	
1,000만km	
2,000만km	
5,000만km	태양에서 수성까지 거리 — 5,800만km
1억km	태양과 시리우스 다음으로 밝은 별 카노푸스의 지름 — 9,900만km
	태양에서 지구까지 거리 — 1억 4,960만km
2억km	태양에서 화성까지 거리 — 2억 2,800만km
5억km	태양에서 세레스까지 거리 — 4억 1,400만km
10억km	태양에서 목성까지 거리 — 7억 7,800만km
	지구가 태양을 한 바퀴 돌았을 때 전체 거리 — 9억 4,000만km
20억km	관측상 가장 큰 별 큰개자리 VY의 지름 — 19억 8,000만km
	태양에서 해왕성까지 거리 — 45억km
50억km	핼리 혜성이 태양에서 가장 멀어졌을 때 거리 — 52억 5,000만km
100억km	외행성 에리스까지 거리 — 101억 7,000만km
200억km	태양권계면까지 거리 — 179억 5,000만km

500억km

1,000억km

2,000억km

5,000억km

1조km

2조km

5조km   오르트 구름 외곽 — 7조 5,000억km

10조km   1광년 — 9조 4,600만km

20조km   1파섹 — 31조km

50조km   태양에서 가장 가까운 별 프록시마 센타우리까지 거리
             — 39조 9,000만km

100조km   밤하늘에 가장 밝게 빛나는 별 시리우스까지 거리
             — 81조 5,000만km

200조km

500조km

1,000조km

2,000조km   밤하늘에 두 번째로 밝게 빛나는 별 카노푸스까지 거리
             — 2,940조km

5,000조km

1경(10^{16})km

2경km

5경km

10경km

20경km

50경km

100경km   우리은하의 반지름 — 113경 5조km

200경km   우리은하에서 가장 가까운 은하 안드로메다은하의 지름 — 208경km

500경km

1,000경km

2,000경km 안드로메다은하까지 거리 — 2422경km

5,000경km

1해(10^{20})km 국부 은하군 지름 — 9,500경km

2해km

5해km

10해km

20해km

50해km 라니아케아 초은하단의 지름 — 49해 2,000경km

100해km

200해km

500해km

1,000해km

2,000해km

5,000해km

10^{24}km 관측 가능한 우주의 지름 — 8,800해km

천체의 무게

행성의 무게는 어떻게 알 수 있을까?

우리는 요리할 때 밀가루 500g을 재기 위해 주방용 저울을 사용한다. 저울은 지구의 중력장이 저울 접시 위에 놓인 밀가루에 작용하는 힘을 측정하는 장치다. 밀가루에 작용하는 힘은 정확하게 밀가루 질량으로 변환되어 저울 눈금으로 나타난다.

아이작 뉴턴은 두 물체 사이에 작용하는 인력은 두 물체 각각의 질량과 두 물체 사이 거리에 의해 결정된다는 전제하에 기본 공식을 세웠다. 하지만 그의 만유인력 법칙에는 한 가지 요소가 빠져 있었다. 뉴턴은 만유인력의 성질을 알고 공식을 만들었지만 상수의 값을 제시하지 않았다. 나중에 밝혀진 사실이지만 공식에 따라 모든 계산을 하려면 반드시 중력상수가 필요했다. 중력상수는 1798년 헨리 캐번디시 Henry Cavendish에 의해 비로소 밝혀졌다. 캐번디시는 실험실에서 무거운 두 공 사이에 작용하는 인력을 측정하는 실험을 실시했고 뉴턴의 공식을 실제로 사용할 수 있도록 공식을 완성할 수 있었다. 캐번디시는 물에 대한 지구의 상대 밀도를 계산하는 방식을 적용하여 5.448이라는 값을 얻었다(오늘날 사용되는 값은 5.515다).

지구의 부피가 $1.08 \times 10^{21} m^3$임을 알고 있으므로 지구의 밀도를 이용하면 지구의 질량이 대략 $6 \times 10^{24} kg$라는 것을 계산해낼 수 있다.

이정표 수
- 지구의 질량은 $6 \times 10^{24} kg$이다.

이것은 큰 수다. 푸른 지구를 벗어나서 다른 천체에 대한 이야기를 아직 시작하지도 않았지만 이 수는 우리은하의 지름을 미터로 나타낸 수보다 6,000배 크다. 뿐만 아니라 거리에 대해 우리가 다뤘던 수 중에 이것보다 큰 수는 두 개밖에 없다. 그러므로 이 수는 정말 압도적으로 큰 수인 것이다. 이렇게 큰 수는 어떤 식으로 이해할 수 있을까?

앞으로 만나볼 더 큰 수는 또 어떻게 다뤄야 할까?

지구의 질량을 단위를 빼고 다르게 표현하면 600만에 10억을 두 번 곱한 값이다. 하지만 이것도 수를 이해하는 데 별 도움이 되지 못한다. 이 수를 분석해서 충분히 있을 법한 수라고 느낄 수 있도록, 적어도 자릿수만큼은 정확하다는 것을 확인할 수 있도록 아주 간단한 **시각화** 기법을 써보자.

우리는 앞부분에서 지구의 부피가 대략 1조km³라고 언급했다.* 캐번디시는 지구 부피 1m³당 질량이 5,500kg라는 것을 알아냈다. 1km³ 안에는 1m³가 10억 개 있으므로 1조 × 10억 × 5,500을 계산하면 지구 전체 질량이 나온다. 1조는 12자리를 보태고, 10억은 9자리를 보태고, 5,500은 3자리 이상을 만든다. 따라서 이 세 수를 모두 곱하면 24자리 이상의 수가 된다. 대략적으로 계산해보면 5.5×10^{24}kg이며, 위에서 언급한 6×10^{24}kg과 비슷하다. 이 수가 큰 수인 것은 분명하지만 어쨌든 지구의 크기와 지구를 구성하는 암석과 철의 밀도를 고려했을 때 적합한 수다.**

킬로그램이나 톤 단위로 다른 행성과 별의 질량을 생각한다면 쉽지 않기 때문에 단위의 변화가 필요하다. 비교적 크기가 작은 행성에 대해서는 '지구의 질량'을 새로운 단위로 사용하는 것이 합리적일 것이

---

* 있음직한 수인지 간단히 확인할 수 있는 방법: 1조km³는 한 변의 길이가 1만km인 정육면체의 부피다. 지구를 정육면체로 바꿔 생각하면 모서리를 따라 한 바퀴 돌면 4만km이며, 이것은 지구의 적도 둘레와 일치한다.
** 화강암 밀도는 약 2,750kg/m³이고 철의 밀도는 약 7,850kg/m³이다.

다. 크기가 큰 행성은 '목성의 질량'이 단위로 적합할 것이고$^{•••}$ 별은 '태양의 질량'을 단위로 사용할 수 있다.

태양과 행성의 질량

다음은 태양계에서 두드러진 천체들의 질량을 표로 나타낸 것이다.

천체	질량(kg)	태양 대비 비율	지구 대비 비율	목성 대비 비율
태양	**1.99 × 10^{30}**	1.00	**333,000**	1,050
수성	3.30 × 10^{23}	1.66 × 10^{-7}	0.0553	1.74 × 10^{-4}
금성	4.87 × 10^{24}	2.45 × 10^{-6}	0.815	2.56 × 10^{-3}
지구	5.97× 10^{24}	**3.00 × 10^{-6}**	1.000	3.14 × 10^{-3}
달	7.34× 10^{22}	3.69 × 10^{-8}	0.0123	3.86 × 10^{-5}
화성	6.42 × 10^{23}	3.23 × 10^{-7}	**0.108**	338 × 10^{-6}
세레스	9.39 × 10^{20}	4.72 × 10^{-10}	1.57 × 10^{-4}	4.94 × 10^{-7}
소행성대	3.00 × 10^{21}	1.51 × 10^{-9}	5.02 × 10^{-4}	1.58 × 10^{-6}
목성	1.90 × 10^{27}	**9.55 × 10^{-4}**	318	1.000
토성	5.69 × 10^{26}	2.86 × 10^{-4}	95.3	0.299
천왕성	8.68 × 10^{25}	4.36 × 10^{-5}	14.5	**0.0457**
해왕성	1.02 × 10^{26}	5.13 × 10^{-5}	17.1	**0.0537**
명왕성	1.47 × 10^{22}	7.39 × 10^{-9}	2.46 ×10^{-3}	7.74 × 10^{-6}
하우메아	4.00 × 10^{21}	2.01 × 10^{-9}	6.70 × 10^{-4}	2.11 × 10^{-6}

••• 태양계 밖에서도 행성이 발견되고 있으므로 비교 기준이 되는 지구와 목성의 질량은 더욱더 유용한 잣대가 될 것이다.

마케마케	4.40×10^{21}	2.21×10^{-9}	7.37×10^{-4}	2.32×10^{-6}
에리스	1.66×10^{22}	8.35×10^{-9}	2.78×10^{-3}	8.74×10^{-6}

표에서 두드러진 수를 다시 정리하면 다음과 같다.

이정표 수

- 태양의 질량은 지구 질량의 33만 3,000배다.
- 태양의 질량은 목성 질량의 1,000배 조금 넘는다.
- 태양의 질량은 거의 2×10^{30}이다.
- 화성의 질량은 대략 지구 질량의 10분의 1밖에 되지 않는다.
- 지구의 질량은 수성, 금성, 화성의 질량을 모두 합친 것보다 크다.
- 천왕성과 명왕성의 질량을 합치면 대략 목성 질량의 10분의 1이 된다.
- 에리스는 명왕성보다 약 8분의 1배 더 무겁다.

지구와 달의 진동 운동

달의 질량은 지구의 1.2%밖에 되지 않는다. 지구와 달이 하나의 천체계로서 움직일 때 **질량 중심**이 어디에 있는지 생각해보자. 지구의 중심부터 달의 중심까지 잇는 직선을 그으면 질량 중심은 그 직선의 대략 1.2% 지점에 있을 것이다. 그것은 지구 중심으로부터 약 4,700km 되는 곳이다. 즉, 지구 중심에서 지표면까지 거리의 대략 3분의 2가 되는 지점이다. 우리는 달이 안정적인 지구의 둘레를 공전하고 있다고 생각하지만 사실 두 천체는 이 질량 중심의 둘레를 올림픽 해머던지기 선수가 던질 준비를 하는 것처럼 돌고 있는 것이다. 이것은 지구

가 태양의 둘레를 돌 때 안정된 상태로 움직이는 것이 아니라 한 달
내내 진동운동을 한다는 의미이기도 하다. 태양계의 행성 가운데 오
직 지구만이 상대적으로 무거운 위성(달)을 가지고 있다.

혜성과 소행성

2016년 9월 우주 탐사선 로제타^{Rosetta}호는 67P/추류모프-게라시멘코
혜성(이하 67P 혜성)을 탐사하는 임무를 끝마쳤다. 이 혜성의 가장 넓은
폭은 4.1km이고, 질량은 1.0×10^{13}kg으로 지구 질량보다 거의 12자
리나 작다(지구 질량의 100만 분의 1이다). 수세기 동안 반복적으로 태양
계를 방문하고 있는 핼리 혜성의 폭은 그보다 조금 더 큰 15km이고
질량은 67P 혜성의 30배다.

천체들의 질량을 나타낸 표에서 외행성처럼 보이는 소행성 세레스
는 소행성대를 구성하는 수십만 소행성들 가운데 단연 가장 크다. 세
레스는 소행성대 전체 질량의 3분의 1을 차지한다. 소행성대 전체 질
량은 대략 3×10^{21}kg으로 달 질량의 4% 정도다.

우리은하와 그 너머

은하수라 불리는 우리은하에 거주하는 별들의 질량을 모두 합치면 대
략 태양 질량의 6,000억 배인 1.2×10^{42}kg으로 추정된다. 관측 가능
한 우주의 눈에 보이는 천체의 총 질량은 약 10^{53}kg으로 우리은하의
질량보다 11자리 더 큰 수다. 이것은 암흑물질을 포함하지 않은 수치
다. 암흑물질은 그 성질에 대해 아직 밝혀지지 않았지만 눈에 보이는
물질의 5배는 더 무거울 것이라 추정되고 있다.

천체 밀도

지구의 밀도는 대략 $5,500kg/m^3$로 태양계 천체 중에서 가장 높다 (비교하자면 물의 밀도는 $1,000kg/m^3$고, 철은 $7,870kg/m^3$, 화강암은 $2,700kg/m^3$다). 수성과 금성의 밀도는 지구보다 조금 낮고, 화성은 훨씬 낮은 $3,900kg/m^3$다. 달의 밀도는 이보다 낮은 $3,340kg/m^3$다.

예상했는지 모르겠지만 해왕성($1,600kg/m^3$)부터 토성($700kg/m^3$)에 이르기까지 기체형 거대 행성의 밀도는 모두 상당히 낮다. 특히 토성은 물보다도 밀도가 낮기 때문에 이론적으로는 물에 뜰 수 있다. 태양의 밀도는 대략 $1,400kg/m^3$로 지구보다 훨씬 낮다.

존재하는 것으로 알려진 별 중에 가장 밀도가 높은 것은 중성자별이다. 중성자별은 거성이 붕괴되어 중성자로 된 핵만 남았을 때 형성되며 원자핵의 밀도에 상응하는 밀도를 갖는다. 그래서 태양의 2배가 되는 질량을 가지면서도 지름은 대략 10km 밖에 되지 않는 것일 수도 있다. 그런 중성자별의 밀도는 대략 $4 \times 10^{17}kg/m^3$며, 이는 태양의 밀도보다 14자리 더 큰 수다.

블랙홀은 어떤가? 블랙홀은 우주에서 가장 밀도가 높을까? 진실은 우리도 모른다. 블랙홀은 '사건의 지평선'이라 알려진 영역 안에 존재한다는 것 외에는 그 안에 무엇이 있는지 어떠한 단서도 없다.

에너지 덩어리

에너지 측정

다음 중 가장 큰 것은?

☐ 지방 1g을 분해해서 생기는 에너지

☐ 지구와 충돌하는 운석 1g의 에너지

☐ 휘발유 1g을 태웠을 때 생기는 에너지

☐ TNT고성능 폭탄 1g이 폭발할 때 에너지

에너지를 나타내는 수

- 성냥은 약 1,000줄joules의 에너지를 방출한다.

  이것은 큰 수인가?

- 초콜릿 바 스니커즈는 약 136만 줄의 에너지를 포함하고 있다.

  이것은 큰 수인가?

- 석유 1배럴을 태웠을 때 약 60억 줄의 에너지가 방출된다.

  이것은 큰 수인가?

혼동하는 것과 혼동되는 것

에너지는 어려운 주제다. 아인슈타인의 방정식 $E = mc^2$은 질량과 에너지가 같지만 형태만 다른 것이라고 말한다. 물질을 수량화하고 질량 혹은 무게를 측정하는 일은 늘 다양한 형태로 우리 이야기의 일부를 이뤄왔다. 하지만 다양한 형태의 에너지가 본질적으로 동일한 것이라고 인정된 것은 19세기 제임스 줄$^{James\ Joule}$의 연구를 통해서였다. 오늘날에는 물질보다 에너지가 우주를 구성하는 더 근본적인 요소라고 여겨지긴 하지만 아직도 에너지는 혼동되는 개념이며, 그 점은 에너지를 측정하는 방식에도 반영되어 있다.

에너지는 나중에야 통일된 개념으로 정립되었기 때문에 측정 단위가 뒤죽박죽이다. 하나의 일관된 기본 단위로 측정하는 정돈된 그림이나 서로 조화를 이루는 일련의 단위로 정리된 거듭제곱 수를 원한다면 이 장은 건너뛰어야 한다. 이 장에서는 뒤죽박죽된 에너지 단위들을 보게 될 것이다. 이 단위들은 에너지와 관련된 인간 활동에서 생겨난 것으로 고유의 독특한 성질을 지니고 있다. 다음과 같은 여러 에너지 중에 어느 에너지를 가리키느냐에 따라 에너지 측정 방식이 달라진다.

- 식품 열량
- 전기 에너지
- 연료 에너지
- 폭발 에너지

이론적으로는 모든 에너지는 국제 에너지 단위인 줄로 나타낼 수 있지만 사람들이 실제로 일상생활에서 사용하는 에너지 단위는 줄이 아니다.

초기의 에너지 측정

인간들은 수천 년 동안 알게 모르게 서로 에너지를 거래해왔다. 연료와 전기를 얻을 수 있는 석유, 연료로 쓰이는 석탄과 토탄, 심지어 인간의 노동력 모두 사고파는 상품이었다. 땔감의 코드나 석유의 배럴까지 모두 에너지를 나타내는 대리 측정 단위로 사용되어 왔다.

하루 노동량●을 제외하면 오래 전부터 사용된 인간 척도의 에너지 단위는 없다. 과거에는 마땅한 측정 장치가 없었기 때문에 에너지를 최초로 수량화한 것은 측정해서 얻은 값이 아니라 계산해서 얻은 값이었다. 17세기 후반 고트프리트 라이프니츠Gottfried Leibniz는 여러 역학계에서 물체의 질량과 운동 속도의 제곱을 곱한 값이 일정하게 유지된다는 것을 알아냈다. 그는 그 값을 '활력vis viva'이라고 명명했다. 수치가 약간 차이 난다는 것을 제외하면 라이프니츠의 활력은 오늘날 우리가 운동 에너지라 부르는 것과 같다.

운동 에너지, 위치 에너지, 화학 에너지 등등 에너지의 형태는 매우 다양하기 때문에 에너지를 측정할 수 있는 일관된 표준 방법이 따로 없다. 19세기 중반에 활동했던 제임스 줄은 위치 에너지가 어떻게 열에너지로 전환될 수 있는지 알아내고 에너지의 양을 최초로 측정한

● 대략 6,000kJ이다.

과학자다. 그는 높은 곳에 추를 매달아 놓고 추가 내려가면 젓개 바퀴가 물을 휘젓도록 만든 실험 장치의 온도가 상승하는 것을 보고 에너지가 전환된다는 것을 알았다. 추가 떨어지면서 발생하는 운동 에너지가 물속에서 열로 바뀌었고, 그 결과 수온이 상승했다. 그의 공로를 기리기 위해 국제 표준 에너지 단위를 줄이라 부르고 있다. 그렇다면 1줄은 얼마나 큰 값일까?

1줄은 얼마나 큰 값일까?

줄의 정의는 간단하지 않기 때문에 이해하기 어려울 수 있다. 줄은 인간의 신체나 우리가 매일 직접 경험하는 익숙한 사물을 기반으로 한 단위가 아니다. 줄은 더 기본적인 다른 단위를 기반으로 정의된 **유도 단위**derived unit다.

1줄은 1뉴턴newton, 이하 N의 힘으로 물체를 1m 이동시킬 때 필요한 에너지양이다. 1뉴턴은 또 무엇인가? 누가 뉴턴을 여기에 초대했는가? 뉴턴을 이야기하지 않고서는 줄을 이야기할 수 없다. 뉴턴은 힘의 국제 표준 단위이며, 이것도 유도 단위다. 1뉴턴은 1kg의 물체를 초 제곱의 시간 동안 1m 가속시키는 데 필요한 힘으로 정의된다.

이렇게 설명해도 이해되지 않을 것이다. 그렇지 않은가? 이 글을 읽어 내려가면서 게슴츠레해지는 여러분의 눈이 상상된다. 줄의 정의만 가지고서는 직관적으로 이해할 수 없을 것이다. 다른 방법을 시도해 보자. 다음은 대략 1줄의 에너지를 갖는 것들을 나열한 것이다.

- 100g짜리 토마토가 1m 높이에서 떨어질 때 들어가는 에너지

- 물 1ml를 섭씨 4분의 1도 높이는 데 필요한 열 에너지
- 1와트^{watt,이하 W} LED 등을 1초 동안 켜는 데 들어가는 전기 에너지

1W LED 등이면 독서용 램프로 충분한 밝기다. 자, 이제는 제임스 와트까지 등장했다. 보다시피 줄은 비교적 작은 에너지 단위다. 그러면 줄은 인간적 척도인가? 그렇다고 할 수 있지만 완벽하게 그런 것도 아니다. 사실 매우 작은 양이라고 할 수 있다. AA 배터리 용량은 대략 1만 줄인데, 비교적 작은 배터리에 들어가는 에너지양 치고는 큰 수다.

줄이 실용적인 단위로 사용하기에 너무 작다면 더 적합한 크기의 단위가 있는지 살펴보자. 전력 소비를 기록하는 표준 단위는 킬로와트시^{kWh}고 1kWh는 360만 줄과 같다. 3,000W 등급의 주전자를 5분씩 하루 네 차례 끓인다면 1kWh를 사용한 것이다.

2016년 영국에서는 킬로와트시당 전기료가 약 15펜스였다. 영국에서는 가스전력시장규제국^{OFGEM}이 일반 가정의 전기 소비량을 발표한다. 전통적인 기준으로 '중간'에 속하는 가정은 일 년에 3,100kWh, 하루에 약 8.5kWh의 에너지를 쓴다. 대부분의 영국 가정은 난방과 온수에 필요한 에너지를 도시가스에 의존하는데, 일반적으로 가스 소비량은 전기 사용량의 약 네 배다. 가스와 전기를 통틀어 한 가정에서 사용하는 에너지가 하루에 40kWh가 넘는다는 말이다.

음식에 들어 있는 에너지

우리는 말 그대로 에너지를 섭취하기도 한다. 신체 활동에 필요한 연료를 얻기 위해 음식을 섭취하는 것이다. 통상적으로 식품 에너지는

칼로리를 계산해 측정한다. 과학적 정의를 보면 물 1g의 온도를 1°C 올리는 데 필요한 에너지가 1칼로리^{cal}다. 사실 기압이나 시작 온도 같은 요인들에 의해 물의 온도를 높이는 데 필요한 에너지양은 달라질 수 있기 때문에 1cal의 정의가 여러 개 나올 수 있다. 가장 흔히 사용되는 정의는 4.184줄에 상응하는 열화학 칼로리다.

칼로리는 비교적 작은 단위고 식품 열량과 관련된 것은 전통적으로 **킬로**칼로리kcal로 측정하면서도 여전히 칼로리^{Calorie}(대문자를 씀)라고 일컫기 때문에 혼동하기 쉽다. 예를 들어 체중 조절을 위해 칼로리에 신경 쓴다고 말할 때는 킬로칼로리를 의미한다.

식품의 칼로리는 과학적 칼로리의 1,000배 이상이므로 식품 열량 1kcal는 물 1kg을 1° 올리는 데 필요한 에너지가 된다. 따라서 2리터(약 2kg) 용량의 주전자를 가득 채우고 20°인 물을 100°로 끓이려면 160kcal가 필요하다. 이는 약 670킬로줄^{kJ}에 상응하는 에너지다.

식품의 칼로리 함량은 언제라도 인터넷에서 쉽게 찾을 수 있다. 여기에서는 이해를 돕기 위해 몇몇 식품의 칼로리만 언급하겠다.

- 치킨 샐러드 샌드위치 — 250kcal
- 오렌지 주스 한 잔(200ml) — 90kcal
- 스니커즈 초콜릿 바(64.5g) — 325kcal

우리가 먹는 음식에 얼마의 에너지가 함유되어 있는지 생각하는 것과 우리가 에너지를 얼마나 소비하는지 생각하는 것은 별개의 문제다. 현재 일일 권장 에너지 섭취량은 남성의 경우 2,500kcal, 여성의 경우 2,000kcal다. 우리는 어떤 활동이 얼마의 에너지를 소모하는지 나타낸 표를 자주 접한다. 하지만 사실 기초적인 신체 활동을 계속 유지하며 죽지 않고 살아 있는 것, 즉, 생존이 주요 에너지 소비원이다. 따라서 별도의 운동을 하지 않더라도 우리가 매일 소비하는 에너지 중 상당 부분이 기초 신진대사에 쓰인다. 이른바 기초 대사량BMR이라 불리는 신체의 에너지 요구량은 우리가 섭취하는 칼로리의 4분의 3 이상을 차지한다. 운동량을 2배로 늘리는 것은 에너지 소모에 생각보다 효과가 크지 않을 수 있다는 의미다. 만일 에너지의 75%가 기초 대사량이고, 나머지 25%가 운동에 쓰인다면 운동을 2배로 늘리면 25%의 열량을 더 태우는 것이다.

연료의 에너지

휘발유 1리터에는 얼마의 에너지가 들어 있을까? 휘발유의 에너지 밀도는 리터당 34.2MJ메가줄이다. 이것은 대략 리터당 10kWh며, 같은 부피의 동물성 지방 또는 식물성 지방에 함유된 사용 가능한 에너지양과 비슷하다. 이 정도면 하루 4번씩 10일 동안 주전자에 물을 끓이기에 충분하고, 영국의 보통 가정집이 하루 동안 소비하는 에너지양의 4분의 1에 해당한다.

다음은 휘발유와 여러 연료들의 에너지 밀도를 나타낸 것이다.

납 축전지	0.047kWh/kg
알칼리 전지	0.139kWh/kg
리튬 이온 전지	최대 0.240kWh/kg

화약	0.833kWh/kg
TNT	1.278kWh/kg
나무	4.5kWh/kg
석탄	최대 약 9.7kWh/kg
에탄올	7.3kWh/kg
식용 지방	10.3kWh/kg
휘발유	10.9kWh/kg
디젤	13.3kWh/kg
천연가스	15.4kWh/kg
압축 수소	39.4kWh/kg

국민 1인당 에너지 소비량은?

국민 1인당 소비하는 에너지양은 나라마다 상당히 다르다. 추운 나라
에서 에너지를 더 많이 사용하게 되는 것은 당연한 일이다. 값싼 에너
지원이 있으면 에너지를 더 많이 소비하게 된다는 것도 예상할 수 있
다. 두 가지를 종합했을 때 아이슬란드는 국민 1인당 에너지 소비가
가장 높은 국가 중 하나라는 결론을 얻을 수 있다. 2014년 아이슬란
드의 국민 1인당 일일 에너지 소비량은 휘발유 59리터를 사용한 것과
같았다(물론 아이슬란드는 휘발유를 태우지 않는다). 아이슬란드에서 사용
하는 에너지의 상당 부분은 재생 가능한 에너지원에서 나온다. 거의
모든 전기가 수력 발전과 지열 발전으로 생성되고, 난방 수요의 90%
가 지열로 직접 충당된다.

2014년 미국의 에너지 사용량은 국민 1인당 일일 휘발유 사용량으

로 환산하면 23리터이고, 영국은 9리터를 조금 웃돌았다. 같은 해 중국은 7.4리터였고, 1인당 에너지 사용량이 가장 적은 나라 중 하나인 파키스탄은 1.6리터였다.

전 세계적으로는 에너지를 얼마나 사용하고 있을까? 2014년 세계 에너지 소비량은 약 1만 4,000Mtoe였다. 'Mtoe'라니? 또 다른 단위가 등장했다. 이것은 석유환산미터톤$^{metric ton oil equivalent}$을 말하는 것으로, 에너지를 측정할 때 정말 큰 수가 나오게 되면 사용한다. 1toe는 42기가줄, 또는 11.62MWh메가와트시다. 따라서 2014년 세계 에너지 소비량은 1만 4,000 × 100만 × 1만 1,620kWh = 1.627 × 10^{14}kWh다. 이것이 타당한 수치인지 확인하기 위해 **'비율과 비'** 기법으로 접근해서 **교차 비교**를 해보자.

연간 세계 에너지 소비량을 세계 인구 72억 4,000만 명으로 나누면 2014년 1인당 연간 에너지 소비량은 2만 2,470kWh가 된다. 1인당 일일 소비량은 62kWh라는 말이다. 이것은 주전자에 물을 248번 끓일 수 있는 에너지다. 조금 많아 보이지만 이것은 가정용 에너지만이 아닌 직장에서 일을 할 때, 기차를 탔을 때, 콘서트를 보러 갔을 때 등등 우리가 직간접적으로 사용하는 모든 방식의 에너지를 포함하는 것이다. 뿐만 아니라 전력 공급 과정에서 소실되는 에너지와 비효율적인 발전이나 다른 방식으로 낭비되는 에너지도 포함한 것이다. 실제로 그런 에너지는 25%나 되는 것으로 추산된다.

> **이정표 수**
>
> • 2014년 세계 인구 1인당 하루 소비한 평균 에너지양은 60kWh며, 이
>   것은 대략 휘발유 10리터를 태우는 것과 같은 에너지양이다.

그러나 평균이라는 개념은 오해의 소지가 있다. 예를 들어 아이슬
란드 국민이 사용하는 평균 에너지양이 파키스탄 국민이 평균적으로
사용하는 양의 36배인 것처럼 에너지 사용량에 대한 국가 간 변동 폭
이 매우 크다. 평균으로는 그런 변동 폭을 알 수 없기 때문에 사람들
이 잘못 이해할 수 있다. 이 점에 관해서는 책의 후반부에서 더욱 주
의를 기울여 살필 것이다.

온도

온도는 내부에 있는 열 에너지가 겉으로 표시되는 것으로 그 자체가
본질적으로 에너지는 아니다. 하지만 에너지와 달리 온도는 직접 느
낄 수 있다. 살아 있는 유기체, 유기체의 신진대사, 대부분의 화학 반
응 모두 온도에 매우 민감하다. 그렇기 때문에 의식하지 못한다 할지
라도 우리의 몸은 지속적으로 온도를 조절하고 있다. 온도 조절 기제
가 불안정하다면 그것은 매우 아프다는 신호다. 강철과 초콜릿 등 다
양한 물질을 만드는 데도 정확한 온도 측정과 조절이 필수다. 온도를
뜻하는 영어 단어가 암시하듯이 강철과 초콜릿은 둘 다 정확한 '온도
temperature'에 도달해서 알맞게 '조절temper'될 수 있어야 한다.

과거에는 온도가 단순히 어떤 물체가 얼마나 뜨겁거나 차가운지에

대한 느낌이었기 때문에 자연스럽게 감지되고 쉽게 이해할 수 있는 성질의 것이었다. 그리고 요리사나 대장장이가 반드시 습득해야 할 판단 기술이었다. 온도는 과학적인 토대 위에 정의된 개념도 아니었을뿐더러 통계 열역학 이론이 만들어지기 전까지 물리적으로 설명되지도 않았다. 통계 열역학에서는 물질을 구성하는 분자의 평균 진동수를 그 물질의 온도라고 정의한다. 우리가 직접 온도를 감지할 수 있어도 그것은 매우 주관적인 것이기 때문에 과학적 목적을 위한 객관적 온도 측정은 물질들이 온도 변화에 반응해 예측 가능한 방식으로 팽창 또는 수축을 한다는 물리적 사실에 기반을 둔다.

제대로 된 최초의 온도 측정기는 기준점들을 설정하고 그 기준점 사이에 눈금을 매기는 방식으로 고안되었다. 다니엘 파렌하이트^{Daniel Fahrenheit}는 1714년 수은관 온도계를 발명하고, 10년 후에 온도 측정 척도를 공개했다. 그는 소금물의 어는점을 온도계의 영점으로 설정하고 물의 어는점을 화씨 32도$^{32°F}$로 정했다. 그리고 건강한 사람의 체온 $96°F$(물의 어는점의 3배)를 세 번째 기준점으로 잡았다. 나중에는 소금물의 어는점과 건강한 사람의 체온 기준점을 온도계에서 빼고 물의 어는점보다 $180°F$ 높은 $212°F$를 물의 끓는점으로 설정하여 기준점으로 포함시켰다. 파렌하이트는 온도계의 수은이 기온 변화에 비례해서 팽창한다는 가정 하에 두 기준점 사이에 눈금을 매겼다.

섭씨온도계는 화씨온도계보다 더 합리적으로 물의 어는점을 $0℃$, 끓는점을 $100℃$로 설정하고 만들어졌다. 두 온도계 모두 일상적인 수량 측정의 세계에서 비교적 흔하지 않은 음의 값을 허용한다.

온도가 물질 안에 들어 있는 열 에너지의 진동을 측정한 통계 역학적 값이라는 점을 알고 있다면 진동 에너지가 0까지 떨어질 가능성을 이해할 수 있다. 따라서 물이 어는 온도가 아니라 진동 에너지가 0이 되는 온도를 영점으로 삼는 온도계를 생각해낼 수 있다. 실제로 그런 척도로 고안된 것이 바로 켈빈 온도^{K}다. 켈빈 온도의 0도는 절대 영도라고 한다. 켈빈 온도와 섭씨온도의 간격은 동일하며 켈빈 온도에서 물의 어는점은 273.15K다.

우리는 다시 한 번 일상적인 측정과 과학적 측정 사이의 괴리를 목격하고 있다. 과학적인 연구에서 매우 낮은 온도를 켈빈이 아닌 다른 온도로 나타내면 이해하기 어렵겠지만 일상생활에서는 켈빈 온도를 사용하는 것이 오히려 터무니없기 때문에 섭씨나 화씨를 선택한다.

어림계산법

°C = 5 × (°F - 32)/9
°F = 32 + 9 × °C/5
K = °C + 273.15

이정표 수

- 영하 40도에서는 섭씨와 화씨가 같아진다. 즉 −40°C = −40°F
- 시원한 날 기온 10°C = 50°F
- 기분 좋게 따뜻한 날 기온 25°C = 77°F
- 의료적 도움을 구해야 하는 심한 고열일 때 체온 40°C = 104°F

주목할 만한 다른 온도들도 있다.

- 녹는점과 끓는점

  ◦ 헬륨: 0.95K, 4.22K(-272.2°C, -268.93°C)

  ◦ 질소: 63.15K, 77.36K(-210.00°C, -195.79°C)

  ◦ 이산화탄소: 194.65K(-78.50 $^\circ$C)에서 승화[*]

  ◦ 수은: -39°C, 357°C

  ◦ 주석: 232°C, 2,602°C

  ◦ 납: 328°C, 1,749°C

  ◦ 은: 962°C, 2,162°C

  ◦ 금: 1,064°C, 2,970°C

  ◦ 구리: 1,085°C, 2,562°C

  ◦ 철: 1,538°C[**], 2,861°C

- 점화 온도

  ◦ 디젤: 210°C

  ◦ 휘발유: 247~280°C

  ◦ 에탄올: 363°C

  ◦ 부탄: 405°C

---

[*] 이것이 고체에서 곧바로 기체로 변하는 '드라이아이스'다. 드라이아이스는 록 콘서트 같은 행사에서 안개를 만드는 데 사용된다.

[**] 철기시대의 시작을 알리는 첫 철기 제작이 청동기를 사용한 지 아주 오랜 시간이 지나서야 가능해진 것도 철의 녹는점이 매우 높기 때문이다. 청동은 대략 950°C에서 녹는 데 반해 철기를 만들려면 그보다 500°C 이상 더 뜨겁게 불을 달궈야 했다.

- 　◦ 종이: 218~246˚C [*]

- 　◦ 가죽/양피지: 200~212˚C

- 　◦ 마그네슘: 473˚C

- 　◦ 수소: 536˚C

- • 기타
  - ◦ 주방 가스 불: 약 600˚C

  - ◦ 대장간: 650˚C~1,300˚C

  - ◦ 용광로: 최대 2,000˚C

  - ◦ 알루미늄 섬광제 가루 폭죽: 3,000˚C

대폭발과 소폭발

서로 다른 형태의 에너지를 비교하는 것은 매우 어려운 일이다. 스니커즈 초콜릿 바는 136만 줄에 상당하는 열량을 함유하고 있다. 이것은 화약 0.45kg의 위력과 맞먹지만 에너지를 방출했을 때 생기는 효과는 사뭇 다르다. 모든 것은 에너지가 연소되는 속도에 달려 있다.

　화약의 에너지 밀도는 대략 킬로그램당 3메가줄, 즉 3MJ/kg이다. 따라서 1g의 화약을 점화시킬 때 3,000줄의 에너지가 방출될 것이다. 이것은 AA 배터리에 들어 있는 에너지의 약 3분의 1이다. 사실 화약

---

[*] 　424~475˚F. 실제로 레이 브래드버리Ray Bradbury의 디스토피아 소설 《화씨 451》의 제목으로 사용된 온도가 이 범위에 속한다. 451˚F는 종이에 불이 붙는 온도인데, 소설에서 '소방관'이 책을 불태우는 일을 하는 사람들로 그려진다.

의 에너지 밀도는 휘발유 에너지 밀도의 10분의 1보다 작다. 화약이 효과적인 폭발물이 될 수 있는 것은 에너지를 분출하는 속도가 매우 빠르기 때문이다.

구체적인 예로 소총 탄환 5.56 NATO의 머즐 에너지는 1,800줄이다. 탄환이 발사되면 '소량'의 운동 에너지가 아주 빠른 속도로 목표물 속으로 분출되어 순식간에 파괴적인 힘을 낸다.

불꽃놀이용 폭죽에는 폭발성 '섬광제 가루'가 100g 정도 들어 있는데, 에너지 밀도가 약 9.2 MJ/kg이다. 그래서 폭죽은 대략 소총 탄환 머즐 에너지의 500배인 1,000kJ를 방출한다.

고성능 폭탄 TNT^Trinitrotoluene는 에너지 밀도가 약 4.6MJ/kg로 섬광제 가루보다 낮지만 폭발의 위력을 측정하는 기준으로 사용된다. TNT 1톤이 폭발했을 때 발생하는 에너지양은 4.184GJ이며, 이것은 다른 폭발물의 위력을 나타내는 에너지 단위로 널리 사용되고 있다. 예를 들어 토마호크 순항 미사일은 거의 TNT 500kg에 맞먹는 폭발력을 지니고 있고, 히로시마에 투하된 원자폭탄은 TNT 15kt킬로톤에 맞먹는 것이었다. 냉전이 한창일 때 개발된 폭탄들은 최대 50Mt메가톤의 위력을 지녔고, 줄로 환산하면 100페타줄**이 넘는다.

하지만 파괴적인 에너지에 관해서라면 인공물은 자연을 능가할 수 없다. 1883년 일어난 크라카타우 화산 폭발은 TNT 200Mt급으로 추정되며 수년 동안 세계 날씨에 영향을 미쳤다. 태양은 매분 5엑사줄(5 × 10^18J)의 에너지를 지표면으로 보내고 있다. 이것은 TNT 1,200Mt에

** 1페타줄은 1J의 10^15, 즉 1,000조J이다.

TNT 200Mt

■ 자연의 파괴력을 능가하는 화약은 없다. 1883년 인도네시아 크라카타우 화
산 폭발의 위력은 TNT 200Mt 급이었으며 수년 동안 세계 날씨에 영향을
미쳤다.

상당하며 크라카다우 화산이 1분마다 폭발하는 것과 같다.

에너지 수 사다리

1J	100g짜리 토마토가 1m 높이에서 떨어질 때 충격 에너지
300J	사람이 최대 높이까지 점프했을 때 운동 에너지
360J	세계 최고 수준 창던지기의 운동 에너지

600J	세계 최고 수준 원반던지기의 운동 에너지
800J	몸무게 80kg인 사람을 위로 1m 들어 올릴 때 필요한 에너지
1,400J	지구 궤도에 m²당 1초 동안 도달하는 여과되지 않은 태양 복사 에너지
2,300J	물 1g을 기화시키는 데 필요한 에너지
3,400J	세계 최고 수준 해머던지기의 운동 에너지
4,200J	TNT 1g 폭발 시 방출되는 에너지 = 1kcal
7,000J	0.458 윈체스터 매그넘 총탄의 머즐 에너지
9,000J	AA 배터리 에너지
3만 8,000J	지방 1g을 분해할 때 나오는 에너지
4만 5,000J	휘발유 1g을 연소시킬 때 나오는 에너지
30만J	90km/h로 움직이는 1t 자동차(소형 자동차)의 운동 에너지
1.2MJ	스니커즈 초콜릿 바 열량(280kcal)
4.2MJ	TNT 1kg 폭발 시 방출되는 에너지
10MJ	활동적인 사람의 일일 권장 섭취 열량

비트, 바이트, 워드

정보화 시대의 정보 측정

다음 중 메모리가 가장 큰 것은?

☐ 최초의 애플 매킨토시 컴퓨터

☐ 최초의 IBM 개인용 컴퓨터

☐ BBC 마이크로 모델 B 컴퓨터

☐ 최초의 코모도어 64 컴퓨터

정보에 관한 수

- 내 컴퓨터는 64비트^{bit} 아키텍처를 사용한다.

  이것은 큰 수인가?

- 소설 《모비딕》에는 20만 6,000개의 단어가 실려 있다.

  이것은 큰 수인가?

- 나는 4테라바이트^{terabyte, 이하 TB} 하드디스크를 구매했다.

  이것은 큰 수인가?

정보

우리는 지금까지 공간과 시간의 측정뿐만 아니라 질량과 에너지의 측정에 대해서도 이야기했다. 이 장에서는 비교적 덜 물리적이고 덜 실질적인, 하지만 결코 덜 중요하지는 않은 것을 다룰 것이다. 대부분의 사람들은 하루의 많은 시간을 정보라고 불리는 미묘한 성질의 것을 찾고, 조작하고, 유포하는 데 할애한다.

정보는 선택의 문제다. 약 5,000년 전 수메르의 서기는 부드러운 진흙판에 뾰족한 갈대 끝으로 '곡물 50부셸'을 의미하는 쐐기 모양의 표식을 새겨 넣었다. 오늘날 우리가 설형문자라 부르는 방식이다. 아마 서기는 곡물을 파는 사람이나 사는 사람의 이야기를 듣고 기록했거나 단순히 다음 해에 비교하기 위해 그 해 수확한 곡물 양을 기록했을 것이다. 이유야 어쨌든 그런 표식을 새겨 넣은 것은 정보를 만들어내는 활동이다. 질량과 에너지는 보존 법칙을 따른다. 무에서 창조되는 것도 아니며, 완전히 파괴되지도 않는다. 그러나 정보는 그렇지 않다. 정보는 텍스트를 전달하는 매개체, 표시 방식, 표현하고자 하는 의미만 있으면 된다. 물질과 에너지는 결코 완전히 파괴되지 않지만 정보는 조금만 흐트러지면 그걸로 끝이다.*

정보는 기호 형성에 의존적이다. 사슴뿔에 새겨 넣은 자국, 진흙에 새긴 표식, 가죽에 잉크로 쓰거나 종이에 인쇄된 기호, 컴퓨터 칩에

---

* 물리학자들은 양자 수준에서 정보가 자체적인 보존 법칙을 따른다고 주장할 것이다. 그러나 인간적인 척도에서 볼 때 스크래블 게임에서 철자 조각을 다 맞춰 글자를 완성해도 바구니에 도로 집어넣으면 소용없는 것처럼 정보는 파괴되고 마는 것이다.

내장된 트랜지스터 모두 정보라고 할 수 있다. 게다가 적어도 이론적으로는 정보기술을 사용해 모두 부호화해서 저장할 수 있다.

일상에서 사용하는 '정보'라는 말은 일종의 잠재적인 의사소통을 의미하는 것으로서 다소 모호하고 정확하지 않다. 정보는 정확하게 딱 떨어지지 않으며, 측정할 수 있는 것은 더더욱 아니다. 정보화 시대가 막 시작되었을 때 벨연구소의 천재 통신 엔지니어 클로드 섀넌 Claude Shannon은 현대 디지털 세계의 많은 부분을 뒷받침하고 있는 정보 이론을 만들었다. 그의 이론은 의사소통과 관련된 개념을 정확히 정의하려 시도했고, 그 덕분에 우리는 눈에 보이지 않는 정보를 측정할 수 있게 되었다. 오늘날 새 컴퓨터에 필요한 메모리 용량을 선택하거나 인터넷 속도에 대해 불평할 때 우리는 그런 개념을 표현할 수 있게 해준 섀넌에게 감사해야 한다.

정보 측정

섀넌은 1948년 발표한 논문 〈통신의 수학적 이론A mathematical Theory of Communication〉에서 공식적이고 엄밀한 의미로 '정보information'라는 단어를 처음 도입했다. 섀넌의 정보 이론이 제시한 형식에 따르면 메시지를 받았을 때 그 메시지는 받는 쪽의 불확실성을 어느 정도 해결해줌으로써 정보를 전달한다.

메시지가 전달하는 정보의 양은 메시지를 받았을 때 불확실성이 얼마나 제거되는지에 달려 있다. 정보의 가장 작은 단위는 **비트**(이진법)며, 이것은 확률이 같은 두 선택항목 중에서 어느 것이 선택되었는지 가리키는 것이다.

미국 독립전쟁 활동가 폴 리비어^{Paul Revere}는 영국군이 처들어오면 교회 탑에 등을 켜서 알리고자 했다. 그는 만일 영국군이 육지로 들어오면 등을 하나 켜고 바다로 들어오면 두 개 켜기로 했다. 이것은 두 항목 중 하나를 선택하는, 즉 이항 선택의 문제다. 그가 보내는 메시지는 이항 선택에 관련된 불확실성을 제거하게 된다. 섀년의 표현을 빌리자면 리비어의 메시지는 1**bit**의 정보를 전달하는 것이다.

원자가 결합해서 분자를 형성하는 것과 마찬가지로 아주 작은 비트들이 결합해서 더 큰 구조를 형성할 것이고, 더 커진 구조는 더 긴 메시지를 담고 있어서 더 많은 정보를 전달하고 더 큰 불확실성을 해결할 것이다. 폴 리비어가 '육지로' 또는 '바다로' 대신 네 가지 선택사항 중 하나를 신호로 알려야 했다고 해보자. 예를 들어 영국군이 동서남북 네 방향 중에 한 방향에서 처들어올 것이라고 하면 4항 선택의 문제이므로 경우의 수가 더 많다. 신호를 보내는 방법은 여러 가지가 있을 수 있다. 등을 하나, 두 개, 세 개, 네 개 켜는 방법이 있고, 등에 서로 다른 색깔의 필터를 끼워 구별하는 방법도 있다. 하지만 섀년의 접근 방법은 선택항목이 많더라도 이항 선택을 여러 개 혼합해서 표현할 수 있음을 알려준다. 그럴 경우 가지가 갈라지는 모든 곳에서 이항 선택을 하는 의사결정 나무^{decision tree}를 만들 수 있다.

첫 번째 선택 단계에서는 네 가지 선택사항을 두 개씩 두 쌍으로 나눈다. 예를 들어 동서와 남북으로 나누는 것이다. 두 번째 단계는 더 정교하게 들어가 둘 중 한 방향을 선택한다. 최종적인 답을 찾는 것은 결국 두 요소를 포함하고 있는 메시지, 즉 2bit 데이터를 처리하는 것을 의미한다.

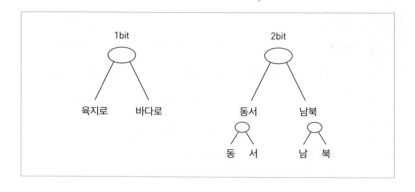

　만약 확률이 모두 같은 선택 항목이 여덟 개 있다면 폴 리비어는 3bit의 정보를 보낼 수 있는 암호가 필요했을 것이다. 동전 하나를 세 번 던졌을 때 나올 수 있는 앞면과 뒷면의 경우의 수가 여덟 가지인 것과 마찬가지로 이항 선택을 세 번 하면 서로 다른 경우가 여덟 가지 나온다. 그러므로 여덟 가지 가능한 경우에서 하나를 선택하는 문제를 부호화하면 모든 메시지 안에 담긴 정보는 3bit다.[*]

　바로 이것이 컴퓨터가 다른 컴퓨터와 통신할 때 일어나는 일이다. 컴퓨터 간에 공통된 기준이 사용되기 때문에 비트 수열이 전송되면 그 비트의 흐름이 무엇을 의미하는지 이해하게 된다. 컴퓨터들은 합의된 협약을 사용해 어떤 문자를 보일지, 어떤 색의 화소를 화면에 내보낼지 등 여러 선택사항 중 무엇을 선택했는지 표현한다. 그러나 컴퓨터에 대해 이야기하기에 앞서 다른 부호화 구조의 예를 살펴보자.

---

[*]　정보의 비트 수를 b라고 할 때 가능한 경우의 수는 2^b다. 바꿔 말해 경우의 수가 n이라면 정보의 비트 수는 $\log_2 n$이다.

먼 거리로 메시지를 보낼 때 사용했던 초기 방법 중 하나는 수기 신호다. 수기 신호에 쓰이는 각각의 깃발은 여덟 가지 위치 중 하나를 취할 수 있으므로 정보 이론에 따르면 깃발 하나로 정보 3bit를 부호화할 수 있다. 깃발이 두 개 있고 서로 시각적으로 구별될 수 있다면 이론상 6bit의 정보를 보낼 수 있다. 따라서 가능한 경우의 수는 2^6 = 64다.

그러나 두 깃발이 같은 위치에 오는 경우가 여덟 가지 있으며, 그중 오직 하나(두 깃발을 모두 내린 경우)만 신호로 사용되고 있다(두 깃발을 모두 내리면 빈 공간 또는 '준비'를 나타낸다). 게다가 실제로는 두 깃발이 서로 구별되지 않기 때문에 남아 있는 경우 가운데 절반은 사용되지 않는다. 결과적으로 두 깃발을 내린 경우를 포함해 29가지만 남지만 이것만으로도 알파벳 문자 26개와 특별 신호 3개를 나타내기에 충분하다. 특별 신호는 단어 사이를 구분하는 '스페이스' 신호와 '취소' 옵션, 컴퓨터 자판의 숫자 잠금 키$^{Num\ Lock}$와 같은 기능을 하는 '숫자 전환' 신호를 가리킨다. 경우의 수가 29이므로 계산하면 깃발의 각 위치가 5bit 이하의 정보를 부호화한다는 것을 알 수 있다. 다시 말해 수기 신호를 하나 보내는 것은 29가지 경우 중 하나를 선택하는 것과 같다. 만일 폴 리버리처럼 이항 선택 방식을 사용한다면 예/아니오 선택을 많아야 다섯 번만 하면 될 것이다.

초기의 컴퓨터 과학자들은 미국 정보 교환 표준 부호^{ASCII}라 알려진 부호 체계를 채택했다. ASCII는 문자를 부호화하는 데 7bit를 사용했고 처리 가능한 정보가 128가지였다. 이는 알파벳 대소문자와 숫자, 구두점뿐만 아니라 일부 타자기에 가지고 있던 '탭'이나 '복귀' 같은 물리적 기능을 수행하는 제어문자까지 표현하기에 충분했다.

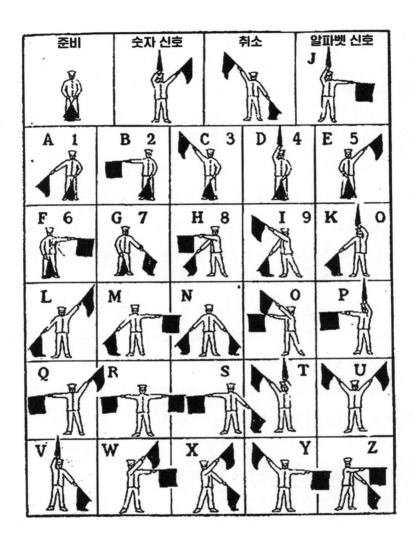

이 문자들은 아주 편리하게 8bit로도 나타낼 수 있었다. 8bit는 하나의 단위로 바이트byte라 불렸다. 추가된 1bit는 컴퓨터를 만드는 사람에 따라 다양한 목적으로 사용되었다. 예를 들어, 오류 검출을 위한

'패리티 비트^{Parity bit}'로 사용되기도 했다.[•] 그래서 여전히 널리 사용되는 ASCII 부호화 방식을 따르면서 하나의 문자를 부호화하는 데는 8bit로 된 1byte가 사용된다.^{••}

> **이정표 수**
>
> • 8bit로 256개의 서로 다른 수를 부호화할 수 있다.

수와 컴퓨터 메모리

손가락만 가지고 수를 얼마까지 셀 수 있을까? 깊이 생각해보지 않고도 사람들은 10까지라고 대답할 것이다. 손가락 하나가 하나의 수가 되는 것이다. 이제 질문을 조금 바꿔 정보 이론적 틀에서 접근해보자. 손가락을 접거나 펼치는 것까지 허용한다면 손가락으로 서로 다른 신호를 몇 개까지 나타낼 수 있을까?

한 손만 사용한다면 0에서 31까지, 32개 신호를 만들 수 있다. 방식

• 패리티 비트의 작동 방식은 이렇다. 전송하려는 기호를 부호화하는 데 사용된 일곱 개 비트 중에 1로 설정된 것이 짝수 개라면 패리티 비트는 0으로 설정하고, 그게 아니라면 1로 설정한다. 그렇게 하면 여덟 개 비트 중에 항상 짝수 개가 1의 값을 갖는 것이다. 따라서 전송 받은 바이트에서 1의 개수가 홀수라면 전송 오류가 있음을 의미한다.

•• 현재 점점 많이 사용되고 있는 유니코드 부호화 방식은 최대 4byte까지 사용한다. 유니코드는 세계에 존재하는 모든 언어와 문자는 물론이고 그 이상의 기호까지 수용하는 것을 목표로 만들어졌다. 유니코드의 첫 128개 문자는 ASCII 문자와 일치한다.

은 다음과 같다. 손가락 각각을 폈을 때 엄지는 16을 나타내고, 검지는 8, 중지는 4, 약지는 2, 새끼손가락은 1을 나타낸다고 약속하자. 다섯 손가락을 다 편다면 각각의 수를 모두 더해 31이 된다. 아무 손가락도 펴지 않는 것은 0을 나타낸다. 0과 31 사이의 수들도 모두 손가락으로 표현할 수 있다. 사실 이것은 5bit 이진코드로 수기 신호보다 세 가지 더 표현할 수 있는 방식이다. 이 방식으로 양손을 사용해 수를 세면 한쪽 손으로 가능한 경우가 32개이므로 전체 가능한 경우의 수는 32^2 = 2^{10} = 1,024다. 1,024라는 수는 컴퓨터 세상에서는 '1,000'이다.

1980년대 개인용 컴퓨터가 등장하기 시작한 초기에 인기가 많았던 마이크로프로세서는 인텔 8086이었다. 인텔 8086은 16bit로 된 내부 메모리 레지스터(저장 장소)를 사용했다. 손가락 10개를 사용해 2^{10}개, 즉 1,024개의 서로 다른 수를 나타낼 수 있는 것과 마찬가지로 16bit로 2^{16}개, 즉 6만 5,536개의 수를 나타낼 수 있다. 메모리 레지스터는 컴퓨터 메모리에 들어 있는 위치를 보여주는 신호다. 그 신호가 16bit를 사용한다는 것은 메모리 위치를 오직 6만 5,536개만 직접 보여줄 수 있음을 의미했다(언제든 64kB *의 메모리만 직접 다룰 수 있다는 말이다).

이것은 컴퓨터의 소프트웨어를 개발할 때 중대한 문제가 되었지만 나중에 메모리 주소에 32bit를 사용할 수 있게 되면서 비로소 완화되었다. 32bit로 증가했다는 것은 메모리 주소를 지정할 수 있는 메모리

---

* 'k'는 1,000을 의미하므로 엄밀히 말해 64kB는 6만 4,000byte를 가리킨다. 하지만 컴퓨터 메모리나 데이터 전송을 이야기할 때는 k를 1,024로 보는 것이 일반적이다. 이보다 엄밀하게 표현하는 방식에서는 1,024byte를 1키비바이트kibibyte라 부르고 'kiB'라고 표기한다. 비슷한 단위로 MiB, BiB 등이 있다.

위치가 2^{32}개, 즉 42억 9,496만 7,296개가 되었다는 의미다. 1기가바이트gigabyte, 이하 GB가 2^{30}이므로 이것은 4GB며, 이는 메모리 위치가 어마어마하게 증가했음을 보여준다. 하지만 이것도 이제는 부족하게 느껴진다. 현대식 데스크톱이나 노트북 컴퓨터는 64bit를 이용하고 있다. 메모리 주소를 지정할 수 있는 위치가 2^{64}개라는 말이다. 1엑사바이트exabyte, 이하 EB가 2^{60}이므로 이것은 16EB다. 요즘 나오는 최고급 노트북 컴퓨터 메모리 용량의 약 10억 배 정도되는 수다.

이제 우리는 메모리에 주소를 지정하기 위해 사용하는 레지스터의 크기가 커질수록 주소 지정이 가능한 메모리의 양이 얼마나 빨리 증가하는지 알 수 있다. 주소의 비트 수가 16에서 64로 네 배 늘어났을 때 나타낼 수 있는 주소는 어마어마하게 증가한다.

책의 단어 수 세기

정보 이론은 처음부터 지금까지 컴퓨터 발달 과정의 일부분이었다. 그래서 컴퓨터에 저장되어 있는 정보를 측정하는 것이 어렵지 않다는 것은 놀랍지 않다. 비록 섀넌과 같은 방식으로 형식화하지는 않았어도 정보는 지금까지 계속 우리 곁에 있었고, 주로 문자의 형태로 존재해왔다. 이번에는 과거로 거슬러 올라가 책에 담겨진 정보의 양을 생각해보자.

'아주 긴 책'의 상징인 톨스토이의 《전쟁과 평화》 영어 번역본에는 54만 4,406개의 단어가 들어 있다. 천으로 장정된 펭귄 클래식 판은 한 페이지에 평균 378단어씩, 1,440페이지로 구성되어 있다. 허먼 멜빌의 《모비딕》은 20만 6,000개 단어로 이루어졌으며, 이 소설의 워즈

워스 클래식 문고판은 544페이지에 달하고, 각 페이지에 평균 380개 단어가 들어 있다. 찰스 디킨스의《두 도시 이야기》의 단어 수는 13만 5,420개다. 이 책의 크리에이트스페이스 판은 302페이지이며, 한 페이지의 평균 단어 수는 448개다. 조지 오웰의《동물농장》은 비교적 얇은 편으로, 전체 단어 수는 2만 9,966이고 펭귄 모던 클래식 판은 144페이지다. 즉, 한 페이지에 평균 208단어가 들어 있는 셈이다.

이정표 수

• 《전쟁과 평화》에 사용된 단어는 대략 50만 개다.
• 《전쟁과 평화》는 대략 1,500페이지에 이른다.
• 고전 소설의 페이지당 단어 수는 대략 400이다.

가장 많은 장서를 보유하고 있는 도서관은 미국 의회 도서관으로 약 2,400만 권의 책을 소장하고 있다. 1,500년 이전에 인쇄된 출판물을 초기 간행본^{incunabula} ●이라 하는데(요하네스 구텐베르크가 활자 인쇄를 한 것은 서기 1439년) 미국 의회 도서관에는 이와 같은 초기 간행본이 5,711권 있다. 도서 형식이 아닌 자료까지 포함하면 미국 의회 도서관에 소장된 자료는 대략 1억 6,100만 개다. 영국도서관의 보유량은 장서만 따졌을 때 1,400만 권으로 미국 의회 도서관보다 적지만, 전체 소장 자료는 약 1억 7,000만 개로 더 많다.

2010년 구글은 지금까지 세상에 출판된 책이 몇 권인지 세는 프로

●   incunabula는 라틴어로 '포대기' 또는 '요람'을 의미한다.

젝트에 착수했다. 같은 책은 한 권으로 셌으며, ISBN^{국제 표준 도서 번호}을 할당하는 규칙과 비슷한 규칙을 적용해 책으로 간주될 수 있는 것이 무엇인지 엄격하게 정했다. 하지만 ISBN이 할당될 수 있는 것이라도 지도, 오디오 자료, 티셔츠 같은 것은 제외시켰다. 구글은 뛰어난 기술을 사용해서 중복되는 것을 제외시키고 결과적으로 1억 3,000만에 조금 못 미치는 수를 얻었다.

이정표 수

• 지금까지 약 1억 3,000만 종의 책이 출판되었다.

부호와 중복성

수메르 서기의 뾰족한 갈대 끝으로 새겨 넣든, 윌리엄 셰익스피어의 펜으로 쓰든, 음성을 문자로 자동 변환하는 소프트웨어를 이용하든, 정보가 기록되기 위해서는 항상 부호화가 필요하다. 내가 이 문장을 작성할 때도 내 머릿속에 있는 생각이 언어로 부호화되고 있고, 그 언어는 내가 자판을 두드리면서 기록하는 문자로 부호화되고 있다. 자판의 키를 누르면 컴퓨터가 사이버 공간 어딘가에 있는 저장 장치에 도달하게 되는 형태로 부호화한다(아마 도중에 여러 단계의 부호화가 더 일어날 것이다). 정보 이론은 이러한 부호화 단계를 분석하고 수량화할 수 있으며, 부호화의 중요한 성질 중 하나는 중복성이다.

저장된 정보는 모두 어느 정도의 중복성을 갖고 있다. 클로드 섀넌은 영어로 쓰인 텍스트에 중복된 단어가 얼마나 되는지 조사하기 위해 게임을 하나 만들었다. 어떤 소설에서 무작위로 글귀를 하나 뽑은 후 친구에게 첫 글자가 무엇인지 맞춰보라고 하면 친구는 답을 못 맞힐 가능성이 크다. 반면에 첫 글자를 알려주고 그 다음 글자를 맞혀보라고 하면 맞힐 가능성이 높아질 것이다(예를 들어 첫 글자가 't'라면 그 다음 글자는 'h'라고 할 추측하는 식이다). 이런 식으로 계속 추측하다보면 상당한 비율의 글자를 정확하게 맞힐 수 있을 것이다.

샤넌은 실험을 통해 영어 텍스트의 문자열 가운데 대략 75%가 중복되어 있다는 결론을 얻었다. 오직 4분의 1만이 실제로 새로운 정보를 전달하고 있었고, 나머지는 어느 정도 예측가능하기 때문에 불확실성을 약간만 제거해주는 것이다. 이것은 생각을 언어로, 언어를 문자로 부호화하는 두 단계에서 많은 양의 중복된 정보가 부호화된 텍스트에 포함된다는 것을 의미한다.

하지만 중복성이 꼭 나쁜 것만은 아니다. 예를 들어 글씨가 희미해져서 부분적으로 알아보기 어려운 원고를 복원할 때 빠진 문자를 채우도록 도와줄 수 있는 것이 바로 중복성이다. 샤넌의 게임과 같은 방식으로 추측하면 문장을 완성시킬 수 있는 것이다. 이집트 상형문자를 해독하는 데 사용된 로제타석은 같은 내용의 메시지가 세 가지 언어로 새겨져 있는 비문이다. 이러한 중복성이 상형문자를 해독하는 열쇠를 제공한 것이다. 같은 정보를 다양한 언어로 기록한 디스크를 제작하고 그런 디스크의 복사본을 많이 만들고 있는 로제타 디스크 프로젝트도 정보의 일부분이라도 오래 보존될 수 있도록 하기 위해 중복성에 의존하고 있다.

어떻게 가능한 효율적으로 정보를 부호화할지, 어떻게 중복을 통제적으로 그리고 최적의 방식으로 도입할지 등은 정보 이론에서 다뤄야 할 문제들이다. 현대 컴퓨터 통신은 오류 검출과 수정을 위한 메커니즘을 포함하고 있어서 메시지를 재전송해야 하는 경우도 있지만 모든 것은 우리가 의식하지 못하는 사이에 일어난다. 인터넷 접속이 안 되면 우리는 욕하지만 사실 인터넷 통신은 매우 신뢰할 만하다.

성경 부호화하기

영어 텍스트는 상당히 높은 비율의 중복된 정보를 포함하고 있다. 이것을 측정할 수 있는 방법이 있을까? 킹제임스 성경의 기본 텍스트를 인터넷에서 다운로드해서 보면 파일 크기가 대략 500만byte다. 1byte가 8bit이므로 약 4,000만bit라는 말이다.

하지만 살펴보았듯이 영어는 중복도가 높다. 성경 텍스트는 최적으로 부호화된 것이 아니므로 이 파일 크기는 정보의 표준 크기로 그다지 유용하지 않다. 그러나 성경의 단어들을 더 효율적으로 저장하고, 필요하면 재구성할 수 있는 방법이 있다. 956번 등장하는 'Jerusalem예루살렘'이나 458번 나오는 'wherefore무슨 이유로' 같이 빈번히 사용되는 단어들을 코드 번호로 바꾸는 시스템을 만들고, 코드 번호를 다시 단어로 전환할 수 있는 찾아보기 표를 제공한다면 정보 저장에 필요한 바이트 수를 줄일 수 있다.

이것은 윈집WinZip 같은 파일 압축 프로그램이 하는 일과 상당히 비슷하다. 윈집은 파일을 분석해서 반복과 다른 패턴을 찾아내고, 텍스트 자체를 저장하는 것이 아니라 텍스트를 되살리는 방법을 저장한다. 최적의 압축 과정을 거쳤다면 텍스트를 텍스트의 실질 정보량

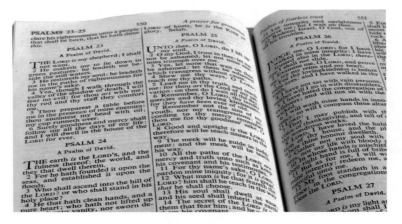

■ 킹제임스 성경의 단어 수는 78만 3,000개다.
이 가운데 '예루살렘Jerusalem'은 956번 나온다.

information content에 상응하는 크기로 축소할 수 있다. 다시 말해 중복도가 0이 되도록 텍스트를 압축할 수 있는 것이다.

베르너 기트Werner Gitt 박사는 저서《태초에 정보가 있었다In the Beginning Was Information》에서 킹제임스 성경의 실질 정보량은 대략 1,760만bit며, 전체 텍스트의 44%에 해당한다고 계산했다. 다시 말해 텍스트에서 56%는 중복된 것이라는 것이다. 다운로드 받은 성경 텍스트에 압축 프로그램을 적용하면 용량이 2,283kB킬로바이트(약 1,870만bit)인 파일이 형성된다. 이는 원래 텍스트 파일 크기의 47%다. 기트 박사가 계산한 44%와 비교해보면 압축 과정이 비교적 효율적이라는 것을 알 수 있다. 이번에는 허먼 멜빌의《모비딕》에 압축 프로그램을 적용해보자. 압축 파일은 0.5MB고 압축하지 않은 파일은 1.23MB로, 정보 밀도가 41%이고 중복이 59%를 차지한다고 볼 수 있다.

이정표 수

- 성경의 단어 수 — 78만 3,000
- 성경 페이지당 단어 수 — 650
- 성경 페이지당 부호 수 — 3,600
- 성경 페이지당 정보량 — 1.8kB

그림은 단어 1,000개와 같은 정보량을 갖는가?

이 내용은 다루기 조심스러운 주제다. 정보 기술은 하루가 다르게 발전하고 있기 때문이다. 그럼에도 불구하고 정보 기술과 데이터와 관련된 내용을 완성하기 위해서는 디지털 데이터 저장에 관해 다루어야한다. 디지털 매체의 전형적일 파일 크기를 몇 가지 살펴보자.

- 일반적인 MP3 노래 파일: 3.5MB로 이것은 성경 기본 텍스트를 압축한 파일보다 더 크다. 음악 1분의 파일 용량은 대략 1MB다.
- 12메가픽셀 사진: 6.5MB
- DVD 영화: 4GB. MP3 노래의 약 1,000배 *
- HD 영화: 12GB. 표준 DVD 영화의 약 3배
- 4K 영화: 120GB. HD 영화의 약 10배

- 타당성 확인: 음악 클립에 비해 영화는 정보 저장 용량이 1,000배 더 필요하다. 영화는 음악 트랙보다 50배 길고, 비디오 파일의 정보 밀도는 오디오 파일의 20배이기 때문이다.

저장 용량

이 글을 쓸 당시 8테라바이트^{terabyte, 이하 TB} 용량의 외장 하드 드라이브를 적당한 가격에 구입할 수 있었다. 그 용량이면 아래 나열된 미디어 파일을 저장할 수 있다.

- 4K 영화 약 70편
- HD 영화 약 700편
- DVD 영화 약 2,000편
- 사진 약 120만 장
- 재생 시간 800만 분(대략 15년) 분량의 MP3 음악

빅 데이터 센터

8TB 용량의 데이터를 저장할 수 있는 기기를 그렇게 쉽게 볼 수 있는 것이라면 도대체 구글 같은 회사가 가지고 있는 데이터는 얼마나 될까? XKCD.com으로 유명한 랜들 먼로^{Randal Monroe}는 대략 10~15EB^{엑사바이트}라고 추정했다. 그렇다면 엑사바이트는 무엇인가?

여기 기억하기 쉽게 정리해보았다.

1,000byte = 1kB킬로바이트(10^3바이트)

1,000kB = 1MB메가바이트(10^6바이트)

1,000MB = 1GB기가바이트(10^9바이트)

100GB   = 1TB테라바이트(10^{12}바이트)

1,000TB = 1PB페타바이트(10^{15}바이트)

1,000PB = 1EB**엑사바이트**(10^{18}바이트)

1,000EB = 1ZB제타바이트(10^{21}바이트)

1,000ZB = 1YB요타바이트(10^{24}바이트)

정보의 세상에서는 2^{10}, 즉 1024가 '1,000'에 해당하는 수임을 기억하자.

1024byte = 1KiB키비바이트(2^{10}바이트)

1024kiB = 1MiB메비바이트(2^{20}바이트)

1024MiB = 1GiB기비바이트(2^{30}바이트)

1024GiB = 1TiB테비바이트(2^{40}바이트)

1024TiB = 1PiB페비바이트(2^{50}바이트)

1024PiB = 1EiB**엑스비바이트**(2^{60}바이트)

1024EiB = 1ZiB제비바이트(2^{70}바이트)

1024ZiB = 1YiB요비바이트(2^{80}바이트)

따라서 구글은 판매 중인 8TB 드라이브 100만~200만 개에 상당하는 데이터 저장 공간을 가지고 있을 것으로 예상된다. 하드 드라이브 100만 개를 **시각화** 기법으로 한번 머릿속에 그려보자. 창고 크기만 한 공간에 하드 드라이브를 20개씩 쌓아올린 묶음 250개가 한 줄로 나열되어 있고, 그런 줄이 200개 있는 정도일 것이다.

그렇다면 빅 브라더는 얼마나 많은 데이터를 가지고 있을까? 미국 국가안보국은 유타에 거대한 정보센터를 두고 있는데, 그 용량은 당연히 기밀이다. 정보 전문가 브루스터 케일Brewster Kahle은 **'분할 점령'**

기법을 사용해 그 용량을 추정했다. 그는 국가안보국 정보센터 건물 크기를 봤을 때 용량이 1.2PB인 서버랙 1만 개가 있어서 총용량은 12EB로 추정된다고 했다. 이는 구글의 데이터 저장 용량과 거의 같은 크기다.

경우의 수 세기

이 책에서 가장 큰 수

다음 중 가장 큰 수는?

☐ 홀덤 포커에서 2장의 카드를 갖고 시작할 수 있는 포커 패 경우의 수

☐ 외판원이 여섯 도시를 방문하고 집으로 돌아오는 방법의 수

☐ 10^{100}을 이진법으로 나타낼 때 필요한 숫자의 개수

☐ 여섯 사람을 탁자에 앉히는 방법의 수

수학적으로 큰 수

이 책은 수학을 주제로 한 책이 아니라 실용적인 수 이해력에 관한 책이다. 하지만 수학에 등장하는, 특히 조합이라 불리는 분야에 등장하는 아주 큰 수를 언급하지 않고서는 큰 수에 관한 모든 것을 다뤘다고 할 수 없다.

지금까지 큰 수에 접근할 때 우리는 임시변통 방식을 사용해왔다. '대략'적인 접근 방법에 만족했고, 어림으로 수의 크기를 이해하는 것

에 관심을 기울였다. 우리의 일차적인 초점은 "이것은 큰 수인가?"라는 질문이었다. 이 책은 수학책이 아니다. 그랬다면 지금까지 다뤘던 수의 다른 성질들을 조사했을 것이고, 훨씬 더 엄밀하게 수를 기술했을 것이다. 자연수는 부분이 아닌 통째로 된 수이고, 자연수가 지닌 많은 수학적 성질은 수치가 정확할 때만 의미를 지닌다는 사실을 반드시 이해시키려고 신경 썼을 것이다. 결코 소수로 전부 나타낼 수 없는 무리수와 무리수를 포함한 모든 실수가 정확한 수치라는 사실도 명확하게 밝혔을 것이다. 수를 다루는 수학책이라면 초한수, 허수, 심지어 초현실수 같은 새로 만들어내거나 새로 발견된 멋진 수에 대해서도 다루었을 것이다.

하지만 이 책은 실용적인 수 이해력에 관한 책이므로 수학적인 주제에 너무 많은 지면을 할애하지 않을 것이다. 수학적인 주제는 오직 "이것은 큰 수인가?"라는 질문에 답할 수 있는 흥미로운 의미를 함축하고 있을 때만 다룰 것이다.

어쨌든 지금까지 다뤘던 어떤 수보다 크고, 실제 세상에서 분명 중요한 의미를 지니는 수를 살펴보는 것으로 이 장을 시작해보자.

조합론

조합론이라는 수학적 주제는 그저 '수 세기counting'라고 일컬어져 왔다. 수 세기가 조합의 핵심인 것은 분명하다. 카드 한 팩(총 52장)을 가지고 브리지 카드 패 13장을 돌릴 수 있는 경우의 수는? 선택할 수 있는 피자 토핑이 6가지 있다면 만들 수 있는 피자의 가짓수는? 이런 종류의 질문이 조합을 소개할 때 사용되는 전형적인 질문이다.

이런 질문들은 실제 개수가 아닌 가능한 경우의 수를 묻는 것임을 명심하자. 아무도 64가지 피자를 실제로 만들어 하나씩 세어보라고 하지 않는다. 52장의 카드에서 13장을 뽑는 방법이 6,350억 가지가 있는데, 실제로 그렇게 카드를 다 돌리라는 말은 더더욱 아니다.

경우의 수를 구하는 것을 '수 세기'라고 말하지만 실제로 수를 세는 것은 아니다. 모두 조합과 순열을 계산해서 얻는다. 조합론적 수 세기는 보통 확률을 구할 때 이루어진다. 예를 들어, 브리지 카드 패가 모든 빨간 카드일 확률은 얼마인가? 약 6만 분의 1이다. 피자를 무작위로 고를 때 토핑에 페페로니는 들어가지만 버섯이 들어가지 않을 확률은? 4분의 1이다. 이렇게 조합론과 확률은 밀접하게 연관되어 있다.

조합론은 아주 큰 수를 접하게 되는 경우가 매우 흔한 분야다. 52장의 카드를 배열하는 경우의 수는 대략 8×10^{67}이다. 이것은 그야말로 터무니없이 큰 수다. 밀리미터로 표현한 우주의 지름보다 더 큰 수다. 게다가 조커 2장까지 추가한다면 2,862(= 54 × 53)를 더 곱해야 하고 그러면 10^{71}보다 큰 수를 얻게 된다. 이것은 실제 물리 세계뿐만 아니라 우주론 분야에서 마주칠 것이라 예상되는 어떤 수보다도 더 큰 수다. 이 수들은 실제 세상이 아닌 확률상 존재하는 것들이지만 종종 확률을 생각해야 할 때도 있지 않은가?

그 문제는 얼마나 어려운가?

컴퓨터와 스마트 기기는 놀라울 정도로 많은 스위치를 아주 빠른 속도로 누르면서 일어나는 일련의 명령을 따라 작동한다. 컴퓨터나 스마트 기기가 따르는 명령은 컴퓨터 프로그램의 단계를 거쳐 실행되며 컴퓨터 언어로 쓰여 있다. 컴퓨터 프로그램의 본질이 되는 핵심 아이디어는 알고리즘이다.

우리가 중고차를 구입하려 하고 있다고 가정하자. 인터넷에서 원하는 조건에 부합하는 차를 열 대 찾았는데 어느 차의 가격이 가장 좋은지 알고 싶다. 솔직히 이것은 매우 간단한 문제이긴 하다. 하지만 다음과 같은 알고리즘을 통해 체계적으로 해결해볼 수도 있다.

- 후보 목록에 있는 열 대의 자동차 중에서 먼저 1번 자동차에 주목한다. 1번 자동차를 '지금까지 최고'라고 규정하고, 가격과 차량 등록번호를 적어둔다.
- 다음으로 2번 자동차를 살펴본다. 현재 '지금까지 최고'라고 지정된 차보다 가격이 싸다면 이것이 새롭게 '지금까지 최고'인 후보가 되는 것이다. 이 차의 가격과 등록번호를 이전에 써둔 가격과 등록번호 위에 적는다.
- 목록에 있는 모든 자동차에 대해 이 단계를 반복한다.
- 모든 과정을 마치고 가장 마지막에 '지금까지 최고'라고 적힌 차가 가장 싼 자동차일 것이다.

이것이 바로 알고리즘이다. 이 예시는 아주 간단하지만 어떤 단계를 따라야 하는지 개념을 잘 보여준다. 이 알고리즘은 컴퓨터 언어로 쓰인 것이 아니기 때문에 컴퓨터 프로그램은 아니지만 그 이면에 담겨 있는 기본 **개념**을 이해하기 쉽게 정리한 것이다.

컴퓨터 과학자들은 알고리즘의 복잡도[*]에 관심을 기울인다. 만일 우리가 트위터 피드의 통계적 패턴을 분석하는 일을 맡았다면 되도록 짧은 시간에 되도록 많은 트위터 메시지를 검토하는 알고리즘을 원할 것이다. 만약 경쟁자보다 빠르게 분석을 마칠 수 있다면 우리는 그들보다 경쟁 우위에 있을 것이다.

가장 값싼 자동차를 찾는 문제에서 문제 해결에 필요한 일의 양은 대략 후보 자동차 목록의 길이에 비례한다. 자동차 20대에 대해 알고리즘을 실행하는 것은 10대에 비하면 2배의 노력이 필요할 것이다. 마찬가지로, 1,000대에 대해 실행하는 것은 10대의 100배가 필요할 것이다. 알고리즘을 연구하는 컴퓨터 과학자들은 이런 알고리즘을 'n 번의 연산'을 하는 알고리즘이라고 설명한다. 알고리즘의 복잡도는 이른바 빅오 표기법, 또는 대문자 O 표기법이라 불리는 $O(n)$으로 표기한다. 검색 대상이 되는 자료의 수가 커질수록 수반되는 작업의 양도 그에 비례해 증가함을 의미한다.

만약 우리가 자동차 목록을 가격 순으로 분류하는 조금 더 힘든 작업을 맡았다면 분류 알고리즘이 필요할 것이다. 간단한 분류 알고리즘의 형태는 다음과 같다.

- 목록에서 가장 값싼 자동차를 찾아 그것을 1번 위치에 놓는다.

---

* 이 경우 '복잡도'란 흔히들 생각하는 그런 의미가 아니다. 알고리즘에 몇 단계가 필요한지 나타내는 수치이지 그 단계가 얼마나 '복잡한지'를 나타내는 것이 아니다. 단계가 몇 개인지는 컴퓨터로 알고리즘을 실행하는 데 걸리는 시간을 가리키기 때문에 중요하다.

- 남아 있는 자동차 가운데 가장 값싼 것을 찾아 그 다음 위치에 놓는다.
- 목록에 남아 있는 자동차가 없을 때까지 위 단계를 반복한다.

이 알고리즘을 실행할 때 몇 번의 비교를 해야 하는지 쉽게 계산할 수 있다. n대의 자동차 목록에서 가장 값싼 차를 찾으려면 n-1번의 비교가 필요하다. 두 번째로 값싼 차를 찾는 것은 n-2번의 비교가 필요하다(한 번이 줄었다). 따라서 두 개 항목을 분류하려면 한 번의 비교가 필요하고, 세 개 항목을 분류하려면 3번의 비교가 필요하고, 네 개 항목을 분류하려면 여섯 번의 비교가 필요하며, 다섯 개 항목을 분류하려면 열 번의 비교가 필요하다는 것을 알 수 있다. 즉 이 알고리즘을 이용해 n개 항목을 분류하려면 $(n^2-n)/2$번의 비교가 필요하다. 목록이 길어질수록 이 공식은 점점 빠른 속도로 더 큰 수를 출력한다. 따라서 5개 항목이면 10번 비교해야 하지만 10개 항목은 45번 비교해야 하고, 15개 항목은 105번의 비교가 필요하다. 항목 수가 1,000이라면 거의 50만 번 비교해야 한다.

이것이 우리가 찾고 있는 통찰력이다. 왜냐하면 우리로 하여금 다양한 알고리즘 중에서 선택하도록 도와주기 때문이다. 알고리즘의 복잡도를 구하는 공식에서 가장 높은 차수의 항을 제외한 나머지 항은 대체로 무시한다. 수가 아주 커지면 가장 높은 차수의 항이 나머지를 모두 압도해버리기 때문이다. 따라서 주어진 예에서 최고 차수가 2이므로 이 알고리즘의 시간 복잡도는 $O(n^2)$이라고 말한다.*

시간 복잡도가 n, n^2, n^3 등등 n의 거듭제곱을 기반으로 한다면 '다항 복잡도'를 가지는 알고리즘이라고 말한다. 규모를 따진다면 일반적으로 중간 복잡도로 간주된다.

그 다음 단계는 '지수 복잡도'다. 다이얼식 자전거 자물쇠가 하나 있다고 가정하자. 다이얼은 4개로 구성되어 있고 각 다이얼이 10가지 설정이 가능하다면 자물쇠 번호로 가능한 모든 경우의 수는 1만이다. 번호를 한 번에 하나 시험할 때 1초 걸린다면 자전거 도둑이 자물쇠를 열고 훔쳐가는 데 약 2시간 45분이 걸린다. 보안이 철저한 것까지는 아니지만 그 정도면 안심할 만하다. 하지만 자물쇠에 다이얼을 하나 더 추가하면 가능한 조합이 더 늘어나서 자물쇠를 여는 데 걸리는 시간은 자릿수가 하나 더 늘어난 27시간 이상이 된다. 다이얼을 8개로 늘리면 가능한 조합을 모두 시도해보는 데 3년 이상이 걸릴 것이다. 자물쇠 다이얼의 수를 n이라 할 때, 시간 복잡도는 $O(10^n)$이 된다. 즉 지수 시간 복잡도의 문제가 되는 것이다.

여기서 끝이 아니다. 더 큰 복잡도 문제도 있다. 다음에 이야기할 외판원 문제에 나오는 무차별적으로 가능한 모든 경우의 수를 세는 방법은 팩토리얼 시간 복잡도를 갖는다.[**] 팩토리얼은 정말 빠른 속도

- 물론 이것은 비효율적인 분류 알고리즘이지만 이해하기는 쉽다. 흔히 사용되는 분류 알고리즘은 복잡도 $O(n \cdot \log n)$을 가진다. 항목 목록이 거의 분류되어 있다면, 예를 들어 이미 분류되어 있는 스프레드시트 세로줄에 값을 몇 개 추가한다면 더욱더 개선될 수 있다.
- 정수의 팩토리얼은 1에서 그 수까지 모든 정수를 곱해서 계산한다. 그래서 예를 들어 6 팩토리얼은 6!이라 표기하고 $1 \times 2 \times 3 \times 4 \times 5 \times 6 = 720$이라고 계산한다. 팩토리얼은 아주 큰 값이 될 수 있다. 10!은 362만 8,800이고 20!은 200경, 즉 $2 \times 1,018$이 넘는다.

로 어마어마하게 큰 수가 된다.

시간 복잡도는 현실적인 시간 범위 내에 실행 가능한 방식에 의해 해결될 수 있는 문제와 그렇지 못한 문제를 구별해주기 때문에 컴퓨터 과학자들에게 중요한 문제다. 전자 금융 거래나 온라인 쇼핑 같은 분야에서 필요한 인터넷 보안은 모두 한시적이기는 해도 특정 알고리즘(특히 소인수분해 알고리즘)이 충분히 큰 복잡도를 가지고 있다는 사실에 기반을 두고 있다. 암호화 알고리즘에 사용된 수가 충분히 크면 복잡도가 커지므로 실존하는 어떤 컴퓨터로도 보안을 위협할 정도로 빨리 암호 해독 알고리즘을 실행할 수 없기 때문이다.

이것은 큰 수에 대한 완전히 새로운 사고방식이다. 수가 얼마나 큰지 뿐만 아니라 매개변수가 증가했을 때 얼마나 빠른 속도로 커질 수 있는지도 고려한 것이다. 은하에 별이 몇 개 있는지 알고 싶을 때 천문학에서는 1,000억과 2,000억 사이라는 답을 얻으면 충분히 만족스럽다. 천문학자들이 수의 규모(몇 자리 수인지)는 신경 쓰면서 유효숫자에는 별로 신경 쓰지 않듯이 알고리즘을 다루는 연구자들은 알고리즘 복잡도의 규모에 더 관심을 기울인다. 복잡도는 그 알고리즘이 큰 데이터나 심지어 적당한 크기의 데이터에 적용했을 때 효율성이 있을지 아니면 실패로 끝날지 말해주기 때문이다.

외판원 문제

조합론에 생소한 독자를 위해 설명하자면 '외판원 문제travelling salesman problem'는 한 외판원이 여러 도시를 한 번씩 방문하는 계획을 세우는 조합론 문제다. 최대한 빠르게 끝내기 위해서 크게 한 번에 순회하도록 여행 계획을 세워야 한다. 즉, 최단 경로를 찾는 것이 핵심이다.

이 문제가 왜 유명할까? 심지어 왜 악명이 높기까지하다. 이유는 두 가지다. 이 문제는 간단해 보이고 이해하기도 쉽다. 하지만 이론적으로 정확히 어떻게 풀어야 할지 알 것 같으면서도 경우의 수가 너무 많아서 실제로는 해결하기 매우 어렵다. 만약 외판원의 집까지 포함해 세 도시만 있다면 쉽게 해결할 수 있다. 두 도시를 A, B라 하고 집을 H라 하면 가능한 경로는 H → A → B → H 하나다(순서를 거꾸로 바꿔도 되지만 어차피 길이는 같다). 집을 포함해 네 개의 도시가 있다면 가능한 경로는 세 가지다(순서를 거꾸로 하는 길이가 같은 경로는 계산에 넣지 않겠다). 다섯 도시가 있다면 경우의 수는 12이므로 조금 더 복잡해진다. 문제는 그 다음부터 가능한 경로의 수가 급속도로 늘어난다는 것이다.

사실상 이것은 지수함수보다 더 빠른 속도로 커진다.* 각 단계가 이전 단계보다 일정한 배수로 커지는 것이 아니라 점점 더 큰 배수로 커지는 것이다. 대형 컴퓨터가 있다면 이와 같은 큰 수를 처리하는 것은 식은 죽 먹기일 것 같지만 사실은 그렇지 않다. 어떤 것이 지수적 성장 이상의 성장을 보이면 문제를 해결하는 데 드는 비용이 더 이상 **비례 증가하지 않는** 순간이 올 것이다. 그것도 꽤 빠르게 말이다. 즉, 답을 계산하는 데 드는 비용·시간·노력이 증가하는 속도가 문제의 규모가 커지는 속도보다 감당할 수 없을 만큼 훨씬 더 빨라진다.

외판원 문제가 대단한 두 번째 이유는 실제로 이것이 여기저기 돌아다니는 외판원에 관한 문제가 아니라는 것이다. 단지 어쩌다 보니

---

* 도시의 수를 n이라 한다면 경로의 수는 n 팩토리얼의 절반, 즉 n!/2다.

도시의 수	경로의 수
집 + 2	1
집 + 3	3
집 + 4	12
집 + 5	60
집 + 6	360
집 + 7	2,520
집 + 8	2만 160
집 + 9	18만 1,440
집 + 10	181만 4,000
집 + 11	1,996만
집 + 12	2억 3,950만
집 + 13	31억 1,350만
집 + 14	435억 9,000만
집 + 15	6,538억 4,000만
.	.
.	.
.	.
집 + 20	1.216×10^{18}
.	.
.	.
.	.
집 + 25	7.756×10^{24}
.	.
.	.
.	.
집 + 30	132.6×10^{30}

문제를 그렇게 표현한 것일 뿐, 사실 이 문제는 외판원의 방문 일정을 계획해야 하는 영업부에만 관련된 문제가 아니다.

외판원 문제와 관련된 분야는 많다. 예를 들어 회로판 연결, 가스 터빈 엔진 관리, X선 결정학, 유전체 서열, 컴퓨터 배선, 창고에서 제품 고르기, 차량 노선 및 배달 일정, 회로도 배열, 휴대폰 통신, 오류 수정 코드, 평면 스크린 위에 3차원 장면을 만드는 방법을 결정하는 게임 프로그래밍 등이 있다. 그러므로 외판원 문제의 답을 찾을 수 있는 보다 효율적인 방법이 있다면 관련 문제 전체에 큰 도움이 될 수 있다. 우리는 이 문제들의 답에 도달할 수 있는 알고리즘을 알고 있지만 입력 값이 많기 때문에 답을 도출하는 단순한 계산도 엄청나게 어렵다. 역시나 문제는 큰 수다.

어쨌든 수란 무엇인가?

처음에는 사물의 개수를 세는 자연수가 있었다. 그 후로 사람들은 '수'의 개념을 점점 '비자연적인' 방식으로 확대했다. 개수를 세는 수의 개념을 거꾸로 뒤집어 분수가 생겨났다. 예를 들어 빵 한 개를 4명이 나눠 먹기 위해 하나를 4조각으로 쪼개면 그 조각이 분수다. 수의 열린 구간을 허용하고 있던 '아라비아' 수 체계(실제로는 인도 수 체계)는 필요에 의해 0의 개념을 추가했다. 따라서 0은 일찍이 서기 7세기부터 사용된 것으로 보인다.

음수는 솔직히 말도 안 되는 개념이었다. 어떻게 아무것도 없는 것보다 작은 수가 있을 수 있단 말인가? 어떻게 5를 더했는데 결과가 2가 될 수 있는가? 그러나 우리는 무역의 세계나 차변과 대변이 있는 회계의 세계에서 이처럼 거꾸로 가는 연산이 어떻게 일관되게 작용하고 얼마나 유용하게 쓰이는지 알고 있었기 때문에 음수도 수의 일원으로 받아들였다.

일관성과 유용성이라는 성질은 허수와 복소수를 받아들일 때도 주요한 근거가 되었다. 많은 사람들이 여전히 허수나 복소수와 씨름하고 있다(허수라는 이름 자체가 이해에 도움이 안 된다). 사실 모든 수와 마찬가지로 허수도 수학적으로 만들어낸 개념이기 때문에 허수가 0보다 더 공허한 수라고 말할 수도 없다. 어쨌든 허수는 일관성 있고 굉장히 유용하기 때문에 매우 중요한 수로 인정되었고 18세기에 광범위하게 받아들여졌다.

이것이 끝이 아니다. 19세기에 게오르크 칸토어Georg Cantor는 무한대에도 크기가 있다고 주장하며 무한대를 분류하는 방법을 찾아내고 초한수transfinite number를 만들어냈다. 그 후에 소수점 왼쪽으로 무한개의 숫자가 이어지는 p진수p-adic number라 불리는 수도 생겨났다. 무한소를 나타낼 수 있는 초실수hyperreal number와 초현실수surreal number도 있다.

이렇게 새롭게 만들어진 수학적 대상들은 수의 범주에 포함되기 위해 기본적으로 일관성과 유용성 평가를 받게 된다. 일관성이란 새로운 수가 기존 수 체계에 통합되어야 하므로 기존 체계가 지닌 성질을 위반하지 말아야 함을 뜻하고 유용성 평가는 말 그대로 유용한지 판단하는 것이다. 초현실수는 존 호턴 콘웨이J. H. Conway가 영감을 받아 집필한 《수와 게임에 관하여On Numbers and Games》라는 책에 처음 소개되었다. 콘웨이는 초현실수를 바둑 같은 격자판 게임에서 바둑돌의 위치와 같은 것이라고 봤다. 이렇게 수학자들은 '수'라고 분류한 집합에 새로운 종류의 수학적 대상을 계속 추가한다.

구골과 구골플렉스는 어떤 수인가?

에드워드 캐스너Edward Kasner가 《수학과 상상력The Mathematical Imagination》
(1940년)을 한창 집필하고 있을 때 그는 9살짜리 조카 밀턴 시로타에
게 10^{100}의 이름을 지어달라고 했다. 그는 아주 큰 수와 무한대의 차
이를 보이기 위해 그 수를 예로 사용하고 있었다. 이때 조카가 붙여준
이름이 바로 '구골googol'이다. 구골은 기억하기 쉽다는 것을 제외하면
어떤 특정한 의미도 가지고 있지 않지만 이정표 수로 자리매김했다.
물리학적으로 구골은 전자 질량 대비 가시 우주visible universe의 질량비
보다 큰 수다.

  큰 수를 만드는 방법을 알고 있다면 그것보다 더 큰 수도 얼마든지
만들 수 있다. 캐스너와 그의 조카 시로타가 만들어낸 또 다른 수는
구골플렉스다($10^{구골}$). 종이 위에 이 수를 다 쓴다는 것이 불가능할 뿐
아니라 우주에도 이 수를 담을 수 있는 공간이나 재료는 없다.

그레이엄 수는 무엇인가?

1980년 발간된 《기네스북》에 '정식 수학 증명에서 지금까지 사용된
가장 큰 유한 수'로서 그레이엄 수Graham's number가 처음 언급되었다.
지금은 더 이상 그 타이틀을 보유하고 있지 않지만 그레이엄 수는 그
수가 어떤 것인지 말하기만 해도 문제가 되는 대표적인 수다. 당연히
그레이엄 수도 조합론 문제에서 나왔다.

  사물의 개수를 세는 작은 수부터 1,000까지 편안한 범위의 수를 지

나 천문학적인 수까지 점점 큰 수를 다루게 되면서 우리는 수를 이해하기 위해 다양한 전략을 사용해야 했다. 개념적 부담을 덜고 균형을 잡기 위해 때로는 새로운 사고방식으로 수에 접근했다. 즉, 수를 직접적으로 이해하는 것에서 그 수를 만드는 데 필요한 알고리즘을 이해하는 것으로 바꿔 생각하기도 했다.

예를 들어 '100경'처럼 수를 이름으로 부르는 것이 더 이상 명료하지 않다고 결론내리고 10^{18}같이 과학적 표기법으로 나타내기로 결정했다면 우리는 그 수를 이해하는 일차적 방식으로써 알고리즘(이 경우는 10의 거듭 제곱을 계산하는 알고리즘)을 채택하고 있는 것이다. 그레이엄 수는 이런 전환의 극단적인 예다. 그레이엄 수를 설명하는 것은 전적으로 그 수를 만드는 데 사용되는 알고리즘을 설명하는 것과 같다. 그 알고리즘은 상상할 수도 없을 만큼 여러 번 거듭제곱을 하는 방법이다. 그레이엄 수를 만드는 알고리즘은 이해하기 매우 어려우며, 그레이엄 수는 개념화할 수도 없는 수다. 첫 숫자가 무엇인지도 모른다. 그레이엄 수를 만드는 방법은 명확히 정의되어 있지만 아무도 그 방법을 실제로 끝까지 시도한 적 없고, 아무도 할 수 없을 것이다.

그렇다면 그레이엄 수가 얼마나 큰 수인지 알 수 있는 방법이 있을까? 사실상 없다. 그레이엄 수를 구하는 직접적인 방법은 없다고 봐도 무방하다. 그나마 유일한 방법은 그레이엄 수에 도달하는 과정을 이해하고 안전지대에 있는 작은 수를 사용해 그 과정을 구성하는 단계를 표현하는 것이다.

그레이엄 수가 수이기는 한지 궁금한 사람도 있을 것이다. 정말 좋은 질문이다. 우리가 아는 것이라고는 이 수를 만드는 방법뿐이다. 하

10,000,000,000,000,000,
000,000,000,000,000,000,
000,000,000,000,000,000,
000,000,000,000,000,000,
000,000,000,000,000,000,
000,000,000,000 = 1 googol

■ '구골'은 10의 100제곱이며, '구글'이란 말이 여기서 나왔다.

지만 우주가 제공하는 것보다 더 많은 시간과 공간이 필요하기 때문에 결코 따라 해볼 수는 없다. 그레이엄 수를 생각할 때 주목해야 할 점은 우리가 접하는 모든 수, 심지어 커피 값 2.5파운드조차 수 자체가 아니라 그 수에 이르는 과정인 알고리즘이라는 사실이다. 차이점은 단지 우리가 그 과정에 어느 정도 익숙한가에 달려 있다.

무한대는 어떤가?

우리는 사물의 개수를 세는 자연수가 몇 개인지 셀 수 없지만 그 수가 무한히 계속 이어진다는 것을 알고 있다. 아무리 높은 수까지 세더라도 우리는 결코 '이것이 전부다' 혹은 '여기까지가 자연수다'라고 말할 수 없을 것이다. 우주가 무한한지 아닌지는 모르지만 우리가 이성적으로 추론하고 계산할 수 있는 길이와 질량과 시간에는 상한선이 없다는 것은 확실하다. 하지만 수의 범위에 한계가 없다는 것과 수학적 대상 자체로서의 무한대는 별개의 문제다. 무한대는 목적지가 아니기 때문에 우리가 사용하는 수직선에 무한대의 자리는 없다.

그럼에도 불구하고 앞에서 언급했듯이 19세기 수학자 게오르크 칸토어는 유한수가 아닌 그 너머에 있는 수를 연구하는 데 몰두했다. 그는 기존의 수 체계와 일관성을 유지하면서 유용성까지 입증될 수 있는 수를 추론하고자 무한대를 여러 종류로 분류했다. 사실상 말이 안 되는 이야기였기 때문에 당연히 그의 이론은 강력한 반발을 불러일으켰지만 결국에는 수학적 개념으로서 무한대가 수학계에서 받아들여졌다. 19~20세기를 대표하는 수학자 다비드 힐베르트David Hilbert는 "누구도 칸토어가 만든 파라다이스에서 우리를 내쫓을 수 없을 것이다"라는 말로 칸토어의 연구에 찬사를 보냈다.

칸토어가 한 일은 초한수라는 새로운 종류의 수를 만드는 방법을 설계한 것이다. 유한 집합의 크기를 나타내는 데 자연수를 적용하는 것처럼 초한수는 무한 집합의 크기를 나타내는 데 적용한다. 따라서 모든 초한수는 '무한대'이고, 우리가 이름을 말할 수 있는 어떤 유한수보다 크다. 그러므로 칸토어의 초한수에 대해 "이것은 큰 수인가?"라고 묻는 것은 의미가 없는 질문이다. 초한수는 그것들만의 영역에 속하는 수다.

제 4 부

공적 영역의 수

시민의 수 개념

우리는 매일 자신뿐만 아니라 주변 사람들의 삶에도 영향을 미치는 결정을 한다. 어떤 결정은 투표처럼 즉각적이고 직접적인 결과를 낳기도 하고, 어떤 선택은 시간이 흐른 다음에 영향을 미치기도 한다. 예를 들어 우리가 어떤 물건을 구매하고 어떤 웹 사이트를 방문하는 지에 관한 기록은 당장은 아니지만 나중에 사업 결정을 내릴 때 영향을 미칠 수도 있다.

어떤 결정은 요란스럽고, 또 어떤 결정은 조용히 이루어진다. 누군가는 목소리를 높이면서 사회에서 적극적인 역할을 하고, 또 누군가는 부모로서 교사로서 또는 직장 동료로서 자신의 역할을 수행하면서 보다 조용히 다른 사람들에게 영향을 미친다. 조용하든 요란하든 우리가 하는 선택은 잔물결을 일으키고, 이런 선택들이 모여 우리 사회를 형성한다.

세상의 골격

레오나르도 다빈치는 자신이 그리는 인간과 동물의 골격과 근육을 이해하기 위해 직접 해부를 했다. 그는 선택이나 우연에 의해서 바뀌거나 변형될 수 있는 겉모습만으로는 충분하지 않다는 것을 알고 있었던 것이다. 레오나르도는 근육 조직을 직접 살펴봄으로써 자신이 묘사하고 있는 대상의 외형과 크기, 힘, 움직임을 모두 이해할 수 있었다. 뿐만 아니라 근육보다 더 깊숙이 자리 잡은 골격과 그 뼈들의 연결 방식을 보고 관절의 구조와 기능을 알 수 있었다. 근육 조직과 골격을 제대로 이해하기 위해 그는 피부 속까지 들여다보기를 원했고 그 덕분에 그림에 강렬한 에너지를 불어넣을 수 있었다.

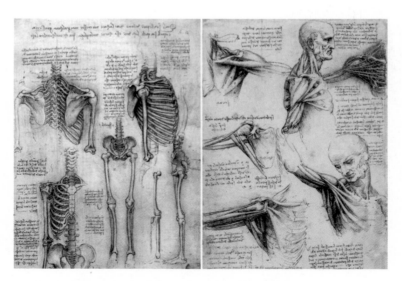

■ 겉모습을 잘 그리려면 내부의 골격을 제대로 이해해야 한다.

우리는 모두 세상을 이해하기 위해 애쓴다. 그러나 눈으로 직접 보는 것은 혼동을 일으킬 수 있는 겉모습들뿐이고, 귀로 듣는 모든 것을 제대로 흡수하고 해석하고 평가하기에는 정보와 수가 너무 많다.

우리는 새로운 정보가 생기면 기존 관념에 맞추어 걸러내는 경향이 있기 때문에 확증 편향에 빠지기 쉽다. 새로운 정보가 기존 세계관에 들어맞으면 무비판적으로 그것을 받아들이고 승인하고 공유하는 반면에 새로운 정보가 기존 관념을 위협하면 그것을 거부할 이유를 찾으면서 쉽게 합리화할 수 있는 것에 매달린다.

아무것도 없는 상태에서는 어떤 결정이든 내릴 수 없다. 우리는 항상 내면에 가지고 있는, 세상에 대한 모델을 참조해서 결정을 한다. 만일 그 모델이 현실과 충분히 비슷하다면 우리의 선택은 잘한 선택이 될 가능성이 크다. 우리도 레오나르도를 본받아 표면 아래 무엇이 있는지 찾아보려고 해야 한다. 세상을 이루는 근육과 골격을 이해해야 한다는 말이다. 우리의 가치관과 믿음이 세상에 대한 깊은 이해와 연결된다면 더 설득력 있고, 감정 조작에 덜 휘둘리고, 변화가 필요할 때 더 유연해질 것이다.

너무 순진하고 단순하게 들릴지도 모르지만 그런 내면 모델을 만드는 좋은 방법은 세상에 대한 논리적이고 합리적인 이해와 수리적 사고력을 갖추는 것이다. 진실하게 세상을 보는 관점을 찾는다면 옳았을 때는 수치적 자료가 우리를 뒷받침해줄 것이고 틀렸을 때는 틀렸다고 이의를 제기할 것이다.

절대적이고 '옳은' 관점이 단 하나만 있다고 말하려는 것이 아니다. 과학은 점차 '덜 틀린' 설명을 찾아내면서 진보한다. 동일한 사실일지라도 종종 인과관계에 대한 다른 해석을 뒷받침하는 데 사용될 수도 있다. 사람들은 저마다 다른 가치관을 가지고 있고 우선시하는 목표도 다양하다. 공개 토론에서 관점이나 가치가 충돌할 때 수는 진짜 토론의 일부든 아니면 단순한 주의 환기용이든 간에 무기로 자주 사용된다. 수치 정보가 어디에서 나온 것인지 그리고 그것이 무엇을 의미하는지 이해한다면 토론을 더 잘 이해할 수 있고, 논쟁이 겉모습과 관련 있는지, 더 깊은 현실과 관련 있는지 판단할 수 있다. 세상의 겉모습만을 볼 것인가, 골격을 볼 것인가?

세계적 수

전 세계 사람들은 점점 같은 문제에 직면하고 있다. 단순히 비슷한 문제뿐만 아니라 국경이 없는, 국가적 차원의 노력만으로는 해결할 수 없는 문제들이 발생하고 있다. 토양·해양·대기 오염, 기후 변화, 생물 서식지 및 생물 다양성 감소, 역기능 국가가 지역과 세계에 미치는 영향, 다국적 기업의 조세 차익 거래, 조직범죄, 테러 같은 문제들이다. 이처럼 상당히 복잡하고 본질적으로 까다로운 문제들은 '국제적인' 성질의 것이기 때문에 다루기 더욱 어렵다.

이런 문제에 대해 개인적으로 어떤 영향을 미칠 수 있다고 보기 어렵지만 한 국가의 시민으로서는 이런 광범위한 문제에 적절한 무게를 두고 다뤄줄 정부를 선택하려고 노력할 수 있다. 지구촌 시민으로서 우리는 우리의 목소리가 긍정적인 기여를 할 것이라 여겨지는 분야에서 목소리를 낼 수 있고, 지지하는 캠페인에 시간이나 노력, 돈을 기부할 수 있다.

하지만 '적절한 무게'가 무엇을 의미하는지 어떻게 알 수 있을까? 우리의 에너지와 자원을 가장 잘 쓸 수 있는 분야가 어디인지 어떻게 알 수 있을까? 선택을 돕는 튼튼한 길잡이를 얻기 위해 우리는 머릿속 지식에 의존해야 하며, 지식은 대부분 수와 연관된 것이 많다.

이 책의 4부에서는 수 이해력이 중대한 영향을 미치는 국가적, 국제적 차원의 주제를 다룰 것이다. 돈과 경제, 인구 증가, 가축 수 증가, 야생 동물 개체 감소, 변동과 불평등 측정, 삶의 질 수치화 등이 포함된다. 물론 이것이 전부는 아니다. 다만, 우리는 몇 가지 예를 이용해서 수 이해력을 바탕으로 한 접근법이 중요한 문제를 어떻게 조명하고 그것을 이해하기 위한 맥락을 어떻게 형성하는지 보고자 한다.

첫 번째로 다룰 주제는 돈이다.

백만장자가 되고 싶은 사람들

돈을 세다

....

다음 중 액수가 가장 큰 것은?

☐ 아폴로 달 착륙 프로그램 비용(2016년 달러 기준)

☐ 2016년 쿠웨이트 GDP

☐ 2016년 애플사 총매출

☐ 2016년 7월 기준 러시아가 보유한 금의 가치

....

탤리스틱과 스톡홀더

모든 비즈니스는 늘 부채에 의존해왔다. 거래가 이뤄지는 순간에 상업적 교환을 완벽하게 마무리하는 것이 항상 실현 가능하거나 합리적인 것은 아니다. 현대 회계 체계는 확실하게 차변과 대변을 기록할 수 있지만 복식 부기가 발명되기 오래 전 중세 유럽에서 개발된 회계 방식은 지금과는 많이 달랐다.

중세 유럽에서는 일정 길이의 나무 막대기에 홈을 파서 부채 금액

을 표시했다. '탤리스틱tallystick'이라 불린 그 막대기는 금액을 표시한
후에 표시가 양쪽으로 나눠지도록 중간에서 두 개로 쪼갰다. 쪼개다
보면 한 쪽이 더 길 수밖에 없는데 그중 긴 조각을 스톡stock이라 불렀
고 돈을 빌려주는 사람이 보관했다. 즉, 돈을 빌려준 사람이 스톡홀더
stockholder가 되는 것이다. 짧은 조각은 포일foil이라 불렀다. 거래되는
금액은 다양한 두께의 홈으로 표시했다. 12세기 리처드 피츠닐Richard
FitzNeal이 쓴《재무상과의 대화》를 인용하면 이렇다.

탤리스틱에 금액을 표시하는 방식은 다음과 같다. 1,000파운드는
탤리스틱 꼭대기에 손바닥 두께만큼, 100파운드는 엄지 너비만큼, 20
파운드는 새끼손가락 너비만큼, 1파운드는 보리알 크기만큼 파내어
표시했다. 1실링은 더 좁은 폭으로 파서 표시했고, 1페니는 홈을 파는
대신 금을 그었다.

중요한 것은 빚을 갚고 있는 사람이 상환금에 대한 권리를 가진 상
대에게 돈을 갚고 있음을 확인할 수 있었다는 것이다. 빚을 다 갚으면
스톡과 포일을 합쳤는데 일치하는 나뭇결무늬가 포일과 스톡이 동일
한 탤리스틱의 일부였음을 입증했다. 빌려준 돈에 대한 권리를 다른
사람에게 팔 때도 실질적인 증거로 스톡을 함께 넘겨주었다. 나무에
새겨진 표시가 일치한다는 것은 금액이 변경되지 않았음을 입증했다.
나중에 지폐나 실제 이용 가능한 다른 화폐 도구를 만들 때 적용하게
되는 몇 가지 원리가 탤리스틱에도 사용되었다. 그중에는 차용 증표
가 다른 사람에게 넘겨질 수 있다는 것과 차용 증표에 표시된 숫자가

금액을 나타낸다는 것이 포함되어 있다. 21세기의 새로운 화폐 형태인 비트코인의 개념도 같은 원리가 뒷받침하고 있다.

오늘날 대부분의 돈은 보안 정보의 형태를 띠고 있지만 역사적으로는 대체로 희귀하고 귀중한 물건의 모습을 하고 있었다. 그중 가장 중요한 것이 주화였다.

옛 화폐에 들어 있는 것은 무엇일까?

1516년 지금의 체코공화국에 해당하는 보헤미아의 야히모프에서 은 광산업이 시작되었다. 광산에서 캐낸 은은 1518년 주화로 제조되었다. 야히모프탈러라고 알려진 그 은화는 줄여서 '탈러'라고 불렸다(나중에 네덜란드에서 만든 주화는 다시 이름이 길어져 레이위벤달더*라 불렸다). 이 은화의 이름에서 슬로베니아의 화폐단위 톨라olar, 루마니아와 몰도바의 레우leu, 불가리아의 레프lev, 미국의 달러 등 다양한 통화 이름이 나왔다.

그러나 보헤미아의 은화보다 훨씬 더 일찍 생겨난 주화가 있다. 지금까지 발견된 가장 초기의 주화는 오늘날의 터키 지역에 세워졌던 고대 왕국 리디아에서 사용했던 것으로, 가장 오래된 것은 대략 기원전 700년에 만들어진 것으로 보인다. 당시의 주화는 한 면에만 무늬

• 레이위벤은 사자를 뜻하는 말로 네덜란드에서 주조된 은화에는 사자 그림이 그려져 있었다.

가 있는 불규칙적인 모양으로 금과 은이 섞인 합금 덩어리였는데, 주화로 인정되는 이유는 무게가 일정하게 표준화되어 있기 때문이다.

기원전 3세기 고대 로마인들은 주노 모네타^Juno Moneta^ 사원에서 주화를 만들었다. 모네타라는 이름은 '상기시키다, 경고하다, 지시하다'라는 의미의 라틴어 monere에서 따온 것으로, 'mint^화폐 주조^'와 'money^돈^' 그리고 'admonish^꾸짖다^'라는 단어들의 어근으로 추정된다. 로마인들은 제국 전체에 주화를 유통시켰다. 데나리우스가 기본 화폐 단위였는데, 12데나리우스가 금화 1솔리두스이고 20솔리두스는 1리브라였다.[**]

샤를마뉴 대제는 고대 로마인의 화폐 제도를 기반으로 새로운 화폐 제도를 유럽에 도입했다. 화폐 1파운드는 원래 프랑스어로는 드니에^deniers^[***]라 불리던 작은 은화 1파운드를 가리켰고(드니에 240개의 무게가 대략 1lb) 1파운드의 20분의 1을 1실링이라 했다. 은화를 표준으로 삼은 샤를마뉴의 화폐 제도는 유럽 전역으로 널리 퍼졌다. 스페인의 디네로^dinero^ 같은 주화 이름이 그 사실을 반영한다. 샤를마뉴의 화폐 제도는 영국뿐만 아니라 대영제국의 통화제도를 물려받은 국가들에서 1970년대까지 유지되었다.

***

[**] 1파운드의 무게는 라틴어로 '리브라 폰도^libra pondo^'다. 이 말에서부터 '무겁다'는 의미를 지닌 리라^lire^, 리브르^livre^, 파운드^pound^, 페소^peso^, 페세타^peseta^ 등의 화폐 단위가 생겨났다.

[***] 실크 스타킹에 사용되는 실의 가는 정도를 측정하는 단위 '드니에'도 기원이 같다. 현대적 정의에 따르면 1드니에는 9,000m 길이의 실의 무게다. 그러므로 실이 얼마나 가는지는 주어진 섬유의 무게를 재서 측정할 수 있었다. 샤를마뉴 대제 시대에 주조된 드니에 주화는 대략 1.2g이었다.

유럽 대부분 지역에서는 은화 표준에 기초한 샤를마뉴의 화폐제도를 채택한 반면, 아랍과 비잔틴 문화에서는 금화 표준을 사용했다. 이슬람 우마이야 왕조는 금화인 디나르^{dinar}를 발행했고(디나르 역시 라틴어 데나리우스에서 파생) 비잔틴 제국은 비잔트^{bezant}라고 불린 금화를 발행했다. 지금까지도 노란색의 둥근 문장을 비잔트라 부른다.

영국에서 사용한 화폐 단위 기니^{guinea}는 1파운드 1실링을 가리키는 특이한 단위다. 중간 상인이 거래를 중개할 때 구매자가 기니 단위로 지불하면 판매자에게는 같은 단위수의 파운드만 지불되고, 차액으로 발생하는 실링은 중간 상인의 주머니로 들어갔다. 실링은 파운드의 20분의 1이므로 5%에 상당하는 금액이 중간 수수료로 들어갔다는 말이다. 더욱 흥미로운 것은 1기니가 21실링이기 때문에 기니는 페니(100분의 1 파운드)를 사용할 필요 없이 7이나 9로 균등하게 나눌 수 있다는 것이다.

'캐시^{cash}'라는 단어는 이중 어원을 가지고 있는데, 두 가지 모두 흥미롭다. 하나는 중세 프랑스어 캐스^{caisse}인데, 상자 또는 원통*을 의미하는 라틴어 캡사^{capsa}에서 파생했다. 다른 하나는 고대 중국 주화다. 최초의 중국 주화는 주로 구리로 만들어지고 가운데 네모난 구멍이 뚫어져 있었는데, 산스크리트어 카샤^{karsha}에서 파생되어 '캐시'라고 불리었다. 중국의 캐시 주화는 기원전 2세기부터 사용되었고, 가운데 난 구멍에 실을 꿰어 1,000개씩 '돈꿰미'를 만들었다. 돈꿰미는 대체로 100개씩 나눠 사용했다. 일반적으로 어깨에 메고 다니던 돈꿰미

---

* 그 중 작은 원통이 '캡슐'이었다.

는 주화를 꿰는 과정에서 주화 몇 개를 수수료로 지불해야 했기 때문에 종종 1,000개에 못 미칠 때도 있었다.

당나라 시대에는 '비전flying cash'이 사용되었다. 사실상 최초의 지폐라고 할 수 있는 비전은 돈꿰미에 상당하는 금액을 나타내는 증서였는데 가끔은 금액에 상응하는 돈꿰미가 묘사되어 있기도 했다. 당나라에서는 비단도 부채를 상환하는 정식 수단이었으며 일종의 화폐였다. 표준 비단 한 필은 길이 12m, 폭 54cm였고 주로 고액 거래에 사용되었다.

최초의 인도 주화는 기원전 6세기에 만들어졌다. 루피rupee라는 이름은 '모양을 가진' 또는 '도장이 찍힌'이라는 의미의 힌두어에서 파생되었고, 적어도 기원전 4세기부터 은화를 가리키는 말로 사용되었다. 1957년 십진제를 사용하기 전까지 1루피는 16안나anna로, 1안나는 4파이사paisa로(파이사의 어근은 쿼터, 즉 4분의 1을 의미, 1파이사는 다시 3피에pie로 나뉘었다)로 바뀌었다.

실링shilling은 케냐, 우간다, 탄자니아에서 지금도 본위 화폐의 이름으로 사용되고 있고, 2002년 유로화를 채택하기 전까지 오스트리아의 화폐 단위도 실링schilling이었다. 이 이름은 분할을 의미하는 고대 북유럽어에서 나왔다.

'크라운crown'이라는 이름은 스칸디나비아 반도 국가들의 화폐 단위인 크로네krone와 크로나krona, 체코의 화폐 단위 코루나koruna 속에 지금도 남아 있다. 영국 은화 크라운은 대략 스페인 달러에 상당하는 주화였고, 1파운드의 4분의 1과 같았다. 20세기 초의 고정 환율을 적용하면 1파운드가 4달러의 가치를 지녔기 때문에 영국 크라운은 1940

년대에 '달러'라는 별칭을 얻었다.

미국 독립 전쟁 이전에도 달러는 이미 스페인 8레알^{real} 주화의 이름으로 널리 알려져 있었고, 아메리카 대륙에서도 흔히 사용되고 있었다. 미국은 독립을 맞이하면서 새 국가에 맞는 새 통화가 필요해졌기 때문에 1775년 달러를 미국의 통화 이름으로 정식 채택했다. 8레알 주화는 물리적으로 여덟 조각으로 자를 수 있었고 그중 두 조각이 4분의 1달러였다. 다임^{dime}(원래 철자는 프랑스어 식으로 disme)은 10분의 1을 의미하는 라틴어 데시마^{decima}에서 파생했고, 5센트 동전 니켈^{nickel}은 니켈 금속으로 만들어졌다. 때때로 달러를 가리켜 수사슴을 뜻하는 벅^{buck}이라 부르기도 하는데, 그 이유는 18세기 미국에서 사슴 가죽이 화폐처럼 상거래에 사용되었기 때문이다.

돈 측정하기

돈은 두 가지 측면의 경제적 힘을 측정하는 수단이다. 첫째, **자본**이나 축적된 자산이나 부채를 나타낼 수 있다. 이것은 정지되어 있는 돈을 말한다. 둘째, **수입**이나 소득이나 지출 비용을 나타낼 수 있다. 이것은 움직이는 돈이다. 우리는 이 두 가지를 혼동할 때가 매우 많다. 예를 들어 국가 부채는 축적된 돈^{accumulation}에 해당하고 국가 수지 적자는 순환하는 돈에 해당한다. 결국 고여 있는 저수지냐, 흘러가는 강이냐의 차이다.

금액은 실질적인 물리적 수량을 측정하는 방식이라기보다는 고급 형태의 셈법이라고 할 수 있다. 달러와 센트로 금액을 나타내는 것은 단순히 셈을 표현하는 방식이다. 다른 통화로 나타낸 금액도 마찬가지로 가장 작은 법정 통화 단위로 셈을 한 것이다.

거리나 질량, 시간을 측정할 때 우리는 기존에 정립되어 있는 명확한 표준 단위를 사용할 수 있다. 국제적으로 인정되는 국제단위계[SI]에 기댈 수 있다는 말이다. 하지만 돈에 관해서는 그런 절대적인 표준이 없기 때문에 목적에 맞게 통화를 선택해야 한다. 이 책에서는 현재 가장 많이 쓰이는 미국 달러를 돈을 측정하는 기준으로 사용할 것이다. 하지만 달러가 아무리 막강한 힘을 가지고 있는 통화여도 고정된 기준점은 결코 아니라는 점은 잊지 말아야 할 것이다.

통화: 불안정한 돈의 잣대

환율은 계속 변한다. 만약 환율에 관한 이정표 수를 찾거나 환산율을 기억하고자 한다면 수시로 정보를 업데이트해야 할 것이다. 외화를 국내 통화로 환산하는 정보는 뉴스 매체를 통해 쉽게 얻을 수 있긴 하지만, 세계 주요 통화의 대략적인 환율을 알고 있으면 매우 유익할 것이다. 통화의 절대적 가치보다는 통화 간 환율과 시간이 지나면서 환율이 변하는 방식을 이해하는 것이 더욱 중요하다는 점을 기억하자.

그 점을 명심하면서 다음에 주어진 2017년 후반 기준 환율을 살펴보자. 이것은 이정표로 쓸 수 있을 것이다.

> **이정표 수**
>
> 미국 달러 100달러를 대략 다음의 통화로 환전할 수 있다.
>
> - 125 호주 달러AUD
> - 120 캐나다 달러CAD
> - 95 스위스 프랑CHF
> - 85 유로EUR
> - 75 영국 파운드GBP
> - 780 홍콩 달러HKD
> - 1만 800 일본 엔JPY
> - 650 중국 위안CNY
> - 6,400 인도 루피INR
> - 5,750 러시아 루블RUB

이자와 인플레이션

이자율이나 인플레이션율에 관해서 '이것은 큰 수인가?'라는 질문에는 항상 대답하기가 쉽지 않다. 보기에는 크지 않거나 심지어 작은 수라 할지라도 눈 깜짝할 사이에 큰 재정적 효과를 일으킬 수 있다. 예를 들어 고리대금업자에게 월 10%의 이자율로 1,000달러를 빌렸다고 하자(이런 대출은 차라리 하지 않는 것이 낫다. 왜 그런지는 금방 알게 될 것이다). 이 정도 이자율은 은행 대출을 받을 때보다 조금 높은 것 같지만 그렇다고 엄청나게 높은 이자율은 아니다. 그렇지 않은가? 하지만 사실 매달 이자 내는 것을 소홀히 해서 이자가 쌓이도록 방치한다면 일 년 후에 쌓인 부채는 자그마치 3,138달러에 이를 것이다. 만약 2년 동안 이 자를 갚지 않고 방치했다면 총 부채는 9,850달러가 될 것이다.

이렇듯 작아 보이는 이자율로도 엄청난 결과를 가져올 수 있다. 만일 이자율이 한 달에 10%가 아닌 5%라고 한다면 1년 후 갚아야 할 총 부 채는 '고작' 1,796달러고, 2년이 지났다면 3,225달러다. 이자율을 절반 으로 낮췄더니 지불해야 할 이자는 절반보다 훨씬 더 많이 줄었다.

복리 계산은 **로그 척도**의 논리와 본질이 같다. 로그 척도의 눈금은 일정한 증가율을 나타낸다. 만일 복리로 대출을 받는다면 이자율은 로그 척도의 크기를 나타내고, 기간의 수(여기에서는 개월 수)는 로그 척 도가 몇 개인지 나타낸다. 우리는 이미 로그 척도에서는 아주 빨리 아 주 큰 값에 이를 수 있다는 것을 알고 있다.

증가의 반대는 감소다. 이것이 인플레이션 상태일 때 일어나는 일 이다. 이자율과 마찬가지로 인플레이션과 관련해 위험하지 않은 것처 럼 보이는 낮은 수치가 장기간에 걸쳐 지속적으로 적용된다면 충격적 인 결과를 가져올 수 있다.

1달러가 여전히 1달러일 때가 언제였지?

인플레이션은 화폐에 표시된 수를 이해하는 것을 방해하는 복잡한 문 제다. 안정적이고 고정된 기준점이 있는 질량이나 과학적으로 정의된 절대 기준이 있는 시간과 거리와 달리 돈에는 절대적인 표준 단위가 없다. 과거에 사용되었던 표준 은화나 표준 금화조차 절대적인 표준은 아니었다. 환율 변동을 제쳐두더라도 모든 통화의 가치는 시간이 흐르면서 끊임없이 변한다. 그리고 인플레이션이 영향을 미치기 시작하면 대개 화폐 가치는 떨어진다.

이자율처럼 인플레이션율도 퍼센트로 표현되었을 때는 그다지 큰 수처럼 보이지 않지만 이자의 이자가 붙듯이 가중되면서 놀라울 정도로 커질 수 있다. 1970년대 미국의 연간 인플레이션율은 평균 7.25%였다. 연간 7.25%의 인플레이션율은 제1차 세계대전 이후 독일이나 1990년대 짐바브웨가 겪은 초고도 인플레이션에 비교하면 그렇게 끔찍한 수치는 아닌 것 같지만 사실 충분히 위험한 수준이다. 10년 동안 연간 인플레이션율이 계속 7.25%라고 한다면 결국 달러의 구매력은 거의 50% 선까지 떨어진다. 즉, 1980년의 달러로는 1970년의 달러로 살 수 있었던 것의 절반밖에 살 수 없다는 말이다. 침대 밑에 몰래 숨겨둔 돈이 있다면 가치가 반으로 떨어졌을 것이다. 한편, 2000년대 10년 동안 미국의 평균 연간 인플레이션율은 2.54%였다. 10년 사이 통화 가치가 22% 떨어졌다는 것을 의미한다. 침대 밑에 돈을 숨겨두겠다면 강력히 말리겠지만 그래도 1970년대 상황만큼 나쁘지는 않은 것 같다.

시야를 넓혀 지난 한 세기 동안의 인플레이션을 살펴보자. 미국의 평균 인플레이션율은 3.14%였다. 복리 계산하듯 복합적으로 계산하면 100년 사이 통화 가치가 95.5% 상실되었음을 알 수 있다. 다시 말하자면 오늘날의 1달러가 100년 전의 4.5센트와 가치가 같다는 것이다. 영국의 인플레이션율은 평균 4.48%였다. 계산해보면 100년 사이에 통화 가치가 98.75% 상실되었음을 알 수 있다. 즉, 지금 1파운드의 가치가 과거 1파운드의 80분의 1이라는 말이다. 옛날 화폐로 1파운드의 80분의 1은 3펜스이고, 이것은 오늘날의 1.25펜스와 같다. 미국과 영국의 인플레이션율 차이는 1.34%로 아주 작아 보이지만, 100년이라는 시간을 거치면서 파운드의 가치가 달러에 비해 4분의 1이 되도록 바꿔놓았다.

어림계산법

이자가 원금만큼 불어나는 데 걸리는 대략적인 기간을 계산하는 방법은 72를 백분율 이자율로 나누면 된다. 그래서 이자율이 6%인 경우 12년이 걸릴 것이다. 이것을 '72 규칙'이라 한다.

검산

1,000달러 × $(1.06)^{12}$ = 2,012달러

같은 계산법을 인플레이션율에 적용하면 돈의 가치가 절반으로 떨어지는 데 몇 년 걸리는지 알 수 있을 것이다. 1970년대 미국의 인플레이션율이 7.25%였으므로 대략 10년 후 달러 가치가 반으로 줄어들었다(72/7.25 = 9.9년).

다른 증가율에 대해서도 같은 규칙을 적용할 수 있다. 방문자 수가 매주 10%씩 증가하는 웹 사이트는 대략 7주가 넘으면(72/10 = 7.2) 방문자 수가 두 배로 늘어날 것이다.

과거 서로 다른 해에 가지고 있던 돈의 가치를 비교하려면 인플레이션을 고려해야 한다. 그러므로 우리가 사용하고 있는 화폐 단위에 그 단위가 사용되는 해를 덧붙여 나타낼 필요가 있다. 예를 들어 1970년 달러, 2017년 파운드라는 식으로 말이다. 이라크 군사 작전에 들어간 비용에 비해 베트남 전쟁에 들어간 비용이 얼마인지 비교하기 위

해서는 비교 가능한 날짜에 맞춰 베트남 전쟁 비용을 다시 평가해야 한다(인플레이션을 고려해 2016년 달러에 맞춰 비교한 결과, 베트남 전쟁에 대략 7,780억 달러가 들어갔고 이라크 군사 작전에 8,260억 달러가 들어갔다).

다소 미묘하긴 하지만 인플레이션의 또 다른 영향은 수세기에 걸쳐 누적된 인플레이션 때문에 액수를 나타내는 문제에서 아주 큰 수를 일상적으로 사용하게 되었다는 것이다. 그래서 사람들의 연봉은 수만 달러 이상이고 국가 예산은 수십억, 심지어 수조에 이를 것이다. 그 정도 수라면 우리 책에서 이미 큰 수로 간주된다.

제인 오스틴의 소설 《오만과 편견》에서 남자 주인공 다아시의 연소득이 1만 파운드라고 나온다. 이것은 큰 수인가? 오늘날로 따지면 분명 그렇게 큰 금액은 아닐 것이다. 하지만 1810년 이래로 파운드의 가치가 어떻게 변해왔는지 따져보자. 인플레이션은 과거를 배경으로 한 책에서 언급된 금액의 의미를 더욱 이해하기 어렵게 만든다. 다음의 표는 과거의 파운드나 달러로 된 금액을 2016년 가치로 환산할 때 적용할 환산율을 계산해 본 것이다.

기준년도	몇 년 전?	영국 파운드 ×	미국 달러 ×
2015	1년	1.02	1.01
2011	5년	1.12	1.07
2006	10년	1.33	1.19
2001	15년	1.52	1.36
1996	20년	1.7	1.5
1991	25년	1.0	1.8

1986	30년	2.7	2.2
1976	40년	6.6	4.2
1966	50년	17.1	7.4
1941	75년	46.3	16.3
1916	100년	80	22
1866	150년	109	~
1816	200년	89	~
1810	**206년**	**72**●	~
1766	250년	160	~
1716	300년	189	~
1616	400년	233	~
1516	500년	922	~

1810년《오만과 편견》의 다아시의 소득은 2016년 시점보다 72배 많다. 당시 년 소득 1만 파운드를 오늘날의 가치로 환산하면 자그마치 72만 파운드약 10억 8천만 원가 된다는 얘기다. 이는 분명 큰 수이고 그 정도면 다아시가 상위 1% 고소득층에 속하기에 충분할 것이다.

● 흥미롭게도 이 수치는 윗줄의 수보다 작다. 이것은 1816~1866년 동안의 순 디플레이션을 반영하고 있다. 1819년부터 1822년까지 영국의 인플레이션은 매년 마이너스를 보였고 1822년에는 -13.5%까지 내려갔다.

비전통적 구매력 지수

환율은 여러 나라 화폐의 상대적 가치를 충분히 반영하고 있지 않다. 다양한 상품과 서비스가 각 지역 상황에 따른 수요와 공급의 지배를 받을 것이고, 그 외에 다양한 요인들이 우리가 가지고 있는 돈으로 다른 국가에서 상품과 서비스를 실제로 얼마나 살 수 있는지에 영향을 미칠 것이다.

이 점을 조금 재미있게 보여주기 위해 〈이코노미스트〉는 1986년에 빅맥지수Big Mac Index라는 것을 도입했다. 맥도날드의 빅맥 버거가 전 세계 많은 국가에서 살 수 있는 비교적 표준적인 형태의 상품이기 때문에 빅맥 가격을 비교하면 세계 각국 통화의 실질적인 상대적 가치를 알 수 있다는 생각에서 고안된 것이다. 그 후 30년이 지난 오늘날에도 여전히 빅맥 지수가 유용하게 사용되고 있다. 2017년 9월 기준으로 빅맥이 가장 비싼 곳은 스위스로 $6.74였고, 가장 싼 곳은 우크라이나로 $1.70였다. 미국에서는 $5.3이고 영국에서는 $3.19였다. 아프리카에는 맥도날드보다 KFC 매장이 많기 때문에 구매력 평가 지수 대안으로 KFC 지수가 도입되었다.

같은 맥락에서 비즈니스 정보 서비스업체인 블룸버그는 세계적인 가구 기업 이케아에서 만든 어디에서나 볼 수 있는 빌리 책장에 기초한 빌리 지수Billy Index를 발표했다. 2015년 10월 기준 빌리 책장이 가장 싼 곳은 슬로바키아로 $39.35였고, 가장 비싼 곳은 이집트로 $101.55였다. 미국에서 빌리 책장은 $70이고 영국에서는 $53이었다.

경제 규모 측정하기

돈은 많은 것을 측정할 수 있는 잣대로, 국가의 경제 규모를 측정하는
데도 사용된다. 다음에 제시된 수 사다리는 2016년 여러 국가들의 국
내 총생산 GDP를 나타낸다. 예상했겠지만 경제 규모가 가장 작은 국
가들은 모두 섬 국가들이다. 수 사다리는 세 단계가 지나면 10배로 증
가하도록 만들었다는 것을 기억하고 있을 것이다. 즉, 이것도 일종의
로그 척도라고 할 수 있다. 따라서 수가 아주 **빠른** 속도로 커진다.

1,000만 달러	니우에 GDP — 1,000만 달러
2,000만 달러	세인트헬레나 어센션 트리스탄다쿠냐 GDP — 1,800만 달러
5,000만 달러	몬트세라트 GDP — 4,400만 달러
1억 달러	나우루 GDP — 1억 5,000만 달러
2억 달러	키리바시 GDP — 2억 1,000만 달러
5억 달러	영국령 버진 제도 GDP — 5억 달러
10억 달러	사모아 GDP — 10억 5,000만 달러
20억 달러	산마리노 GDP — 20억 2,000만 달러
50억 달러	동티모르 GDP — 49억 8,000만 달러
100억 달러	몬테네그로 GDP — 106억 달러
200억 달러	니제르 GDP — 203억 달러
500억 달러	라트비아 GDP — 509억 달러
1,000억 달러	세르비아 GDP — 1,010억 달러
2,000억 달러	우즈베키스탄 GDP — 2,020억 달러
5,000억 달러	스웨덴 GDP — 4,980억 달러
1조 달러	폴란드 GDP — 1조 500억 달러

2조 달러   한국 GDP — 1조 9,300억 달러

5조 달러   일본 GDP — 4조 9,300억 달러

10조 달러   인도 GDP — 9조 7,200억 달러

20조 달러   미국 GDP — 17조 4,200억 달러

              중국 GDP — 구매력 면에서 21조 3,000억 달러. 명목환율

              로는 11조 2,000억 달러 *

•   11조 달러는 인공적으로 낮춘 환율을 적용했을 때 나온 것이고, 21조 달러는
중국의 구매력을 기반으로 추산한 수치다.

한 사람, 한 사람이 중요하다

인구 증가와 감소

다음 중 가장 큰 수는?

☐ 중국 충칭 시 인구

☐ 오스트리아 인구

☐ 전 세계 파란다이커영양 개체 수

☐ 불가리아 인구

잔지바르 섬에 서다: 세계는 얼마나 붐비는가?

지구상에는 75억 명의 사람이 살고 있다. 이것은 큰 수인가?

《잔지바르 섬에 서다Stand on Zanzibar》는 존 브루너John Brunner가 1968
년 발표한 공상과학 소설이다. 저자는 2010년에는 세계의 모든 사람
들이 서로 어깨를 나란히 하고 선다면 잔지마르 섬에 모두 수용 가능
할 것이라 전망하고 소설의 제목을 정했다. 이 소설은 오늘날의 지정
학적 관계와 사회 분위기를 매우 비슷하게 그리고 있다. 당시 기준으

로 미래 사회의 모습을 훌륭하게 예언한 책이라 할 수 있다. 그렇다면 이 소설 제목의 전제 조건은 여전히 유효할까?

브루너는 2010년이 되면 세계 인구가 70억이 될 것이라 예측했는데 2010년 실제 세계 인구가 69억이었으니 상당히 근접했다. 브루너의 소설 제목은 한 사람에게 2ft × 1ft(0.6m × 0.3m) 크기의 땅이 할당된다는 가정 하에 계산한 것이다(좁기 때문에 사람들이 매우 가깝게 붙어 있어야 할 것이다). 당시 브루너가 제시한 수가 합당한지 한번 검토해보자. 그가 할당한 1인당 면적은 $0.2m^2$가 채 되지 않는다. 제곱미터당 다섯 명이고, 제곱킬로미터당 500만 명이라는 것이다.

잔지바르 섬의 면적은 $2,461km^2$고 제곱미터로 환산하면 24억 6,100만m^2다. 브루너가 명시한 밀도로 사람들을 세운다면 잔지바르는 대략 120억 명을 수용할 수 있다. 이것은 그가 정확하게 예측한 70억보다 훨씬 큰 수다. 사실 120억은 대부분의 21세기 세계 인구 전망 보고서에서 제기한 수보다 큰 수긴 하지만 앞으로 곧 그 수에 도달할 것이다.

그렇다면 실제 우리는 어느 정도 밀집해서 살고 있을까? 홍콩의 쌍둥이 도시라 불리는 특별행정구역 마카오는 세계에서 인구 밀도가 가장 높은 곳으로 $1km^2$당 2만 1,000명 비율로 살고 있다. 1인당 면적이 약 $48m^2$라는 계산이 나온다. 시각화하면 1인당 6m × 8m의 땅에 살고 있는 것이다. 이 수치는 단순히 개인 공간만을 가리키는 것이 아니라 도로, 학교, 공원, 슈퍼마켓 등 모든 공용 공간도 포함한다. 만일 전 세계 사람들이 마카오 시민들만큼 밀집해서 살아야 한다면 35만 7,000km^2의 땅 안에 전부 들어갈 수 있다. 이것을 **시각화**할 수 있을까?

대략 비슷한 면적의 국가를 찾아보니 일본이 36만 5,000km²다. 따라서 모든 사람들이 마카오 사람들처럼 밀집해서 사는 것을 기꺼이 감수한다면 세계 인구 75억 명을 일본에 수용할 수 있다는 얘기다. 고속도로 통행 속도로 거의 하루를 달려야 가로지를 수 있는 지름 675km의 거대 원형 도시를 생각해볼 수도 있다. 아니면 지구를 한 바퀴 둘러싸고 있는 폭 10km 미만의 리본 모양 도시를 그려봐도 된다. 적도 둘레가 **이정표 수**로 머릿속에 각인되어 있다면 그 길이가 4만km라는 것을 기억하고 있을 것이다. 적도를 지구를 둘러싸고 있는 폭 10km 미만, 길이 4만km인 리본 모양 도시로 시각화해보자. 리본 모양 땅의 중간 지점에서 북쪽이나 남쪽 가장자리까지는 걸어서 한 시간 거리고, 이 도시와 극지방 사이에는 사람이 전혀 살지 않을 것이다.

이렇게 시각화해보면 세상은 그다지 사람들로 붐비는 것처럼 보이지 않지만, 사실 지구라는 초대형 도시는 극도로 혼잡할 것이다. 세계에서 인구 밀도가 가장 높은 곳을 모델로 삼은 것은 좋은 생각이 아닌 것 같다. 더 넓은 지역에 적용하기에도 부적합하고 물품 운송이나 쓰레기 처리 문제도 대처할 수 없을 것이다. 차라리 세계에서 가장 큰 규모의 광역도시권인 주강삼각주를 모델로 삼으면 어떨까?

주강삼각주는 마카오와 홍콩을 모두 포함하는 방대한 계획도시로 3만 9,400km²의 면적에 엄청난 수의 사람들이 살고 있다. 인구는 얼마나 될까? 어림잡아 대략 4,200만 명~1억 2,000만 명이 살고 있을 것으로 추정된다. 대략 8,000만 명이라고 가정하면 1km²당 약 2,000명이 살고 있다는 계산이 나오는데 이것은 마카오 인구 밀도의 약 10분의 1이다. 한 사람이 차지하는 땅은 500m²이고, 25m × 20m인 대지로 시각화할 수 있다. 따라서 세계 인구를 모두 수용하려면 대략 375만km²가 필요하다.

인구 밀도가 주강삼각주와 비슷하고 적도를 따라 세계를 둘러싸고 있는 가상의 벨트모양 광역도시권을 만든다면 폭이 100km가 약간 안 되는 도시가 될 것이다. 만일 가상의 초대형 원형도시를 만드는 것을 더 선호한다면 지름이 2,200km는 되도록 만들어야 할 것이다. 그런 도시는 어떤 모습일까? 비교할 만한 곳으로 유럽연합을 들 수 있다. 유럽연합 면적은 440만km²로 가상의 원형도시보다 17% 더 넓다. 주강삼각주의 인구 밀도로 사람들을 수용한다면 유럽연합 영토는 전 세계 사람을 모두 수용하고도 공간이 남을 것이다. 더 딱 맞는 곳을 찾고 싶다면 알제리, 니제르, 튀니지를 합쳐서 생각해보자. 세 국가를 묶으면 전체 면적이 대략 380만km²다.

그러나 주강삼각주 인구 밀도도 역시 너무 높다. 유럽 연합 시민들처럼 전 세계 사람들에게 여유 공간이 생긴다면 어떨까? 유럽 연합에는 약 5억 1,000만 명이 살고 있고 전체 영토가 440만km²이므로 인구 밀도는 대략 1km²당 120명이다. 이것은 주강삼각주 인구 밀도의 17분의 1이다. 이 인구 밀도로 전 세계 인구를 수용하려면 약 6,500만 km²가 필요하다. 이것은 세계에서 가장 넓은 일곱 국가인 러시아, 캐나다, 미국, 중국, 브라질, 호주, 인도를 모두 합친 면적과 비슷하다.

중국의 인구 밀도는 1km²당 145명으로 유럽 연합보다 조금 높다. 영국의 인구 밀도는 1km²당 271명으로 유럽연합 평균 밀도의 두 배 이상이다. 반면에 미국은 고작 1km²당 33명으로 비교적 인구가 희박하다. 뉴질랜드의 인구 밀도는 1km²당 18명으로 미국보다도 희박하다.

결론적으로 모든 것은 생각하기 나름이다. 현재 유럽 정도의 인구 밀집을 참을 수 있다면 공간이 충분하다고 생각하겠지만 미국이나 뉴질랜드처럼 여유 공간이 있기를 원한다면 지구가 비좁다고 느껴질 것이다.

호모 사피엔스의 등장과 증가

기원전 3000년경 인류가 문자를 발명하고 자신의 이야기를 기록하기 시작한 역사의 여명기에 지구상에는 대략 4,500만 명의 인류가 살고 있었을 것으로 추정된다. 그 후 3,000년이 지나 서력기원이 시작될 무렵 인구는 대략 1억 9,000만 명으로 늘었다. 그 후로 2017년이 지난 오늘날의 세계 인구는 76억 명이다. 서기 첫 번째 천년기가 시작될 무렵에 비해 40배나 되는 인구가 현재 지구상에 살고 있는 것이다.

하지만 2,000년은 긴 시간이다. 2,000년 동안 40배 증가했다는 것은 평균적으로 일 년에 고작 0.18% 증가한 것과 같다. 다음 그래프는 2,000년에 걸쳐 일어난 인구 증가 추세를 보여준다.

그래프를 보면 정확히 일정한 증가율을 보이고 있지는 않다. 시기를 나눠 살펴보자.

- 서기 1~1000년: 연 0.09%(전체 평균 증가율의 대략 절반)
- 서기 1000~1700년: 연 0.1%(이전 시기보다 조금 더 증가)
- 서기 1700~1900년: 연 0.50%(이전 시기 증가율의 5배로 급격히 증가)

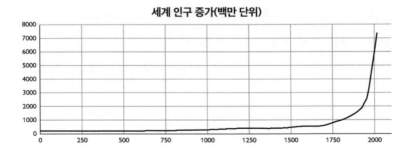

세계 인구 증가(백만 단위)

- 서기 1900~2000년: 연 1.32%(이전 증가율의 두 배 이상으로 또 한 번 크게 증가)

이 그래프는 로그에 관한 장에서 살펴봤던 무어의 법칙을 떠올리게 한다. 이처럼 갈수록 커지는 수를 이해하려면 **로그 척도**를 사용해야 한다.

알다시피 로그 척도를 이용하면 지수 곡선을 그리며 증가하던 그래프가 직선처럼 보여야 한다. 하지만 주어진 예는 로그 척도를 이용해도 마지막 몇 백 년에 걸쳐 나타난 급격한 증가세를 직선으로 만들지 못할 정도로 지수 증가보다 더 큰 증가를 보이고 있다.

그러나 최근 몇 십 년을 살펴보면 인구가 계속 증가하고는 있지만 20세기 때보다는 증가율이 높지 않다. 세계 인구 증가율은 1960년대에 연 2% 이상으로 최고치를 기록했고, 그 후로 감소해서 지금은 대략 연 1.13% 정도다. 현재의 증가율이 계속 유지된다면 대략 60년 후에는 지금의 두 배가 될 것이다.

하지만 많은 인구통계학자들은 그렇게 되지는 않을 것이라 예상한

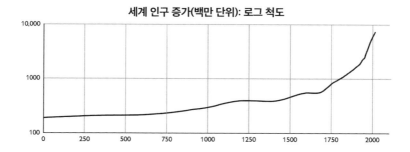

세계 인구 증가(백만 단위): 로그 척도

다. 이유는 출생률도 안정되었고, 1990년부터 거의 30년 동안 15세 이하 어린이 수가 약 20억 명으로 일정하게 유지되고 있기 때문이다. 한스 로슬링의 표현을 빌리자면 '피크 차일드peak child'에 도달한 것이다. 어린이 세대가 어른이 되고 대략 그만큼의 어린이가 태어나므로 세계 인구는 계속 증가할 것이라고 예상할 수 있지만 인구 **성장률**은 계속 감소할 것이다. 유엔은 세계 인구가 21세기 말 무렵 최대치에 도달해 대략 110억 명이 될 것으로 전망하고 있다. 지금보다 훨씬 많은 인구지만 맬서스가 말한 악몽 같은 기하급수적 인구 성장은 아니다.

이정표 수

- 지금까지 최고 인구 성장률: 2%+
- 현재 인구 성장률: 1.13%
- 2017년 유엔이 발표한 2100년 세계 인구 전망: 112억 명

인간의 기대 수명

인구 성장은 높은 출생률뿐만 아니라 인간의 수명이 과거보다 길어졌다는 행복한 사실 덕분이기도 하다. 다음 도표는 서로 다른 세 국가의 기대 수명이 어떻게 변해왔는지 보여준다.*

기대 수명(1543년~2011년)

출생 시 기대 수명이란 현재의 사망률이 그대로 유지된다고 했을 때 갓 태어난 아이가 앞으로 생존할 것으로 기대되는 평균 연수를 말한다.

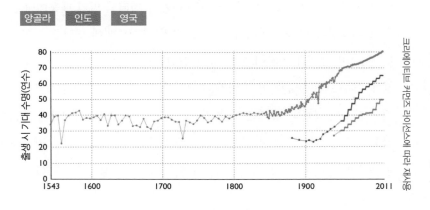

이를 통해 20세기의 급격한 기대 수명 증가를 볼 수 있고 이것이 단지 서양 선진국에 한정된 현상이 아님을 알 수 있다. 이 도표는 '출생 시 기대 수명'을 보여주는 것이다. '출생 시 기대 수명'이라는 용어는 사람 생명의 연한을 나타내는 수치로 흔히 사용되지만 좀 더 자세히 의미를 분석해볼 필요가 있다.

●   이 그래프의 출처는 OurWorldInData.org다.

- '출생 시'라는 말은 유아 사망률과 아동 사망률을 고려한다는 것을 의미한다.
- '기대'라는 말은 '평균'과 매우 비슷하게 느껴질 수 있으므로 신중하게 다뤄야 한다.

'기대 수명'은 주어진 날짜에 태어난 사람 '집단'의 예상 수명을 평균 내어 구한다. 도표에서 연평균 기대 수명을 점으로 표시했지만, 각 점은 더 넓은 연령 범위의 중앙값이라고 생각하면 된다. 유아기나 아동기에 사망할 경우 0까지 내려가고 고령에 사망한 사람들이 많으면 연령 수치가 올라가는 것이다.

1850년 이전 시기를 살펴보면 그 이전까지는 수세기 동안 기대 수명이 대략 40세에 머물러 있었음을 알 수 있다. 그러나 이것은 당시 40세인 사람이 생의 끝에 서 있었다는 의미가 아니다. 오늘날의 기준으로도 노령에 해당되는 사람들이 그 시대에도 물론 있었겠지만 일찍 죽는 사람들에 의해 상쇄되었을 것이다. 따라서 기대 수명은 일찍 사망한 사람과 장수한 사람의 평균값이고, 평균이 낮다는 것은 일반적으로 생활 환경이 열악하거나 아동 사망률이 높다는 것을 가리킨다.

아동 사망률

다음은 웹 사이트 'Our World In Data'에서 발췌한 글이다. 아동 사망률에 대해 이보다 더 잘 표현한 글은 없을 것이다.

우리가 발전하는 것을 느끼지 못하는 이유는 과거에 얼마나 나빴는지 잘 인지하지 못하기 때문이다. 1800년 우리 조상들의 보건 상태를 보면 전 세계 신생아의 43%가 생후 5년이 되기 전에 사망하는 수준이었다. 1960년에 아동 사망률은 여전히 18.5%였다. 그해 태어난 아이들이 다섯 명에 한 명 꼴로 유년기를 넘기지 못하고 사망했다.

아동 사망률을 그래프로 나타내면 다음과 같다.

아동 사망률(1922년~2013년)
정상 출산아 1,000명 중 만 5세 이전에 사망한 아동 수

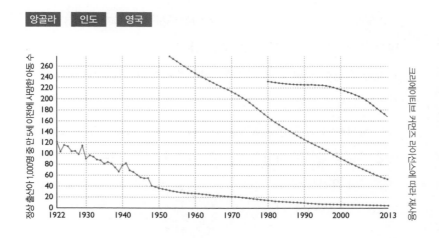

1950년대 인도처럼 어린아이 4명 중 한 명이 만 5세가 되기 전에 사망하는 사회에서 살아간다는 것이 어떤 기분일지 상상해보라. 만 5세 이전에 사망하는 아동의 비율이 250명 중 한 명인 영국의 현재 상황과는 매우 비교된다. 우리는 이것을 진보라고 부를 수 있다.

유아 사망이나 아동 사망의 원인을 해결한 것이 기대 수명을 늘리는 데 많은 기여를 한 것은 사실이지만 그것이 유일한 요인은 아니다. 조기 사망을 고려하지 않더라도 기대 수명은 늘어났다. 아래 도표는 만 10세 아이들의 기대 수명 추세와 전망을 보여준다. 그보다 어린 나이에 사망한 경우는 배제했다.

10세 아동의 기대 수명(1950년~2095년)

10세 아동의 기대 수명은 앞으로 남아 있을 것이라 기대되는 생존 연수를 말한다. 2015년과 그 이후의 기대 수명은 유엔에서 전망한 수치다.

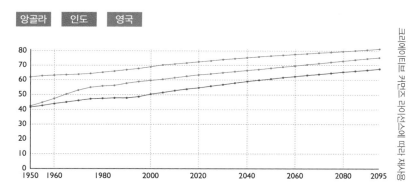

도표에 표시된 세 국가 모두 예외 없이 과거에도 꾸준히 상승했고 미래에도 꾸준히 상승할 것으로 전망되고 있음을 알 수 있다.

아동 사망률 감소뿐만 아니라 치명적인 질병과 싸울 수 있는 의료 발전에 힘입어 점점 많은 사람들이 기대 수명을 다 채울 때까지 살 수 있게 되었다. 미래의 의료 기술은 공상 과학에서나 상상하던 방식으로 수명을 연장하기 시작할 것이다. 그러나 가장 큰 변화는 노령에 이르는 사람이 더 많아진다는 사실에서 생겨난다.

이 행성에 인간만 사는 것은 아니다

여러 가지 측면에서 호모 사피엔스는 지구상에 거주했던 동물 종 가운데 가장 성공적인 종이다. 호모 사피엔스는 지구의 구석구석까지 퍼져 있고, 비슷한 크기의 다른 동물 종보다 수가 월등히 많다. 현재 인구수는 75억 명이고, 우리보다 앞서 도합 1,000억 명 정도가 지구상에 살다 갔다.

인류의 몸무게를 모두 합치면 대략 3,600억kg으로 지구상의 모든 육지 포유류의 무게를 합친 것의 4분의 1을 조금 넘는다. 무게 면에서 인류를 이길 수 있는 동물은 가축 소뿐이다. 전 세계 가축 소는 10억 마리로 총 무게가 5,000억kg이다.

크기가 작은 생물들을 살펴보면 수적인 면에서 압도적으로 인류를 앞지른다. 전 세계 개미는 몇 마리일까? 그것에 관해서는 일치된 의견이 없다. 단지 전 세계 개미의 바이오매스(생태학적으로 단위 시간 및 공간 내에 존재하는 생물체의 중량 또는 에너지양을 의미—편집자 주)가 인간의 바이오매스보다 많거나 같다는 것이 사실로 받아들여져 있을 뿐이다(이것도 철저한 조사를 통해 입증된 것은 아니다). 개체 수는 개미가 인간보다 많다고 확신할 수 있지만 두 수의 자릿수가 얼마나 차이 나는지는 확실하지 않다. 최근 BBC 방송의 한 다큐멘터리는 전 세계 개미 수가 1경(10^{16}) 마리로 추정됐었지만 100조(10^{14}) 마리로 수정되었다고 보도했다. 줄어들었다고 해도 개미의 개체 수는 인구 수보다 4자리 더 큰 수다. 즉, 개미가 사람보다 1만 배 더 많다.

남극 크릴새우의 전체 무게는 아마 인류 전체 무게보다 무거울 것이다. 크릴새우의 바이오매스는 대략 5,000억kg으로 추정된다. 지구 상의 가축 소 전체의 바이오매스와 맞먹는다. 남극 크릴새우의 바이 오매스는 분명 큰 수지만 식물까지 포함한 지구의 전체 바이오매스에 비하면 아주 작은 수처럼 보일 것이다. 식물을 포함한 지구 전체 바이 오매스는 520조kg으로 육지 포유류 전체 질량의 400배다. 하지만 이 또한 북아메리카 오대호Great Lakes 전체 물의 질량의 40분의 1, 지구 전 체 질량의 100억분의 1에 불과하다. 결국 지구상에 존재하는 생물들 은 이 행성에서 극히 작은 일부분을 구성하고 있는 것이다.

개체 수

인간은 지구상에서 가장 수가 많은 거대 포유류다. 그래서 인간 다음 으로 수가 많은 동물이 우리가 노동력, 고기와 우유, 털과 가죽을 얻 기 위해 기르거나 반려동물로 길들인 동물이라는 점은 그리 놀랍지 않다. 그런 동물들을 수가 많은 순서로 나열하면 소(10억), 양(10억), 돼지(10억), 염소(8억 5,000만), 고양이(6억), 개(5억 2,500만), 물소(1억 7,000만), 말(6,000만), 당나귀(4,000만)다.

야생종 가운데 가축 다음으로 수가 많은 것은 동부회색캥거루다. 동부회색캥거루는 대략 1,600만 마리*로 추정된다. 그 뒤를 잇는 것

---

* 붉은캥거루, 동부회색캥거루, 서부회색캥거루, 왈라루 이렇게 네 종류의 캥거 루를 모두 합해 2011년 기준 약 3,400만 마리가 있었다.

16,000,000

■ 동부회색캥거루는 포유류의 야생종 가운데 가장 수가 많다.

은 게잡이바다표범으로 약 1,100만 마리가 있다. 사실 바다표범의 종은 다양하며, 그중에는 수백만 마리에 이르는 종도 여럿 있다. 돌고래는 42종이나 되기 때문에 개체 수를 세는 것이 어렵지만 전체 수는 수백만 마리에 달하는 것으로 추정된다. 그래도 인간의 수에 비하면 자릿수가 세 개나 적다.

누와 무스를 비롯해 다양한 종이 있는 영양과 사슴도 개체 수가 수백만에 이르지만 인간이나 가축에 비하면 아주 작은 수다(1,000배 더 작다). '1 대 1,000'의 비율로 말하자면, 지구상에는 소 1,000마리당 아메리카 흑곰 한 마리가 존재하고, 흑곰 1,000마리당 야생 쌍봉낙타 한 마리가 존재한다.

동물 개체 수 사다리

100억	인류(호모 사피엔스) — 74억
10억	가축 소 — 10억
5억	개 — 5억 2,500만
2억	물소 — 1억 7,200만
1억	말 — 5,800만
5,000만	당나귀 — 4,000만
2,000만	동부회색캥거루 — 1,600만
1,000만	게잡이바다표범 — 1,100만
500만	파란다이커 — 700만
200만	임팔라 — 200만
100만	시베리아노루 — 100만
50만	회색바다표범 — 40만
20만	침팬지 — 30만
10만	서부고릴라 — 9만 5,000
5만	보노보 — 5만
2만	아프리카 코뿔소(흰코뿔소, 검은코뿔소) — 2만 5,000
1만	레서판다 — 1만
5,000	동부고릴라 — 5,900
2,000	야생 대왕판다 — 1,800
1,000	야생 쌍봉낙타 — 950
500	에티오피아늑대 — 500
200	아기 멧돼지 — 250
100	수마트라코뿔소 — 100
50	자바코뿔소 — 60

366 | 제4부 공적 영역의 수

그래도 많은 활동가들의 노력 덕분에 멸종 위기 동물에 대한 의식
이 전반적으로 높아졌다. 야생 동물 보호 운동은 동물 개체 수 사다리
의 아래쪽에 있는 가장 심각한 멸종 위기 종에 우선 초점을 맞추고 실
시되어야 한다(사실, 사다리의 아래쪽을 더 채울 수 있는 개체 수가 작은 종이
수십 개 더 있다). 이처럼 멸종될 위험에 처한 동물과 심지어 사다리 중
간의 멸종 위기 종으로 분류되지 않는 동물들의 개체 수도 얼마나 작
은지 보라.

남아프리카의 야생 동물 보호 구역으로 사파리 여행을 가보면 곳곳
에 임팔라가 매우 많아보여도 총 200만 마리밖에 안 된다. 지구상에
살고 있는 사람 수와 비교하면 4,000 대 1로 수적으로 훨씬 뒤처지는
것이다. 세계에서 가장 큰 대도시에는 임팔라 전체 수의 10배가 되는
사람이 살고 있다.

우리가 이곳의 책임자다

이 책의 집필을 준비하면서 세상에 존재하는 동물의 개체 수를 나타내
는 데이터를 수집하는 것보다 더 정신이 번쩍 드는 일은 없었다. 안타
깝게도 동물의 개체 수는 대체로 큰 수가 아니다. 물론 인간이 너무 많
다는 문제는 아니다. 모든 인간의 생명은 소중하고, 살아 있는 모든 인
간은 인류의 위대한 이야기에 기여할 수 있는 잠재력을 지녔다. 문제
는 다른 동물이 너무 적다는 것이다. 자그마한 저지섬에 살고 있는 사
람 수가 전 세계에 분포되어 있는 호랑이 수보다 25배 더 많다는 사실

은 충격적인 발견이었다. 뉴욕의 매디슨 스퀘어 가든 콘서트홀 좌석 수는 현재 살아 있는 치타 수의 두 배다. 참 재미있는 **시각화**가 아닌가!

이미 살펴봤듯이 사진으로 자주 등장하는 유명한 멸종 위기 동물만 충격적으로 수가 적은 것이 아니다. 우리는 야생 동물 다큐멘터리에서 어마어마한 수의 검은꼬리누 떼가 아프리카 사바나를 가로지르는 모습을 보며 전율을 느낀다. 하지만 그 모습이 인상적으로 다가오는 것은 케냐 나이로비에 살고 있는 사람 수가 전 세계 검은꼬리누 개체 수의 두 배라는 사실을 알기 전까지다.

사실 가축도 우리가 생각하는 것만큼 많지는 않다. 주요 식량인 돼지마저 전 세계에 걸친 개체 수가 10억에 못 미친다(그 중 절반은 중국에 있다). 사람에게 가장 친한 친구인 개도 5억 마리 정도로 사람 10명당 한 마리 꼴도 안 된다.

우리는 멸종 위기에 처한 동물들의 보존을 위해 노력해야 한다. 동물 개체 수를 보더라도 그것이 단연 가장 긴급한 사안임을 알 수 있다. 또한 단지 멸종을 막는 것에서 나아가 눈에 보이는 동물 수가 더 많아지도록 노력을 기울여야 한다.

더 타당한 자료를 찾기 위해 세계에서 가장 큰 육지보호구역에 대해 알려주는 지도를 살펴봤다. 이 지도에서 색깔이 짙은 지역일수록 야생 동물이 잘 보호되고 있음을 나타낸다. 지도에 따르면 세계에서 가장 큰 보호 구역은 북동 그린란드에 있는 보호지로서 면적이 거의 100만km²에 이른다. 그 다음으로는 45만km² 면적의 알제리 아하가르 국립공원과 39만km² 면적의 카방고 잠베지 통합 보전 지구가 뒤를 잇는다. 특히 카방고 잠베지 통합 보전 지구는 잠비아, 짐바브웨,

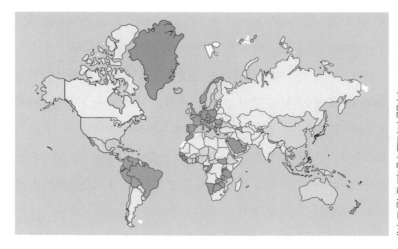

보츠와나, 남미비아, 앙골라 등의 아프리카 국가들과 접하는 지역에 있으며 서로 인접한 여러 소규모 공원들을 하나로 통합한 것이다. 목록에 나열된 모든 자연 보호 구역 면적을 합치면 430만km²로 전 세계 육지 면적의 2.9%밖에 되지 않는다.

다시 말해 인간이 전체 육지의 3%를 추가로 야생상태로 되돌릴 수 있다면 야생 동물들이 살 수 있는 땅이 단번에 지금의 두 배 이상으로 늘어날 수 있다. 물론 이 생각이 너무 단순할 수도 있다. 보호 구역을 더 늘리는 것은 인류에게 매우 치명적인 변화고, 정치적으로도 엄청난 도전이 될 것이기에 결코 쉬운 일은 아니다. 하지만 지표면의 극히 일부만 야생 동식물을 위한 땅으로 보호하고 보존한다는 것은 터무니없고 근시안적인 생각이다.

삶의 질 측정하기

불평등과 삶의 질

다음 중 행복지수가 가장 높은 나라는?

☐ 영국

☐ 캐나다

☐ 코스타리카

☐ 아이슬란드

변이와 불평등 측정하기

- 2015년 영국의 세후소득 평균은 2만 4,000파운드였다.

  이것은 큰 수인가?

- 캐나다 하위 50% 계층의 자산은 전체의 12%다.

  이것은 큰 수인가?

- 2015년 세계 인구의 12%가 극빈 상태에 살고 있었다.

  이것은 큰 수인가?

영국 소프 파크^{Thorpe Park}에 있는 스텔스 롤러코스터는 아주 간단한 개념을 기반으로 만들어졌다. 탑승자는 앞쪽으로 발사되자마자 추가 추진력 없이 62m 높이까지 수직으로 올라가서 곧바로 수직 하강한다. 열차는 한 번 더 조금 상승하고 서서히 속도를 늦추다가 멈춘다. 전체 운행 시간은 고작 30초이고, 트랙 길이는 0.5km다. 따라서 평균 속도는 60km/h로 그 자체는 그다지 인상적인 속도가 아니지만 스텔스 롤러코스터를 타면 꽤 무섭다. 진짜 중요한 것은 속도 변화이기 때문이다. 탑승자는 멈춰 있는 상태에서 2초 안에 시속 129km로 가속되고 상승하면서 속도가 줄어들다가 섬뜩하게 하강하면서 다시 속도가 붙는다. 중력이 잡아당기는 것 같은 롤러코스터의 속도 변동이 우리를 전율시킨다. 이것은 속도의 평균으로 설명할 수 없는 것이다. 이렇듯이 항상 평균이 전부는 아니다.

텍사스 휴스턴의 8월 평균 풍속은 약 시속 5.5km다. 그러나 2017년 8월 26일 시속 200km가 넘는 허리케인이 휴스턴을 강타했다. 천재지변에 대비할 때 평균 수치는 큰 도움이 되지 않는다. 그보다는 기상상태가 어떻게 변하는지 이해해야 극단적인 상태를 바로 잡는 것을 기대할 수 있다.

평균에 관한 이 원리는 다른 수치 데이터에도 적용된다. 평균은 때때로 무의미하고, 어떤 때는 오해를 유발한다. 2013년 영국 납세자의 세후소득 평균은 2만 4,000파운드를 약간 상회했는데 실제로는 대부분의 사람들이(소득자의 65%) 평균보다 훨씬 적은 돈을 벌었다. 이런 현상이 일어나는 이유는 소득이 **비대칭 분포**를 이루기 때문이다.

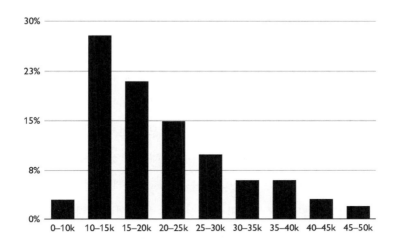

위의 막대그래프는 2013년 영국 납세자의 세후소득 수준을 9등급으로 나눠 각 등급에 속하는 인구 비율을 나타낸 소득 자료 집합 그래프다. 그래프는 뚜렷한 비대칭성을 보이고 있다. 저소득 납세자는 많은 반면 비교적 소득이 높은 사람은 소수고, 초고소득자들은 너무 적다. 초고소득은 극소수의 사람에게 해당되는 이야기지만 어쨌든 수학적으로 평균을 높이는 효과를 낸다. 따라서 2만 4,000파운드가 평균값이어도 대부분의 사람들이 이만큼 번다는 것은 아니다.[*]

우리가 평균을 사용하는 이유 중 하나는 평균을 이용하면 계산하기

---

[*]   데이터의 비대칭성을 보여주는 다른 방법이 있다. 납세자 분포에서 상위 10%와 하위 10%를 제외한다고 하자. 대칭 분포의 경우 그렇게 하더라도 평균은 같다. 하지만 주어진 예의 경우 평균이 2만 1,000파운드로 떨어졌다. 이것은 하위 10%가 평균을 '끌어내리는' 힘보다 상위 10%가 '끌어올리는' 힘이 훨씬 더 강하다는 것을 뜻한다.

매우 쉽기 때문이다. 평균은 어림계산을 간단하게 만든다. 이 책의 자료를 조사하고 집필하는 동안에도 나는 큰 수를 단순화시켜서 인간적 척도의 수로 바꾸기 위해 뻔뻔하게도 모든 곳에서 평균을 사용했다. 그러나 어떤 자료 집단(납세자처럼)의 평균을 구하든, 그 집단에 속하는 자료가 변하지 않는다는 가정이 암묵적으로 전제되어 있기 때문에 평균은 균질화 효과를 가지고 있다. 수 이해력을 갖춘 시민으로서 우리는 종종 1인당 수치를 계산해서 수를 비교하는데, 1인당 수치는 사실 평균값이므로 자칫 자료의 변이성을 놓칠 위험이 있다. 평균이 우리가 이용할 수 있는 최선의 선택이고, 평균을 구하는 것이 중요한 첫 단계일 때가 많지만 우리는 평균을 이용할 때 이런 위험성을 인식하고 있어야 한다.

통계학자의 도구상자에는 자료 집합을 대표하는 표준 통계 값들이 들어 있다. 그 중 하나가 **평균**mean이다. 이것을 보통값average이라 부르기도 한다. 둘째로 **분산**variance이 있다. 이름이 암시하듯이 자료가 평균 위아래로 얼마나 분산되어 있는지 나타내는 값이다. 셋째로는 분포가 한쪽으로 기울어진 정도를 측정하는 **비대칭도**skewness가 있다.* 기술 통계 기법은 통계학자에게 많은 통찰력을 제공해줄 수 있지만 통계 전문가가 아닌 사람들은 이와 같은 통계 값을 분석하기 어려울 것이다. 보통 사람이 평균을 사용한다면 많은 정보를 놓칠 수 있고, 심한

---

* 평균, 분산, 비대칭도를 분포의 적률moment이라 한다. 게다가 첨도kurtosis라 불리는 네 번째 통계량도 있다. 첨도는 분포도의 꼬리가 얼마나 두꺼운지 나타내는 값이다. 그 이상으로 올라가면 적률의 개념을 해석하기 더 어려워진다.

경우 잘못된 정보를 전달할 수도 있다.

납세자 평균 소득에 관해 보고서를 작성할 때 대체로 우리가 전달하고 싶은 것은 **'전형적인'** 수준에 대한 감이다. 그런 점에서 평균은 오해를 일으킬 수 있기 때문에 오히려 소득의 **중앙값**^{median}이 더 적합할 수도 있다. 중앙값은 전체 자료 집합을 둘로 나누는 수로, 중앙값 위에 있는 자료와 아래에 있는 자료의 개수가 같다. 이 접근 방법을 일반화해서 서로 다른 백분위 구간에 속하는 자료의 수를 살필 수도 있다. 예를 들어, 영국의 최하위 10%와 최상위 10%가 얼마나 버는지 살펴볼 수 있다.

영국 소득 자료 전체를 다시 살펴보면 중앙값이 1만 9,500파운드임을 알 수 있다. 자료를 순서대로 줄 세운다면 가운데 위치에 오는 것이 중앙값이며, 전체 자료의 절반이 중앙값 아래에 온다. 그래서 중앙값을 '50 백분위수'라고 부른다. 자료의 변이성을 더 쉽게 이해할 수 있도록 다른 백분위수도 살펴보자. 2013년 납세자 소득의 백분위수는 다음과 같다.

백분위수	소득	보충 설명
10	1만 1,400	납세자의 10%가 이보다 적은 돈을 벌었다.
20	1만 3,100	10%가 이것과 1만 1,400 사이의 액수를 벌었다.
30	1만 4,900	
40	1만 7,000	
50	**1만 9,500**	**중앙값(전체의 절반은 이보다 많이 벌고, 절반은 적게 벌었다)**
60	2만 2,600	

64	2만 4,000	평균
70	2만 6,600	
80	3만 2,600	80%가 이보다 적게 벌었다.
90	4만 1,500	10%가 이보다 많이 벌었다.
99	10만 7,000	'상위 1%'가 이보다 많이 벌었다.

우리가 뉴스에서 접하는 통계 자료를 항상 이렇게 분석하는 것은 불가능하겠지만 어떤 정치가가 '평균 소득 증가'를 말한다면 그의 말이 모든 납세자에게 동등하게 적용되는 것이 아니라는 것 정도는 기억하도록 하자.

큰 나라는 어디인가?

유엔 회원국은 193개국이다. 이 중 다섯 국가가 유엔 안전 보장 이사회 상임 이사국이며, 그 지위 덕분에 우월한 힘을 갖지만 모든 유엔 회원국이 동등한 대우를 받고, 총회에서 동등한 투표권을 행사한다. 올림픽 개막식에서 참가국 대표단이 행진할 때도 모든 국가가 동등한 대우를 받는다(국기 크기와 국가 소개 방송 규모도 같다). 마치 모든 국가가 동등한 대우를 받아야 한다는 공평성의 원리가 적용되는 것 같다. 그러나 실질적으로는 모든 국가가 동등한 무게를 지니고 있지는 않다. 경제적으로나 정치적으로 힘이 센 나라도 있고 약한 나라도 있다는 것은 누구나 아는 사실이지만 국가 간 힘의 분포가 얼마나 비대칭을 이루는지는 잘 모르는 사람이 많은 것 같다.

다음 도표는 각 인구 수 구간에 속하는 국가의 수를 표시한 것이다. 절반 이상의 국가들이 1,000만 명 미만의 인구를 가지고 있고, 인구가 1억 명이 넘는 국가는 13곳뿐임을 알 수 있다.

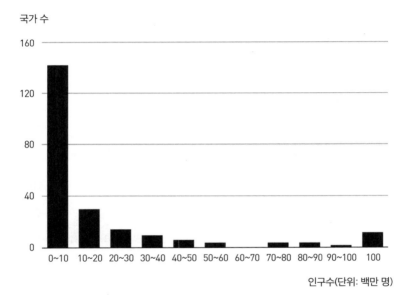

전 세계 국가들의 평균 인구는 약 3,200만 명이다. 하지만 그 수는 위의 도표에서 가운데 구간에 속하지 않는다. 인구가 평균보다 큰 국가는 40개국뿐이고, 나머지 189개국의 인구는 3,200만 명보다 작다. 자료가 불균형한 분포를 보이므로 평균이 유용한 기준이 되지 못한다. 이 자료의 중앙값은 약 550만이다. 즉, '일반적인 국가'의 인구수는 550만 명이며 이와 비슷한 크기의 국가는 핀란드와 슬로바키아다.

불균등 측정하기: 지니계수

1912년 사회학자이자 통계학자인 코라도 지니^{Corrado Gini}는 자료 집합의 '산포도'나 변산도를 수치화하기 위한 지표를 도입했다. 지니계수 ^{Gini index}는 간단히 계산할 수 있고, 하나의 수로 자료 분포의 '불균등성'을 정확히 포착할 수 있기 때문에 대개 소득 불균등이나 부의 불평등한 분배를 나타내는 데 사용된다. 지니계수 0은 완벽한 평등을 의미하고(모든 사람이 각자 같은 양을 가진다는 말) 지니계수가 100이라면 완전한 불평등을 의미한다(한 사람이 모든 것을 가진다는 말이다).

다음은 여러 국가들의 소득 불평등을 지니계수로 나타낸 것으로 소득 불평등을 나타내는 지니계수는 국가마다 다르다(매우 평등한 국가도 있고 매우 불평등한 국가도 있다). 다음 표는 국가 전체 소득 대비 하위 50% 계층의 소득 비율도 나타낸다. 이 비도 소득 불평등을 보여주는 지수가 될 수 있다. 소득 불평등이 전혀 없는 국가의 비는 50%다.

국가	지니계수	국가 소득에 대한 하위 50% 계층의 비중
덴마크	24.8	34.2%
스웨덴	24.9	34.1%
독일	27.0	32.9%
호주	30.3	31.0%
캐나다	32.1	30.0%
영국	32.4	29.8%
폴란드	34.1	28.9%

일본	37.9	26.8%
전 세계	38.0	26.8%
태국	39.4	26.0%
나이지리아	43.7	23.8%
미국	45.0	23.1%
중국	42.2	24.6%
브라질	51.9	19.7%
남아프리카	62.5	14.8%

표에서 보여주는 수치는 **소득** 분배의 불평등과 관련 있다. **부**의 불평등은 다른 문제이며 사실 훨씬 더 심각하다. 다음 표는 같은 국가들에 대해 부의 불평등 순으로 재배열한 것이다.

국가	지니계수	국가 부에 대한 하위 50% 계층의 비중
일본	54.7	18.4%
중국	55.0	18.2%
브라질	62.0	15.0%
호주	62.2	14.9%
폴란드	65.7	13.4%
독일	66.7	12.9%
캐나다	68.8	12.0%
영국	69.7	11.7%
태국	71.0	11.1%

나이지리아	73.6	10.0%
스웨덴	74.2	9.8%
남아프리카	76.3	8.9%
미국	80.1	7.4%
전 세계	80.4 *	7.3%
덴마크	80.8	7.1%

이 수치들에 관해서 생각해야 할 것이 많다. 먼저, 이 표가 보여주는 부의 불평등은 앞선 표에서 보여준 소득의 불평등보다 훨씬 심각하다. 그리고 몇 가지 주목할 만한 점이 있다. 첫째, 덴마크는 소득 분배 면에서 가장 평등한 국가이지만 부의 분배는 가장 불평등한 국가다. 둘째, 일본은 소득 불평등 수준은 세계 평균에 가깝지만 부의 분배 면에서는 가장 평등한 국가다.

삶의 질을 나타내는 인간개발지수

1990년 경제학자 마붑 울 하크Mahbub ul Haq는 노벨상 수상자 아마르티아 센Amartya Sen과 공동 연구로 인간개발지수 즉, HDIHuman Development

---

* 이것은 국가들의 지니계수를 평균 낸 값이 아니다. 전체 국가를 하나로 봐서 부의 불평등을 측정한 값이다. 국가 간 불평등은 이 수치를 더욱 크게 만들 것이다.

Index를 고안했다. 이것은 인간의 발전 정도를 나타내는 지표로 매년 유엔에서 발표한다. 인간 중심의 정책에 초점을 맞추기 위해 발전 정도를 나타내는 수치를 재조명하는 것이 목적이다.

HDI는 수명, 교육, 소득이라는 세 가지 요소를 결합해서 산정된다. 다시 말해 '이 나라의 평범한 사람이 장수와 좋은 교육, 높은 소득을 누리고 있는가?'라는 질문을 단 하나의 수치로 대답하기 위한 것이다. 현재 정의된 HDI 공식을 따르면 기대 수명이 85년, 국민 평균 교육 기간이 15년, 학교 교육을 시작하려는 사람의 예상 교육 기간이 18년, 연간 1인당 국민 소득이 7만 5,000 달러인 국가는 완벽한 점수를 받을 것이다.

HDI는 평균을 기반으로 한 지표다. 하지만 평균은 비대칭적인 자료 집합의 경우 잘못된 정보를 제공할 여지가 있다. 그렇기 때문에 HDI를 변형해서 각국의 불평등이 미치는 효과를 통합한 '불평등 조정 인간개발지수' Inequality-Adjusted HDI(이하 IHDI)를 2010년에 도입했다. HDI가 각 국가의 잠재력을 나타내는 지수라고 하면 IHDI는 보건·교육·소득 불평등에 대한 '페널티'를 적용해서 그 국가가 이뤄낸 **성과**를 나타낸 지수다.

노르웨이는 HDI와 IHDI 양쪽에서 확실한 1위를 차지하고 있다. 2015년 노르웨이의 HDI는 0.949다. HDI와 IHDI 모두 바닥을 기록한 국가는 중앙아프리카공화국이다. 다른 국가들과 어떻게 다른지 비교해보자.

물론 HDI와 IHDI에도 결점이 있지만 이것들을 고안해낸 것은 대부분의 사람들이 '좋은 삶'을 살아가는 데 필요한 것이라고 동의하는 최소한의 것들을 측정하기 위한 진지한 시도였다.

국가	HDI	IHDI
노르웨이	0.949	0.898
호주	0.939	0.861
덴마크	0.925	0.858
독일	0.926	0.859
미국	0.920	0.796
캐나다	0.920	0.839
스웨덴	0.913	0.851
영국	0.909	0.836
일본	0.903	0.791
폴란드	0.855	0.774
브라질	0.754	0.561
중국	0.738	0.543 *
태국	0.740	0.586
세계	0.717	해당없음
남아프리카	0.666	0.435
인도	0.624	0.454
나이지리아	0.527	0.328
중앙아프리카공화국	0.352	0.199

* 2012년 자료

　　2015년 인간개발지수를 보면 188개국 중 오직 13개국만 전년에 비해 지수가 내려갔다. 11개국은 지수 변화가 없었고, 나머지 164개국은 모두 지수가 상승했다. 이것을 두고 '진보'라는 말을 사용할 수 있을까? '진보'라는 말은 요즘 시대에 어울리는 단어는 아니지만 나는 우리가 진보를 이뤘다고 말하고 싶다. 사람들은 '옛날'이 지금보다 나았다며 회상하곤 한다. 희미한 기억 속에는 좋았던 황금시절이 항상 있기 마련이다. 인간개발지수는 이런 생각과 정반대다. 여전히 세상은 문제투성이지만 이 수치들로 인해 우리의 미래를 어느 정도 낙관적으로 바라볼 수 있다.

삶의 질을 나타내는 행복지수

삶의 질을 평가하기 위해 사람들에게 얼마나 행복한지 물어본다고 하면 우리는 그런 착상의 단순함에 할 말을 잃을 것이다. 그러나 유치할 정도로 순진한 생각처럼 보여도 사람들에게 실제로 물어보고 나면 행복이 다른 객관적인 삶의 지표와 완벽한 상관관계를 이루지 않는다는 것을 알게 된다.

　　그런 맥락에서 유엔은 2011년 정보 수집 프로젝트를 시행했고, 그 자료를 바탕으로 2012년 처음으로 세계 행복 보고서를 발표했다. 유엔이 전 세계 국가들의 행복지수를 산출하기 위해 기반으로 삼은 여섯 가지 행복 요인은 다음과 같다.

- 1인당 GDP
- 사회적 지지
- 건강 수명
- 선택의 자유
- 관용
- 신뢰

여기에 추가로 행복지수에 영향을 미치는 미지의 요인이 하나 있는데, 우리는 그것을 X 요인이라 부른다. 나라별로 한번 살펴보자.

국가	행복지수	X 요인
노르웨이	7.54	2.28
덴마크	7.52	2.31
캐나다	7.32	2.19
호주	7.28	2.07
스웨덴	7.28	2.10
미국	6.99	2.22
독일	6.95	2.02
영국	6.71	1.70
브라질	6.64	**2.77**
태국	6.42	2.04
폴란드	5.97	1.80
일본	5.92	**1.36**
중국	5.27	1.77

나이지리아	5.07	**2.37**
남아프리카	4.83	**1.51**
인도	4.32	1.52
중앙아프리카공화국	2.69	2.07

　이번에도 노르웨이가 1위를 차지했다. 노르웨이 사람들은 정확히 뭔지는 모르지만 잘하고 있다는 뜻이다. 중앙아프리카공화국은 여기서도 최하위에 머물렀다. X 요인 수치를 보면 흥미로운 점이 있다. 남아프리카와 일본 국민들은 여섯 가지 행복 요인을 바탕으로 보면 매우 행복할 것 같은데 그렇지 않다는 것이다. 반면 브라질과 나이지리아는 X 요인 점수가 가장 높다. 이유는 알 수 없지만 이들은 우리가 생각하는 것보다 더 행복하다는 이야기다.

요약

수는 여전히 중요하다

다음 중 가장 참인 것은?

☐ 종말이 가까워지고 있다.

☐ 옛날이 더 좋았다.

☐ 우리는 그럭저럭 살아갈 것이다.

☐ 우리는 밝은 미래를 향해 가고 있다.

이 퀴즈는 정답이 없다.

수는 자연적인 것이다

수와 수에 대한 감각은 세상을 살면서 자연스럽게 생긴다. 초기 인류는 자신의 삶과 세상을 이해하고 기술하고 통제하기 시작하면서부터 수를 사용했다. 사회를 조직하고 복잡하고 매력적인 세상을 만들기 위해 수가 꼭 필요하다는 것은 이미 입증되었다. 수는 인간이 자연을 이해하고 물리학, 화학, 생물학 등 과학이 지닌 잠재력을 이용하기 위한 열쇠였다. 수 덕분에 평범한 유인원인 호모 사피엔스가 먹이사슬의 정점에 서고, 우주에서 유일할지 모르는 거대한 지식과 이해를 바탕으로 하나의 지구촌을 형성할 수 있었다.

그러나 최근 등장하는 수는 우리의 이해 범위를 벗어나고 있는 것 같다. 우리는 우리가 소화할 수 있는 것보다 더 많은 정보를 이용할 수 있게 되었다. 빅데이터가 수 알고리즘으로 처리되면서 우리의 삶은 보이지 않게 바뀌고 있다. 이것에 대해 걱정해야 할까? 왜 아직도 수에 대해 신경 써야 할까? 수 이해력이 지금도 중요한가?

어떤 것이든 수로 증명할 수 있을까?

실생활에서 접하는 수들은 일관된 네트워크를 형성하며, 많은 장소의 실제 상황과 연결되어 있다. 독립적으로 입증할 수 있는 수를 찾을 때까지 수의 네트워크를 따라가보면 불일치점을 찾아낼 수도 있을 것이다. 수 이해력을 더 확고하게 갖출수록 오류와 속임수를 발견할 확률은 더 커진다.

다섯 가지 기법
수를 기반으로 한 속임수를 밝혀내는 방법은 교차 비교를 하고 타당성을 조사하고 모순을 찾아내는 것이다. 또한 "내가 알고 있는 것을 고려했을 때 그것은 큰 수인가?"라고 물어보는 것이다. 이제 우리는 이 일을 수행할 수 있는 기법을 알고 있다.

- 적절히 고른 **이정표 수**가 **맥락**을 설정하는 데 필요한 잣대가 되어줄 것이다.
- **시각화**는 주어진 수가 **합당한지** 아닌지 볼 수 있는 시각을 형성하도록 도와줄 것이다.
- **분할 점령** 기법을 통해 복잡한 상황을 분할해서 질문을 **더 간단한 형태**로 바꿀 수 있을 것이다.
- **비율과 비** 기법을 이용하면 큰 수를 우리가 쉽게 다룰 수 있는 **인간적 척도**의 수로 축소할 수 있을 것이다.
- **로그 척도**를 이용해 **크기 차이가 매우 큰 수들**을 의미 있게 비교할 수 있을 것이다.

아는 것이 힘이다

이제 우리는 인터넷을 통해 부모 세대가 상상할 수 있었던 것보다 훨씬 많은 정보에 접근할 수 있다. 인터넷이 없다면 이 책은 시작도 할 수 없었을 것이다(이 책에 실린 자료 중 구글 검색을 통해 찾을 수 없는 것은 거의 없다). 이제 우리 뇌의 연장이나 다름없는 인터넷을 이용해 언제든 자료를 구할 수 있기 때문에 굳이 어떤 사실을 기억하거나 알아야 할 필요가 없을지도 모르겠다. 위키피디아가 우리의 기억을 대신할 수도 있을 것이다.

그러나 아직은 그 단계에 이르지 않았고 나는 앞으로도 결코 그렇게 되지 않을 것이라 생각한다. 무언가를 **안다는 것**은 단순한 사실로서 그것을 머릿속에 담고 있다는 것이 아니라 의미와 연상의 맥락 속에 내재되어 있어서 즉각적으로 이용할 수 있는 것이다. 우리의 지식이 불완전하고 부정확하며 우리가 중요한 수의 규모에 대한 모호한 감각만 가지고 있다 하더라도 그것이면 속임수를 구별할 수 있는 역량을 키워주기에 충분할 것이다. 상이한 유형의 지식을 연결하거나 그것으로부터 새로운 것을 만들어낼 수 있는 능력에 있어 인간의 뇌에 견줄만한 것은 아직 없다.

삶은 점점 복잡해지고 있다. 생활 속에서 우리가 접하는 수의 크기가 점점 커지고 있고, 그 개수도 더 많아졌다. 이런 현실에서 할 수 있는 한 가지 선택은 스스로 수에 무감각해지도록 놔두는 것이다. 그렇게 되면 진실은 평가 절하된 화폐가 되고, 우리는 이리저리 표류하다가 장사꾼의 먹이가 될 것이다. 아니면 우리가 알고 있는 것에 확신을 얻고 신념과 가치관을 더욱 확고히 다질 수 있도록 수를 이해하고 사용하기 위해 노력하는 선택을 할 수도 있다.

혼란스럽지만 삶은 좋은 것이다

이 책의 서문에서 나는 반복적으로 떠오르는 물의 이미지를 묘사했다. 수면은 어지럽게 움직이고 어느 방향으로 물이 흐르는지 알기 어려운 그 이미지를 세상이 좋아지고 있는지 나빠지고 있는지 이해하려는 노력에 비유했다. 하지만 사실 나는 물이 흘러가는 방향에 대해 확신을 가지고 있다. 몇몇 예외가 있긴 해도 옳은 방향으로 흘러가고 있는 것은 확실하다. 물론 힘든 시간도 있었겠지만 지금까지 수십 년간 비교적 좋은 시절을 보내고 있다. 사람들은 더 건강한 삶을 누리고 더 나은 교육을 받고 있으며 수명도 늘었다. 새천년 개발 목표에 대한 타당한 비판도 존재하지만 그런 불완전성에도 불구하고 새천년 개발 목표는 세상에 변화가 일어나고 있고 많은 것들이 나아지고 있음을 보여준다. 인간개발지수를 봐도 이러한 흐름은 분명하다.

지나간 역사 시대를 선택해 살아볼 수 있다면 1817년, 1917년, 1967년에 20대로 살아갈 것인가, 아니면 현재 20세로 살 것인가? 말할 것도 없이, 나는 현재를 택할 것이다. 1960년대가 아무리 흥미진진하다 해도, 지난 50년간이 사회적·기술적 발전 덕분에 유례없이 신나는 시간을 즐겼다 해도, 지금 앞에 놓여 있는 가능성에 비할 바는 못 된다. 기술 덕분에 인간의 창의력과 업적에 대한 선택의 폭은 상상을 뛰어넘을 만큼 넓어졌고 앞으로 50년은 환상적인 롤러코스터를 타는 것과 같을 것이다. 한편으로는 무섭지만 설레는 일이다.

최근 몇 년 동안 질병이 감소하고 식량 생산과 보존이 향상되고, 통신과 교육이 발전하는 등 우리의 상황이 나아진 것은 과학 덕분이다. 과학이 문제를 해결하기보다 오히려 더 많은 문제를 일으키고 있다는 말이 인기를 끌기도 했지만, 사실 그 어느 때보다 많은 사람들이 높은 삶의 질을 누리고 있다.

그러나 문제는 사람들의 삶의 질이 높아졌다 하더라도 모든 사람들에게 혜택이 균등하게 배분되지는 않았다는 것이다. 그 때문에 수십억 명의 잠재력이 제한되고 있고, 이는 창의성과 활기, 인력의 낭비라고 볼 수 있다. 부끄럽게도 아직도 많은 사람들이 비인간적인 환경 속에 살아가고 있다. 다행히 지난해보다 그 수가 줄었고, 내년에는 더 줄어들 전망이지만 세상이 제공하는 것의 불균등한 분배, 자연 파괴, 계속되는 전쟁에 우리는 마땅히 수치심을 느껴야 한다.

　인간은 기후, 천연자원, 동물 등 지구의 환경에 돌이킬 수 없는 손상을 가했다. 장기적인 잠재 결과와 비용을 따졌을 때 이보다 더 심각한 문제는 없을 것이다. 피해 없이 이 상황을 타개할 수는 없는 상태다. 우리는 살아남을 수 있을까? 그렇다면 누가 우리의 생존을 보장할 수 있을까? 바로 명확하고 일관되게 현실과 연결된 세계관을 지니고 있는 사람, 깊은 물이 어떻게 흐르고 지표면에 떠다니는 부유물과 거품을 어떻게 무시할 수 있는지 알고 있는 사람, 즉, 수 이해력을 지닌 사람이다.

　인간의 이야기는 공포와 경이로움으로 가득 차 있다. 우리는 악한 일을 하기도 했고, 영광스러운 업적을 쌓기도 했다. 그러나 무엇보다 우리는 진보하는 존재다. 우리는 과거를 기반으로 새로운 것을 건설하고, 인류의 이야기를 써내려가고 있다. 지난 실수로부터 늘 많은 것을 배우는 것은 아니지만 그래도 대체로 나아지고 있으며, 수십억 명의 인간이 세상에 미치는 긍정적인 영향은 부정적인 영향을 능가했다. 우리는 수십억 명의 인류가 가치 있고 건강하고 유의미한 삶을 살 수 있다는 분명한 사실에 대해 자부심을 가져도 된다.

　우리는 긍정적이고 예측 가능한 계획된 미래를 향해 순조롭게 가고 있는 것이 아니기 때문에 삶은 여전히 혼란스럽고 어지럽다. 그러나 오늘날 지구상에 살고 있는 70억이 넘는 인간은 각각 세상에 기여할 수 있는 잠재력을 가지고 있다. 세상에 태어난 모든 아이에게는 미래의 희망이 담겨 있다. 건강한 상태로 살아가는 한 해 한 해가 인류 역사의 한 장을 장식할 수 있는 기회가 될 것이다.

삶은 좋은 것이다. 하루하루 소중하게 살아가자.

해답편

서문

다음 중 가장 큰 수는?

☐ 2016년까지 만들어진 보잉 747기 수: 1,520

☐ 포크랜드 섬 인구수: 2,840

☐ 티스푼 하나 안에 들어 있는 설탕 알갱이 수: 4,000

☑ 2015년 기준 지구 주위를 돌고 있는 인공위성 수: 4,080

웹 링크: http://IsThatABigNumber.com/link/q-intro

참고 자료

Dehaene, Stanislas, *The Number Sense: How the Mind Creates Mathematics*.
Oxford University Press, 1997 (revised and updated edition, 2011)

참고 링크 *

- 해답편에서 제공하는 링크들은 http://IsThatABigNumber.com/link/book
  에서 확인할 수 있다.

Carl Sagan explains how Eratosthenes calculated the size of the world

http://IsThatABigNumber.com/link/b-intro-sagan

Samuel Pepys begins his diary

http://IsThatABigNumber.com/link/b-intro-pepys

수를 센다는 것

다음 중 가장 큰 수는?

☐ 전 세계 항공모함의 수: 167개

☑ 뉴욕 고층 건물 수: 250개

☐ 대략적인 수마트라 코뿔소 수: 100마리

☐ 인체 내 뼈의 수: 206개

웹 링크: http://IsThatABigNumber.com/link/q-count

참고 자료

Feynman, Richard, *What Do You Care What Other People Think?* W.W. Norton, 1988

참고 링크

US Census Bureau population clock

http://IsThatABigNumber.com/link/b-count-census

Feynman on thinking

http://IsThatABigNumber.com/link/b-count-feynman

Article on counting fish in the sea from International Council for Exploration of the Seas

http://IsThatABigNumber.com/link/b-count-fish1

Estimate of fish biomass

http://IsThatABigNumber.com/link/b-count-fish3

Online subitising test at cognitivefun.net

http://IsThatABigNumber.com/link/b-count-sub1

Guardian article on Daniel Tammet, an autistic savant

http://IsThatABigNumber.com/link/b-count-tammet

수로 이루어진 세상

다음 중 무게가 가장 적게 나가는 것은?

☐ 중간 크기의 파인애플: 900g

☐ 보통의 남자 정장 구두: 860g

☑ **커피 한 잔(컵 무게 포함): 765g**

☐ 샴페인 한 병: 1.6kg

웹 링크: http://IsThatABigNumber.com/link/q-numeracy

참고 링크

99% Invisible podcast: The Two Fates of the Old East Portico

http://IsThatABigNumber.com/link/b-numeracy-99pi

ResearchGate: Some acoustical properties of St Paul's Cathedral, London

http://IsThatABigNumber.com/link/b-numeracy-StPauls

대략 그 정도 크기

다음 중 가장 긴 것은?

☐ 런던 버스의 길이: 11.23m

☐ 티라노사우루스 렉스 길이: 12.3m

☑ 캥거루가 뛸 수 있는 거리: 13.5m

☐ 스타워즈에 등장하는 전투기 T-65 X-윙 스타파이터: 12.5m

웹 링크: http://IsThatABigNumber.com/link/q-length

참고 링크

Aztec anthropic units

http://IsThatABigNumber.com/link/b-measure-aztec

Kevin F's project to build the Empire State Building in Lego

http://IsThatABigNumber.com/link/b-measure-legoesb

All about the scale used for Lego minifigs

http://IsThatABigNumber.com/link/b-measure-legoscale

The Spartathon running race

http://IsThatABigNumber.com/link/b-measure-spartathon

째깍째깍 흘러가는 시간

다음 중 가장 긴 시간은?

☑ 꽃식물이 처음 출현한 후 흐른 시간: 125,000,000(1억 2,500만)년

☐ 최초의 영장류가 지구상에 등장한 후 흐른 시간: 75,000,000(7,500만)년

☐ 공룡이 멸종된 후 흐른 시간: 66,000,000(6,600만)년

☐ 가장 초기의 매머드 화석 나이: 4,800,000(480만)년

웹 링크: http://IsThatABigNumber.com/link/q-time

참고 자료

Hofstadter, Douglas, *Metamagical Themas*. Basic Books, 1985

Schofield & Sims, *World History Timeline*^Wall Chart. Schofield & Sims, 2016

참고 링크

Vox article on Antikythera mechanism

http://IsThatABigNumber.com/link/b-time-antikythera

Swatch Internet time in .beats

http://IsThatABigNumber.com/link/b-time-beats

다차원적 크기

다음 중 부피가 가장 작은 것은?

☑ **미국 포트 펙 댐의 물: 23km^3**

☐ 제네바 호수의 물: 89km^3

☐ 베네수엘라 구리 댐의 물: 135km^3

☐ 터키 아타튀르크 댐의 물: 48.7km^3

웹 링크: http://IsThatABigNumber.com/link/q-volume

참고 자료

Klein, H. Arthur, *The World of Measurements*. Simon & Schuster, 1974

참고 링크

NewGeography.com article on urban density

http://IsThatABigNumber.com/link/b-area-urban

Discussion on oil reserves

http://IsThatABigNumber.com/link/b-volume-oilreserves

BP article on oil tankers

http://IsThatABigNumber.com/link/b-volume-oiltanker

Metrics on rainfall

http://IsThatABigNumber.com/link/b-volume-rain

질량을 나타내는 수

다음 중 질량이 가장 큰 것은?

☑ 에어버스 A380 항공기(최대 이륙 무게) : 575,000kg

☐ 자유의 여신상: 201,400kg

☐ M1 에이브럼스 탱크: 62,000kg

☐ 국제 우주 정거장: 420,000kg

웹 링크: http://IsThatABigNumber.com/link/q-mass

참고 링크

Article on the Curtiss Helldiver aeroplane

http://IsThatABigNumber.com/link/b-mass-curtiss

Live Science article on Sherpa Guides

http://IsThatABigNumber.com/link/b-mass-sherpa

National Physical Laboratory article on weighing

http://IsThatABigNumber.com/link/b-mass-weighing

속도를 올리다

....

다음 중 가장 빠른 것은?

☐ 인간 동력 비행기의 최고 속도: 44.3km/h

☑ **기린의 최고 속도: 52km/h**

☐ 인간 동력 수상 기구의 최고 속도: 34.3km/h

☐ 백상아리의 최고 속도: 40km/h

....

웹 링크: http://IsThatABigNumber.com/link/q-speed

참고 링크

Brit Lab video: can a falling penny kill you?

http://IsThatABigNumber.com/link/b-speed-penny

되짚어보는 시간

참고 링크

Danger levels for sound volume

http://IsThatABigNumber.com/link/b-logs-decibels

Musical note frequencies

http://IsThatABigNumber.com/link/b-logs-keyboard

Wikiversity article on Moore's law and Intel processors

http://IsThatABigNumber.comlink/b-logs-moore1

Data on Moore's law

http://IsThatABigNumber.com/link/b-logs-moore2

UK Office of National Statistics mortality tables

http://IsThatABigNumber.com/link/b-logs-mortality

Antiquark: Online slide rule simulation

http://IsThatABigNumber.com/link/b-logs-sliderule

하늘 위까지

....

다음 중 가장 큰 것은?

☐ 천문단위AU: 149,600,000(1억 4,960만)km

☐ 태양에서 해왕성까지 거리: 4,500,000,000(45억)km

☐ 지구의 태양 공전 궤도 길이: 940,000,000(9억 4,000만)km

☑ 핼리 혜성이 태양에서 가장 멀리 떨어졌을 때(원일점에 위치했을 때) 거리: 5,250,000,000(52억 5,000만)km

....

웹 링크: http://IsThatABigNumber.com/link/q-astro

참고 링크

Powers of Ten: video using log-scale logic to show the scale of the universe

http://IsThatABigNumber.com/link/b-astro-universe

The Cavendish experiment to weigh the world

http://IsThatABigNumber.com/link/b-astro-cavendish

SkyMarvels: video showing the dance of the Earth and the Moon about their barycentre

http://IsThatABigNumber.com/link/b-astro-barycentre

에너지 덩어리

....

다음 중 가장 큰 것은?

☐ 지방 1g을 분해해서 생기는 에너지: 38kJ

☑ **지구와 충돌하는 운석 1g의 에너지: 500kJ**

☐ 휘발유 1g을 태웠을 때 생기는 에너지: 45kJ

☐ TNT고성능 폭탄 1g이 폭발할 때 에너지: 4.2kJ

....

웹 링크: http://IsThatABigNumber.com/link/q-energy

참고 링크

List of energy densities

http://IsThatABigNumber.com/link/b-energy-density

Blacksmiths' guide to colours of glowing steel

http://IsThatABigNumber.com/link/b-energy-glow

Ignition points

http://IsThatABigNumber.com/link/b-energy-ignite

Our World In Data guide to energy production

http://IsThatABigNumber.com/link/b-energy-production

Sandia Analysis of potential of solar energy

http://IsThatABigNumber.com/link/b-energy-solar2

Worldwide energy consumption

http://IsThatABigNumber.com/link/b-energy-worldwide

비트, 바이트, 워드

....

다음 중 메모리가 가장 큰 것은?

☐ 최초의 애플 매킨토시 컴퓨터: 128KB

☑ **최초의 IBM 개인용 컴퓨터: 256KB maximum**

☐ BBC 마이크로 모델 B 컴퓨터: 32KB

☐ 최초의 코모도어 64 컴퓨터: 64KB

....

웹 링크: http://IsThatABigNumber.com/link/q-info

참고 자료

Gitt, Werner, *In the Beginning Was Information*. Master Books, 2006

참고 링크

Mashable explanation of Google's enumeration of all the books in the world

http://IsThatABigNumber.com/link/b-info-books

File Catalyst: media file sizes

http://IsThatABigNumber.com/link/b-info-media

How much data does NSA's data centre hold?

http://IsThatABigNumber.com/link/b-info-nsa-data

Zachary Booth Simpson: Vocabulary Analysis of Project Gutenberg

http://IsThatABigNumber.com/link/b-info-vocab

Commonplacebook.com: word count for famous novels

http://IsThatABigNumber.com/link/b-info-words

경우의 수 세기

다음 중 가장 큰 수는?

☑ 홀덤 포커에서 2장의 카드를 갖고 시작할 수 있는 포커 패 경우의 수: 1,326

☐ 외판원이 여섯 도시를 방문하고 집으로 돌아오는 방법의 수: 360

☐ 10^{100}을 이진법으로 나타낼 때 필요한 숫자의 개수: 333

☐ 여섯 사람을 탁자에 앉히는 방법의 수: 120

웹 링크: http://IsThatABigNumber.com/link/q-maths

참고 링크

Wait But Why: A great attempt at explaining the construction of Graham's number

http://IsThatABigNumber.com/link/b-math-grahams

Optimap website will solve the travelling salesman problem for a small number of nodes

http://IsThatABigNumber.com/link/b-math-tsp

Numberphile (a very worthwhile series of YouTube videos) on Infinity

http://IsThatABigNumber.com/link/b-math-infinity

백만장자가 되고 싶은 사람들

다음 중 액수가 가장 큰 것은?

☐ 아폴로 달 착륙 프로그램 비용(2016년 달러 기준):): 1,460억 달러

☑ **2016년 쿠웨이트 GDP: 3,011억 달러**

☐ 2016년 애플사 총매출: 2,156억 달러

☐ 2016년 7월 기준 러시아가 보유한 금의 가치: 647억 달러

웹 링크: http://IsThatABigNumber.com/link/q-money

참고 자료

CIA, *World Factbook*. US Directorate of Intelligence, 2017

참고 링크

OECD economic data

http://IsThatABigNumber.com/link/b-money-oecd

Research and development spending by country

http://IsThatABigNumber.com/link/b-money-rnd

Bank of England: UK Inflation calculator

http://IsThatABigNumber.com/link/b-money-uk-inflation1

US Treasury: stats on US national debt

http://IsThatABigNumber.com/link/b-money-us-debt-stats

US Inflation calculator

http://IsThatABigNumber.com/link/b-money-us-inflation

한 사람, 한 사람이 중요하다

다음 중 가장 큰 수는?

☐ 중국 충칭시 인구: 8,190,000 (819만)명

☑ 오스트리아 인구: 8,710,000(871만)명

☐ 전 세계 파란다이커영양 개체 수: 7,000,000 (700만)마리

☐ 불가리아 인구: 7,140,000(714만)명

웹 링크: http://IsThatABigNumber.com/link/q-pop

참고 자료

Brunner, John, *Stand on Zanzibar.* Doubleday, 1968

참고 링크

Index Mundi: Protected areas over time

http://IsThatABigNumber.com/link/b-population-indexmundi

World Population History: Map-based presentation

http://IsThatABigNumber.com/link/b-population-map

United Nations: World population prospects report

http://IsThatABigNumber.com/link/b-population-un

World Bank: Map of protected areas

http://IsThatABigNumber.com/link/b-population-worldbank

The Millions: Essay on John Brunner's Stand on Zanzibar

http://IsThatABigNumber.com/link/b-population-zanzibar

삶의 질 측정하기

다음 중 행복지수가 가장 높은 나라는?

☐ 영국: 6.714

☐ 캐나다: 7.316

☐ 코스타리카: 7.079
☑ **아이슬란드: 7.504**

웹 링크: http://IsThatABigNumber.com/link/q-quality

참고 자료

United Nations, *Millennium Development Goals Report*. United Nations, 2015

Helliwell, J., Layard, R. & Sachs, J., *World Happiness Report 2016, Update* (Vol. I). Sustainable Development Solutions Network, 2016

참고 링크

The Stealth ride at Thorpe Park, UK

http://IsThatABigNumber.com/link/b-quality-stealth

The outstanding 'Our World In Data' website on inequality

http://IsThatABigNumber.com/link/b-quality-owid

요약

다음 중 가장 참인 것은?

☐ 종말이 가까워지고 있다.

☐ 옛날이 더 좋았다.

☐ 우리는 그럭저럭 살아갈 것이다.

☐ 우리는 밝은 미래를 향해 가고 있다.

이 문제에 대한 답은 우리가 앞으로 찾아야 할 것이다.

참고 링크

Our World In Data

http://IsThatABigNumber.com/link/b-summary-owid

CIA Factbook

http://IsThatABigNumber.com/link/b-summary-cia

Gapminder

http://IsThatABigNumber.com/link/b-summary-gm

World Bank

http://IsThatABigNumber.com/link/b-summary-wb

OECD

http://IsThatABigNumber.com/link/b-summary-oecd

ONS

http://IsThatABigNumber.com/link/b-summary-ons

XKCD

http://IsThatABigNumber.com/link/b-summary-xkcd

감사의 글

내게 이 책을 쓰도록 용기를 준 모든 분들에게 감사 인사를 전한다. 특히 아내인 비벌리 모스-모리스의 지원이 없었다면 이 책은 세상에 태어나지 못했을 것이다.

사랑하는 아들들이 있었기에 내 생각들을 발전시켜 나갈 수 있었으며, 좀더 날카롭고 정확하게 내용을 사고할 수 있었다. 나의 누이, 로즈 말리나릭은 예리한 통찰력과 판단력으로 원고 집필에 큰 도움을 주었으며 보이지 않는 편집자의 역할을 했다.

아르텔러스 에이전시Artellus Agency의 레슬리 가드너Reslie Gardner는 숫자에 대한 책을 원하는 독자들이 있을 것이라고 판단했고, 고맙게도 정말 이 책에 딱 맞는 출판사를 찾아주었다.

옥스포드 대학교 출판부에도 감사드린다. 특히 댄 태버Dan Taber는 이 책에 대한 확신을 보여주었다. 처음 책을 내는 경험 없는 저자를 인내심을 갖고 배려해준 모든 분들, 특히 Spi글로벌의 UK프로젝트 매니저인 리사 이튼, 중요한 문제가 터질 때마다 해결해준 맥 클라크에게 감사를 전한다.

나의 친구 마크와 에리카 크로퍼는 내가 이 책을 집필하는 동안 변함없는 응원과 믿음을 보내주었다. 수년 동안 나의 못 말리는 열정을 참아주고 인내심 있게 나의 이야기를 들어준 모든 사람들에게 감사드린다.

이 책에는 엄청난 진실과 숫자들이 담겨 있다. 실로 굉장한 사실들이다. 물론 그 어떤 오류가 있다면 그것은 전적으로 저자인 내 책임이다. 만약 숫자와 관련되어 뭔가 이상한 점을 발견한 사람이 있다면 이렇게 말해주고 싶다.

"정말 잘했어요. 당신의 수 감각은 놀라울 정도로 발전했군요!"

숫자로 떠나는 경이로운 지식여행

세상의 모든 수 이야기

초판 1쇄 발행 2020년 9월 7일

지은이 앤드류 엘리엇
옮긴이 허성심
펴낸이 성의현
펴낸곳 미래의창

편집 김성옥 · 정보라
디자인 윤일란
마케팅 연상희 · 김지훈 · 이보경

등록 제10-1962호(2000년 5월 3일)
주소 서울시 마포구 잔다리로 62-1 미래의창빌딩(서교동 376-15, 5층)
전화 02-338-5175 **팩스** 02-338-5140
ISBN 978-89-5989-678-3 03410

※ 책값은 뒤표지에 있습니다. 잘못된 책은 서점에서 바꿔 드립니다.

이 도서의 국립중앙도서관 출판예정도서목록(CIP)은 서지정보유통지원시스템 홈페이지(http://seoji.nl.go.kr)와
국가자료공동목록시스템(http://www.nl.go.kr/kolisnet)에서 이용하실 수 있습니다.(CIP제어번호: CIP2020033569)

미래의창은 여러분의 소중한 원고를 기다리고 있습니다. 원고 투고는 미래의창 블로그와 이메일을
이용해주세요. 책을 통해 여러분의 소중한 생각을 많은 사람들과 나누시기 바랍니다.
블로그 miraebookjoa.blog.me **이메일** mbookjoa@naver.com